U0319859

冶金工业出版社

高职高专"十四五"规划教材

高等职业院校"双高计划"建设教材

机械设计基础

主　编　张智荣
副主编　王　秀　张建丽

北　京
冶金工业出版社
2025

内 容 提 要

本书分上、下两篇，上篇为第1~9章，主要介绍机械设计理论知识，包括平面连杆机构、凸轮机构和间歇运动机构、带传动、链传动、齿轮传动、轴、轴承及螺纹连接和螺旋传动；下篇为第10~14章，主要介绍机械设计实例，包括颚式破碎机破碎原理、破碎机机型与性能、破碎机主要参数的选择与计算等，并以工程实例具体分析了碎煤机的工作原理、结构形式、传动方式，阐述了碎煤机的结构参数设计、生产率、配套电动机功率、转子参数设计、主轴设计、转子平衡、轴承选用、配套偶合器选型等设计计算方法，同时为适应现场工程技术人员的需要，还介绍了碎煤机的运转、使用、维护、检修及机器技术性能等方面的内容。

本书可作为高职高专矿山机械、机械设计及其自动化、机电一体化、工业机器人等相关专业的教材，也可供科研人员、设计制造技术人员及破碎机使用管理、维修技术人员参考。

图书在版编目 (CIP) 数据

机械设计基础/张智荣主编. —北京：冶金工业出版社，2023.9
（2025.2重印）

高职高专"十四五"规划教材

ISBN 978-7-5024-9631-9

Ⅰ.①机… Ⅱ.①张… Ⅲ.①机械设计—高等职业教育—教材
Ⅳ.①TH122

中国国家版本馆 CIP 数据核字（2023）第 168341 号

机械设计基础

出版发行	冶金工业出版社	电　话	（010）64027926
地　　址	北京市东城区嵩祝院北巷 39 号	邮　编	100009
网　　址	www.mip1953.com	电子信箱	service@ mip1953.com

责任编辑　王梦梦　美术编辑　彭子赫　版式设计　郑小利
责任校对　郑　娟　责任印制　禹　蕊

三河市双峰印刷装订有限公司印刷
2023 年 9 月第 1 版，2025 年 2 月第 2 次印刷
787mm×1092mm　1/16；16.5 印张；397 千字；248 页
定价 49.00 元

投稿电话　　（010）64027932　投稿信箱　tougao@cnmip.com.cn
营销中心电话　（010）64044283
冶金工业出版社天猫旗舰店　yjgycbs.tmall.com
（本书如有印装质量问题，本社营销中心负责退换）

前　言

本书以培养应用型技术人才为目标，对接"双高"院校人才培养模式，贯彻基本理论以"必需、够用"为原则，突出实用性强的教学理念。

本书的特点包括：

（1）教材设计围绕培养学生的职业技能，对基本理论及公式进行适当简化，以适合高职高专相关专业学生使用。

（2）在产教融合创新发展战略引领下，本书设置了实例分析章节，即经实践解决生产的工程案例，也是一项在创新理念指导下解决的生产技术问题的实例，以激发学生的创新意识及培养和提高创新能力。

（3）符合高职高专学生的学习特点和认知规律。基本理论和方法的论述清晰简洁，学生容易理解，有较强"可读性"和"可教性"。

（4）目前国内专门讲述破碎机设计计算和使用维修的教材较少。本书编写人员根据自己多年研究成果和设计经验及吸收当前国内外破碎机领域研究成果和资料结合国内具体情况编写了本书，因此本书实用性较强。

（5）采用已正式颁布的最新国家标准和有关技术规范，书中引用的数据及资料对现场有指导意义。

本书第 1 章、第 7 章、第 8 章和第 10~14 章由张智荣编写；第 4~6 章由王秀编写；第 2 章、第 3 章和第 9 章由张建丽编写，全书由张智荣统稿。

本书理论与实践相结合，理论丰富，有工程具体实例，通俗易懂，并配有相关机型安装调试方法实例，能指导工程技术人员具体操作。

本书为高等职业院校"双高计划"建设教材，是山西省"十三五"教育规划专项课题成果（ZC-20052）、临汾职业技术学院课题成果（2020YJKT-2-006）、中华职业教育社黄炎培职业教育思想研究课题成果（ZJS2022YB245）、临汾市科技计划项目成果（2118）、山西省"十四五"教育规划课题成果（GH-220200）。

由于教学课时所限，本书下篇内容未能详尽展开，没有介绍更多破碎机相关的理论知识、参数设计方法，不同机型碎煤机实际工程案例及新机型的改进方向。为此主编正筹划一部专著详细介绍，敬请关注！欢迎与主编联系并深入探讨，邮箱 niuniu128@ 126. com。

　　由于编者水平所限，书中不当之处，敬请读者批评指正。

张智荣

2023 年 3 月

目 录

上篇 机械设计理论

1 机械设计概述 ······· 3

1.1 机械设计的基本要求 ······· 3

1.2 机械设计的内容与步骤 ······· 3

1.3 机械零件失效形式 ······· 4

1.4 机械零件的计算准则 ······· 5

1.5 机械零件设计的标准化、系列化及通用化 ······· 6

思考题 ······· 6

2 平面连杆机构 ······· 7

2.1 运动副及其分类 ······· 7

2.1.1 低副 ······· 7

2.1.2 高副 ······· 8

2.2 平面机构运动简图 ······· 8

2.3 平面机构的自由度 ······· 10

2.3.1 平面机构自由度计算 ······· 10

2.3.2 机构具有确定运动的条件 ······· 11

2.3.3 计算平面机构自由度的注意事项 ······· 12

2.4 铰链四杆机构 ······· 14

2.4.1 铰链四杆机构的基本形式 ······· 14

2.4.2 铰链四杆机构中曲柄存在条件 ······· 18

2.4.3 平面四杆机构的演化 ······· 19

2.5 平面四杆机构的运动特性 ······· 22

2.5.1 急回特性 ······· 22

2.5.2 传力特性 ······· 23

2.5.3 死点位置 ······· 24

2.6 平面四杆机构的设计 ······· 25

2.6.1 按给定行程速比系数 K 进行设计 ······· 26

2.6.2 按给定连杆位置设计四杆机构 ······· 27

2.6.3 用解析法设计四杆机构 ······· 28

思考题 ······· 28

3　凸轮机构和间歇运动机构 ··· 30

　3.1　凸轮机构概述 ··· 30
　　3.1.1　凸轮机构的应用、组成和特点 ··· 30
　　3.1.2　凸轮机构的分类 ··· 30
　3.2　从动件常用的运动规律 ··· 32
　　3.2.1　等速运动规律 ··· 33
　　3.2.2　等加速等减速运动规律 ·· 33
　　3.2.3　简谐运动规律 ··· 34
　3.3　图解法绘制盘形凸轮轮廓 ··· 34
　　3.3.1　尖顶对心直动从动件盘形凸轮 ··· 35
　　3.3.2　尖顶偏置直动从动件盘形凸轮 ··· 36
　　3.3.3　滚子直动从动件盘形凸轮 ··· 37
　　3.3.4　尖顶摆动从动件盘形凸轮 ··· 37
　3.4　凸轮机构基本尺寸的确定 ··· 38
　　3.4.1　凸轮机构的压力角及许用值 ·· 38
　　3.4.2　基圆半径的选择 ··· 39
　　3.4.3　滚子半径的选择 ··· 40
　3.5　棘轮机构 ··· 41
　　3.5.1　棘轮机构的工作原理 ·· 41
　　3.5.2　棘轮转角大小的调节及应用 ·· 42
　3.6　槽轮机构 ··· 42
　　3.6.1　槽轮机构的工作原理 ·· 42
　　3.6.2　槽轮机构的主要参数及特点 ·· 43
　　3.6.3　槽轮机构的类型及应用 ·· 43
　3.7　不完全齿轮机构和凸轮式间歇运动机构 ··································· 44
　　3.7.1　不完全齿轮机构 ··· 44
　　3.7.2　凸轮式间歇运动机构 ·· 45
　思考题 ··· 45

4　带传动 ··· 46

　4.1　带传动的工作原理、分类与特点 ·· 46
　　4.1.1　带传动的工作原理 ·· 46
　　4.1.2　带传动的分类 ··· 47
　　4.1.3　带传动的特点 ··· 48
　4.2　普通 V 带与 V 带轮 ·· 48
　　4.2.1　普通 V 带 ··· 48
　　4.2.2　普通 V 带带轮 ··· 50
　4.3　普通 V 带的工作能力分析 ·· 52

    4.3.1 普通 V 带的受力分析 ……………………………………………… 52

    4.3.2 普通 V 带的应力分析 ……………………………………………… 54

  4.4 普通 V 带的传动设计 …………………………………………………… 55

    4.4.1 普通 V 带的失效形式 ……………………………………………… 55

    4.4.2 普通 V 带的设计准则 ……………………………………………… 55

    4.4.3 带传动的设计步骤和参数选择 …………………………………… 57

  4.5 普通 V 带的张紧、安装与维护 ………………………………………… 61

    4.5.1 普通 V 带的张紧 …………………………………………………… 61

    4.5.2 普通 V 带的安装与维护 …………………………………………… 62

  思考题 …………………………………………………………………………… 63

5 链传动 ……………………………………………………………………………… 64

  5.1 链传动概述 ……………………………………………………………… 64

  5.2 滚子链、链轮 …………………………………………………………… 65

    5.2.1 滚子链 ……………………………………………………………… 65

    5.2.2 滚子链链轮 ………………………………………………………… 66

  5.3 链传动的运动特性 ……………………………………………………… 68

  5.4 滚子链的传动设计 ……………………………………………………… 69

    5.4.1 滚子链传动的失效形式 …………………………………………… 69

    5.4.2 滚子链传动的设计准则 …………………………………………… 70

    5.4.3 滚子链传动的设计步骤和参数选择 ……………………………… 72

  5.5 链传动的布置、张紧、润滑与防护 …………………………………… 73

    5.5.1 链传动的布置 ……………………………………………………… 73

    5.5.2 链传动的张紧 ……………………………………………………… 73

    5.5.3 链传动的润滑 ……………………………………………………… 74

  思考题 …………………………………………………………………………… 75

6 齿轮传动 …………………………………………………………………………… 76

  6.1 齿轮传动的工作原理、分类与特点 …………………………………… 76

    6.1.1 齿轮传动的工作原理 ……………………………………………… 76

    6.1.2 齿轮传动的分类 …………………………………………………… 76

    6.1.3 齿轮传动的特点 …………………………………………………… 77

  6.2 渐开线齿廓 ……………………………………………………………… 78

    6.2.1 渐开线的形成 ……………………………………………………… 78

    6.2.2 渐开线的基本性质 ………………………………………………… 78

    6.2.3 渐开线齿廓的啮合特点 …………………………………………… 79

  6.3 齿轮的基本参数与几何尺寸计算 ……………………………………… 80

    6.3.1 齿轮的几何参数 …………………………………………………… 80

    6.3.2 齿轮的基本参数 …………………………………………………… 82

6.3.3　齿轮的几何尺寸计算 ……………………………………………………… 84
6.4　渐开线标准齿轮的啮合传动 …………………………………………………… 84
　　6.4.1　正确啮合条件 …………………………………………………………… 85
　　6.4.2　连续传动条件 …………………………………………………………… 86
　　6.4.3　无侧隙传动条件 ………………………………………………………… 87
6.5　渐开线齿轮的切削加工与根切 ………………………………………………… 88
　　6.5.1　常用的渐开线齿轮加工方法 …………………………………………… 88
　　6.5.2　渐开线齿廓的根切 ……………………………………………………… 90
6.6　齿轮传动的失效形式与设计准则 ……………………………………………… 91
　　6.6.1　齿轮传动的失效形式 …………………………………………………… 91
　　6.6.2　齿轮传动的设计准则 …………………………………………………… 92
6.7　齿轮的材料及许用应力 ………………………………………………………… 93
　　6.7.1　齿轮的材料 ……………………………………………………………… 93
　　6.7.2　许用应力 ………………………………………………………………… 94
6.8　直齿圆柱齿轮的传动设计 ……………………………………………………… 98
　　6.8.1　受力分析 ………………………………………………………………… 98
　　6.8.2　计算载荷 ………………………………………………………………… 99
　　6.8.3　直齿圆柱齿轮传动的强度计算 ………………………………………… 99
　　6.8.4　齿轮传动参数的选择 …………………………………………………… 100
　　6.8.5　齿轮传动的设计步骤 …………………………………………………… 101
6.9　平行轴斜齿圆柱齿轮 …………………………………………………………… 101
　　6.9.1　平行轴斜齿圆柱齿轮齿面的形成及啮合特点 ………………………… 101
　　6.9.2　斜齿圆柱齿轮的主要参数 ……………………………………………… 102
　　6.9.3　平行轴斜齿圆柱齿轮的当量齿数 ……………………………………… 104
　　6.9.4　平行轴斜齿圆柱齿轮能正确啮合的条件 ……………………………… 105
　　6.9.5　平行轴斜齿圆柱齿轮传动的重合度 …………………………………… 105
　　6.9.6　斜齿轮的几何尺寸计算 ………………………………………………… 105
6.10　直齿锥齿轮传动 ………………………………………………………………… 106
　　6.10.1　直齿锥齿轮的渐开线齿廓曲面的形成 ……………………………… 106
　　6.10.2　直齿锥齿轮传动的主要参数 ………………………………………… 107
　　6.10.3　直齿锥齿轮的当量齿数 ……………………………………………… 107
　　6.10.4　直齿锥齿轮正确啮合条件 …………………………………………… 108
　　6.10.5　直齿锥齿轮的几何尺寸计算 ………………………………………… 108
6.11　齿轮的结构设计 ………………………………………………………………… 109
　　6.11.1　齿轮轴 ………………………………………………………………… 109
　　6.11.2　实体式齿轮 …………………………………………………………… 110
　　6.11.3　腹板式齿轮 …………………………………………………………… 110
　　6.11.4　轮辐式齿轮 …………………………………………………………… 111
6.12　齿轮传动的润滑 ………………………………………………………………… 111

6.12.1　浸油润滑 ·· 111

6.12.2　喷油润滑 ·· 112

思考题 ·· 112

7　轴 ··· 113

7.1　轴的分类及设计 ··· 113

7.1.1　轴的分类 ·· 113

7.1.2　轴的材料及选择 ·· 116

7.1.3　轴的设计要求与设计方法 ·· 118

7.2　轴的结构设计 ·· 119

7.2.1　最小轴径的估算 ·· 119

7.2.2　轴的结构设计 ·· 119

7.2.3　轴上零件的定位与固定 ·· 122

7.2.4　轴的工艺性 ··· 125

7.2.5　提高轴的强度的常用措施 ·· 125

7.3　轴的强度计算 ·· 126

7.3.1　轴的受力简化模型 ·· 126

7.3.2　轴的强度计算准则 ·· 126

7.3.3　轴的强度计算 ·· 127

7.3.4　轴的刚度计算 ·· 128

7.4　轴的设计实例 ·· 128

思考题 ·· 134

8　轴承 ··· 135

8.1　滚动轴承概述 ·· 135

8.1.1　滚动轴承的构造 ·· 135

8.1.2　滚动轴承的类型和特点 ·· 136

8.1.3　滚动轴承的代号 ·· 138

8.2　滚动轴承的选择与应用 ·· 139

8.2.1　滚动轴承的失效形式及计算准则 ····································· 139

8.2.2　滚动轴承的尺寸选择 ·· 140

8.2.3　滚动轴承的组合设计 ·· 141

8.2.4　滚动轴承的润滑与密封 ·· 145

8.3　滑动轴承概述 ·· 147

8.3.1　滑动轴承的结构 ·· 147

8.3.2　轴瓦结构 ·· 148

8.3.3　轴承的材料 ··· 150

8.4　滚动轴承与滑动轴承的性能比较 ··· 150

思考题 ·· 151

9 螺纹连接与螺旋传动 ·· 152

  9.1 螺纹的形成、主要参数与分类 ·· 152

    9.1.1 螺纹的形成 ·· 152

    9.1.2 螺纹的主要参数 ·· 153

    9.1.3 几种常用螺纹的特点及应用 ·· 153

  9.2 螺纹连接的主要类型和使用 ·· 155

    9.2.1 螺纹连接的主要类型 ·· 155

    9.2.2 常用标准螺纹连接件 ·· 156

  9.3 螺纹连接的预紧和防松 ·· 160

    9.3.1 螺纹连接的预紧 ·· 160

    9.3.2 螺纹连接的防松 ·· 161

  9.4 螺纹连接的强度计算 ·· 163

    9.4.1 普通螺栓连接的强度计算 ·· 163

    9.4.2 铰制孔用螺栓连接的强度计算 ······································ 165

  9.5 提高螺纹连接强度的措施 ·· 165

    9.5.1 降低影响螺栓疲劳强度的应力辐 ···································· 165

    9.5.2 改善螺纹牙间的载荷分布 ·· 166

    9.5.3 减小应力集中 ··· 166

    9.5.4 避免产生附加弯曲应力 ··· 166

    9.5.5 采用合理的材料和合理的制造工艺 ································· 167

  9.6 螺旋传动 ··· 167

    9.6.1 螺旋传动的类型和特点 ··· 167

    9.6.2 滚动螺旋传动简介 ··· 168

  9.7 轴毂连接 ··· 169

    9.7.1 键连接 ··· 169

    9.7.2 花键连接 ·· 174

    9.7.3 销连接 ··· 175

  思考题 ·· 176

下篇 机械设计实例

10 物料性能与粉碎机械选型 ·· 179

  10.1 粉碎机械的基本概念 ··· 179

    10.1.1 粉碎的目的 ·· 179

    10.1.2 破碎比 ·· 181

    10.1.3 粉碎段数和粒径 ·· 181

  10.2 物料的性能 ·· 183

    10.2.1 固体物料物性简述 ··· 183

10.2.2　物料的强度与易碎性 ·· 184

10.3　粉碎机械的选型 ·· 187

10.3.1　粉碎机械的分类及适用范围 ·· 187

10.3.2　物料的水分、泥质含量及腐蚀性 ·· 189

思考题 ··· 191

11　颚式破碎机概述 ··· 192

11.1　颚式破碎机类型与应用 ·· 192

11.2　颚式破碎机动颚运动轨迹 ··· 193

11.2.1　描绘动颚运动轨迹方法 ·· 193

11.2.2　对运动轨迹的分析 ·· 194

11.3　颚式破碎机的发展 ·· 194

思考题 ··· 195

12　颚式破碎机机型与性能 ·· 196

12.1　小型颚式破碎机 ·· 196

12.1.1　PEX150×500 小型破碎机 ··· 196

12.1.2　大破碎比破碎机 ·· 196

12.2　中型颚式破碎机 ·· 197

12.3　大型颚式破碎机 ·· 198

12.4　大传动角颚式破碎机 ·· 199

12.4.1　上置式颚式破碎机 ·· 199

12.4.2　倾斜式颚式破碎机 ·· 199

12.5　对颚式破碎机机型与性能分析 ··· 200

思考题 ··· 202

13　颚式破碎机的主参数 ·· 203

13.1　主轴转速 ·· 203

13.2　生产能力 ·· 204

13.3　影响生产能力的因素 ·· 204

13.4　破碎力 ·· 205

13.4.1　破碎力性质 ·· 205

13.4.2　最大破碎力 ·· 206

13.4.3　最大破碎力作用位置 ·· 206

13.5　功率 ·· 207

思考题 ··· 208

14　环锤式碎煤机选型设计及应用实例 ··· 209

14.1　工程总述 ·· 209

14.1.1 工程概况 ··· 209
14.1.2 工程主要原始资料 ································· 209
14.2 标准和规范 ··· 210
14.2.1 设计、制造应遵守的规范和标准 ········· 210
14.2.2 具体的技术要求 ································· 210
14.3 碎煤机主要参数设计 ································· 211
14.3.1 碎煤机工作原理 ································· 211
14.3.2 碎煤机选型及技术参数 ····················· 211
14.3.3 碎煤机基本结构参数 ························· 212
14.3.4 转子工作参数的确定 ························· 213
14.3.5 主轴的设计计算 ································· 217
14.3.6 转子的平衡精度 ································· 218
14.3.7 碎煤机的生产率 ································· 219
14.3.8 碎煤机环锤质量的确定 ····················· 220
14.3.9 碎煤机的电动机选用 ························· 221
14.3.10 液力偶合器的选用 ························· 223
14.3.11 滚动轴承的选择及计算 ··················· 226
14.3.12 碎煤机结构 ······························· 228
14.4 计算和选型结果小结 ································· 236
14.5 碎煤机试制 ··· 237
14.5.1 产品设计的主要特征 ························· 237
14.5.2 技术要求 ··· 238
14.5.3 产品的制造 ··· 238
14.6 碎煤机安装 ··· 240
14.6.1 安装前的准备 ····································· 240
14.6.2 碎煤机的安装 ····································· 240
14.6.3 限矩型液力偶合器的安装 ················· 240
14.7 液压系统的操作与维护 ····························· 241
14.7.1 液压系统的安装 ································· 241
14.7.2 液压站起动前的检查 ························· 241
14.7.3 油泵的起动与运行 ····························· 241
14.7.4 液压系统的维护 ································· 242
14.8 碎煤机运行中车间空气煤尘浓度及噪声测试 ··· 243
14.8.1 空气粉尘浓度测试 ····························· 243
14.8.2 碎煤机车间噪声测试 ························· 244
14.9 碎煤机轴承温度测试 ································· 245
14.9.1 选择测试位置 ····································· 245
14.9.2 测试条件 ··· 245
14.9.3 测试数据 ··· 246

14.10　碎煤机轴承座振幅测试 ·· 246

14.10.1　选择测试位置 ··· 246

14.10.2　测试条件 ··· 247

14.10.3　测试数据 ··· 247

思考题·· 247

参考文献 ··· 248

上篇　机械设计理论

1 机械设计概述

1.1 机械设计的基本要求

机械设计是指规划和设计实现预期功能的设备或改进原有设备的机械性能。

机械设计可分为新型设计、继承设计和变型设计 3 类。（1）新型设计。应用成熟的科学技术或经过实验证明是可行的新技术，设计过去没有过的新型机械。（2）继承设计。根据使用经验和技术发展对已有的机械进行设计更新，以提高其性能、降低其制造成本或减少其运用费用。（3）变型设计。为适应新的需要对已有的机械工作部分的修改或增删而发展出不同于标准型的变型产品。

机械产品设计应满足以下几方面的基本要求。

（1）良好的使用性。实现预期功能，满足使用要求，操作简易，保养简单，维修方便，不必追求多功能，因为多功能会增加成本，降低可靠性。

（2）安全性。机械设计必须以人为本，凡关系到人身安全或重大设备事故的零部件，都必须进行认真严格的设计计算或校核计算，不能凭经验或以类比的方式代替，计算说明书应妥善保管，以备核查。

（3）可靠性和耐用性。在预定的使用期限内不发生或极少发生故障，大修或更换易损件的周期不宜太短，以免经常停机影响生产。

（4）经济性。设计中应尽可能多地选用标准件和成套组件，不仅可靠、廉价，而且能大大节省设计工作量，零件设计必须关注加工工艺性，力求减少加工费用，良好的经济性不仅体现在制造成本上，更应体现在机器使用中的高效率、低能耗。

（5）环保性。机器噪声不超标，不采用石棉等禁用的原材料，确保机器在使用过程中不漏水、漏油，出现粉尘和烟雾，在生产中出现的废水、废气必须经过处理，达到排放标准。除此之外，设备想要有较高的市场竞争力，机械设计师还应与工艺美术人员密切配合，力求设备造型美观。

1.2 机械设计的内容与步骤

机械设计是项复杂、细致和科学性很强的工作。随着科学技术的发展，人们对设计的理解也在不断地深化，设计方法也在不断地发展。在机械设计过程中，根据设计方案和机器的功能，一般将机器分为几个主要部分，然后按照设计过程分别进行技术设计和结构设计。

机械设计的过程通常分为以下几个阶段。

（1）规划设计。根据用户订货需求、市场需要和新科研成果制订设计任务。在明确任务的基础上广泛地开展市场调研，内容主要包括用户对产品功能、技术性能、价位、可维修性及外观等的具体要求。

（2）方案设计。方案设计包括产品功能分析、功能原理求解、方案的综合及评价决策，最后得到最佳功能原理方案。对于现代机械产品来说，其机械系统（传动系统和执行系统）的方案设计往往表现为机械运动示意图（机械运动方案图）和机械运动简图的设计。

（3）技术设计。技术设计的任务是将功能原理方案得以具体化，成为机器及其零部件的合理结构。在此阶段要完成产品的参数设计（初定参数、尺寸、材料、精度等）、总体设计（总体布置图、传动系统图、液压系统图、电气系统图等）、结构设计等，最后得到总装配草图。

（4）施工设计。施工设计的工作内容包括由总装配草图分拆零件图，进行零部件设计，绘制零件工作图、部件装配图；绘制总装配图；编制技术文件，如设计说明书、标准件及外购件明细表、备件和专用工具明细表等。

（5）改进设计。改进设计包括样机试制、测试、综合评价及改进，以及工艺设计、小批生产、市场销售及定型生产等环节。根据设计任务书的各项要求对样机进行测试，发现产品在设计、制造、装配及运行中的问题，细化分析问题。在此基础上，对方案、整机、零部件做出综合评价，对存在的问题和不足加以改进。

（6）定型设计。定型设计用于成批或大量生产的机械。对于某些设计任务比较简单（如简单机械的新型设计、一般机械的继承设计或变型设计等）的机械设计可省去初步设计程序。

整个机械设计的过程是复杂的，并反复进行。在某一阶段发现问题，必须回到前面的有关阶段进行并行设计。因此，整个机械设计是一个"设计—评估—再设计"不断反复、不断修改、不断优化完善的过程，以期逐渐接近最佳结果。

1.3　机械零件失效形式

失效——零件丧失正常工作能力或达不到设计要求的性能称为失效。机械零件常见的失效形式有以下几种。

（1）断裂。机械零件的断裂通常有以下两种情况：

1）零件在外载荷的作用下，某一危险截面上的应力超过零件的强度极限时，将发生断裂（如螺栓的断裂）。

2）零件在循环变应力的作用下，危险截面上的应力超过零件的疲劳强度而发生疲劳断裂。

（2）过量变形。当零件上的应力超过材料的屈服点时，零件将发生塑性变形。当零件的变形量过大时，也会使机器的工作不正常，如机床主轴的过量变形会降低机床的加工精度。

（3）表面失效。表面失效主要有疲劳点蚀、磨损、压溃和腐蚀等形式。表面失效后，通常会增加零件的摩擦，使零件尺寸发生变化，最终造成零件的报废。

（4）破坏正常工作条件引起的失效。有些零件，只有在一定的工作条件下才能正常工作，否则就会引起失效。如带传动，因传动过载发生打滑，使机器不能正常工作。

1.4 机械零件的计算准则

计算准则——以防止产生各种可能失效为目的，而拟定的零件工作能力计算依据的基本原则。同一零件对于不同失效形式的承载能力也各不相同。根据不同的失效原因，建立起来的工作能力判定条件，称为设计计算准则。主要包括以下几种。

（1）强度准则。强度是指零件在载荷作用下抵抗断裂、塑性变形及表面失效（磨粒磨损、腐蚀除外）的能力。强度可分为整体强度和表面强度（接触与挤压强度）两种。

1）整体强度的判定准则为：零件在危险截面处的最大应力（正应力 σ，切应力 τ）不应超过允许的限度。此最大应力的允许限度称为许用应力，分别用 $[\sigma]$ 或 $[\tau]$ 表示，即

$$\sigma \leqslant [\sigma] \quad 或 \quad \tau \leqslant [\tau] \tag{1-1}$$

另一种表达形式为：危险截面处的实际安全系数 S 应大于或等于许用安全系数 $[S]$，即

$$S \geqslant [S] \tag{1-2}$$

2）表面接触强度的判定准则为：在反复的接触应力作用下，零件在接触处的接触应力 σ_H 应该小于或等于许用接触应力值 $[\sigma_H]$，即

$$\sigma_H \leqslant [\sigma_H] \tag{1-3}$$

3）对于受挤压的表面，挤压应力不能过大，否则会发生表面塑性变形、表面压溃等。挤压强度的判定准则为：挤压应力 σ_P 应小于或等于许用挤压应力 $[\sigma_P]$，即

$$\sigma_P \leqslant [\sigma_P] \tag{1-4}$$

（2）刚度准则。刚度是指零件受载荷后，抵抗变形的能力。其设计计算准则为：零件在载荷作用下产生的变形量 y 应小于或等于机器性能允许的变形量极限值 $[y]$，即

$$y \leqslant [y] \tag{1-5}$$

式中，y 可以是挠度、偏转角或扭转角。

（3）耐磨性准则。设计时应使零件的磨损量在预定限度内不超过允许量。由于磨损机理比较复杂，通常采用条件性的计算准则，即零件的压强 p 不大于零件的许用压强 $[p]$，即

$$p \leqslant [p] \tag{1-6}$$

（4）耐热性准则。零件工作时如果温度过高或过低，将导致润滑剂失去作用，材料的强度极限下降，引起热变形及附加热应力等，从而使零件不能正常工作。耐热性准则为：根据热平衡条件，一般工作温度 t 不应超过许用工作温度 $[t]$，即

$$t \leqslant [t] \tag{1-7}$$

（5）可靠性准则。可靠性用可靠度表示，对那些大量生产而又无法逐件试验或检测的产品，更应计算其可靠度。零件的可靠度用零件在规定的使用条件下和时间内能正常工作的概率来表示，即用在规定的寿命时间内能连续工作的件数占总件数的百分数表示。如有 N_T 个零件，在预期寿命内只有 N_S 个零件能连续正常工作，则其系统的可靠度 R 为

$$R = N_S / N_T \tag{1-8}$$

1.5　机械零件设计的标准化、系列化及通用化

标准化是组织现代化大生产的重要手段。我国对标准化所下的定义是："在经济、技术、科学及管理等社会实践中，对重复性事物和概念，通过制定、发布和实施标准，达到统一，以获得最佳秩序和社会效益。"标准化的基本特征就是统一和简化。

我国现行标准分为国家标准（GB）、行业标准（或专业标准）和企业标准等。国际上则推行国际标准化组织（ISO）的标准，我国也正在逐步向 ISO 标准靠近。企业不断采用新标准代替旧标准，是企业技术进步必须要做的。

按规定标准生产的零件称为标准件。设计中选用标准件时，由于要受到标准的限制而选用不够灵活，若选用系列化产品则从一定程度上解决了这一问题。如《Ⅰ型六角螺母》（GB/T 6170—2000），规定了不同螺纹尺寸的螺母形成了系列产品。工厂开发新产品，也要注意系列化，制订企业标准。比如，95 系列柴油机，其汽缸直径为 95mm，有单缸机195 型、双缸机 295 型、三缸机 395 型、四缸机 495 型等组成了一个系列产品。95 系列柴油机产品的活塞、连杆等好多零部件是通用的，这样就可以简化设计工作量，便于组织生产，降低成本，保证产品质量。

通用化以互换性为前提，因此，标准件一定是通用件。有些零部件，虽然不是国家标准件，但在行业中是通用的，如柴油机空气滤清器、柴油滤清器、机油滤清器、喷油泵和喷油器等就是柴油机行业通用件。通用件由专业厂（如油泵油嘴厂、滤清器厂）大批量生产，质量有保证，而且便宜。这里所说的通用件实际上就是行业标准件，设计时只需在《明细表》中注明通用件名称、规格、材料、数量即可买到，不必再设计绘制通用件图。

标准化、系列化和通用化的内涵都是"标准化"。由于"三化"具有明显的优越性，所以在机械设计中应大力推广"三化"，贯彻采用各种标准。

思 考 题

1-1　机械设计的基本要求是什么？

1-2　机械设计过程通常分为哪几个阶段，各阶段的主要内容是什么？

1-3　常见的失效形式有哪几种？

2 平面连杆机构

所有构件都在相互平行的平面内运动的机构称为平面机构，否则称为空间机构。工程中常见的机构多属于平面机构。本章节只讨论平面机构。

由若干构件通过低副连接，且所有的构件在相互平行的平面内运动的机构称为平面连杆机构，又称平面低副机构。由 4 个构件通过低副连接而成的平面连杆机构，称为平面四杆机构。它是平面连杆机构中最常见的形式，也是组成多杆机构的基础。如果所有低副均为转动副，就称为铰链四杆机构。铰链四杆机构是平面四杆机构最基本的形式，其他形式的四杆机构都可看作是在铰链四杆机构基础上演化而成的。

平面连杆机构广泛应用于各种机械和仪表中，主要优点如下：

（1）平面连杆机构中的运动副都是低副，组成运动副的两构件之间为面接触，故传力时压强小、磨损少，且易于加工和保证较高的制造精度；

（2）平面连杆机构能方便地实现转动、摆动和移动等基本运动形式及其相互转化；

（3）平面连杆机构能实现多种运动轨迹和运动规律，以满足不同的工作要求。

平面连杆机构的主要缺点有：

（1）由于低副中存在间隙，机构将不可避免地产生运动误差，设计计算比较复杂，不易实现精确、复杂的运动规律；

（2）平面连杆机构运动时产生的惯性力使其不适用于高速的场合。

2.1 运动副及其分类

一个做平面运动的自由构件具有三个独立运动。如图 2-1 所示，在 xOy 坐标系中，构件 S 可随其上任一点 A 沿 x 轴、y 轴方向独立移动和绕 A 点独立转动。构件相对于参考系的独立运动称为自由度。所以一个做平面运动的自由构件具有 3 个自由度。

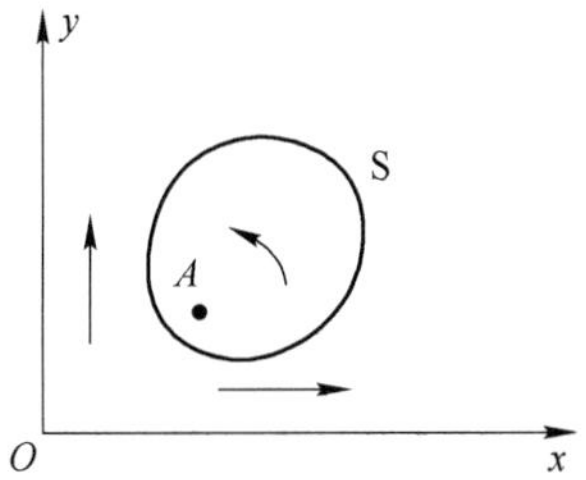

机构是由许多构件组成的。机构的每个构件都以一定方式与某些构件相互连接。这种连接不是固定连接，而是能产生一定相对运动的连接。两构件直接接触并能产生一定相对运动的连接称为运动副，构件组成运动副后，其独立运动受到约束，自由度随之减少。

图 2-1 平面运动刚体的自由度

两构件组成运动副，其接触不外乎点、线、面，按照接触特性，通常把运动副分为低副和高副两类。

2.1.1 低副

两构件通过面接触组成的运动副称为低副。平面机构中的低副有转动副和移动副两种。

（1）转动副。若组成运动副的两构件只能在平面内相对转动，这种运动副称为转动副，如图 2-2 所示。

（2）移动副。若组成运动副的两构件只能沿某一轴线相对移动，这种运动副称为移动副，如图 2-3 所示。

图 2-2 转动副   图 2-3 移动副

2.1.2 高副

两构件通过点或线接触组成的运动副称为高副。图 2-4（a）中的车轮 1 与钢轨 2、图 2-4（b）中的凸轮 3 与从动件 4、图 2-4（c）中的齿轮 5 与齿轮 6 分别在接触处 A 组成高副。组成平面高副两构件间的相对运动是沿接触处切线 t-t 方向的相对移动和在平面内的相对转动。

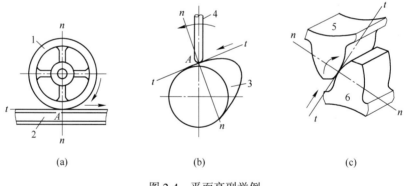

（a）   （b）   （c）

图 2-4 平面高副举例

2.2 平面机构运动简图

实际构件的外形和结构很复杂，在研究机构运动时，为了使问题简化，通常不考虑那些与运动无关的构件外形和运动副具体构造，仅用简单线条和符号来表示构件和运动副，并按比例定出各运动副的位置。这种表明机构各构件间相对运动关系的简化图形，称为机构运动简图。

机构运动简图中的运动副表示为：图 2-5（a）~（c）是两个构件组成转动副的表示方法。用圆圈表示转动副，其圆心代表相对转动轴线。若组成转动副的两构件都是活动件，则用图 2-5（a）表示。若其中一个为机架，则在代表机架的构件上加阴影线，如图 2-5（b）和（c）所示。

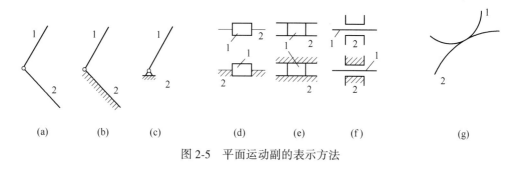

图 2-5 平面运动副的表示方法

两构件组成移动副的表示方法如图 2-5（d）～（f）所示。移动副的导路必须与相对移动方向一致。同上所述，图中画阴影线的构件表示机架。

两构件组成高副时，在简图中应当画出两构件接触处的曲线轮廓，如图 2-5（g）所示。

图 2-6 为构件的表示方法。图 2-6（a）表示参与组成两个转动副的构件。图 2-6（b）表示参与组成一个转动副和一个移动副的构件。一般情况下，参与组成 3 个转动副的构件可用三角形表示。为了表明三角形是一个刚性整体，常在三角形内打剖面线或在 3 个角加上焊接标记，如图 2-6（c）所示；如果 3 个转动副中心在一条直线上，则用图 2-6（d）表示。超过 3 个运动副的构件的表示方法可依此类推。对于机械中的常用构件和零件，也可采取惯用画法，例如用粗实线或点画线画出一对节圆来表示互相啮合的齿轮；用完整的轮廓曲线来表示凸轮。其他常用零部件的表示方法可参看《机械制图机构运动简图符号》（GB 4460—84）。

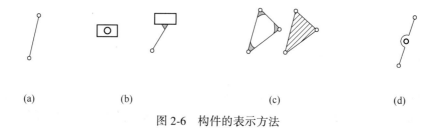

图 2-6 构件的表示方法

（1）固定构件（机架）。用来支承活动构件（运动构件）的构件。研究机构中活动构件的运动时，常以固定构件作为参考坐标系。

（2）原动件（主动件）。运动规律已知的活动构件。它的运动是由外界输入的，故又称为输入构件。

（3）从动件。机构中随原动件运动而运动的其余活动构件。其中输出预期运动的从动件称为输出构件，其他从动件则起传递运动的作用。

任何机构必有一个构件被相对地看作固定构件。例如气缸体虽然跟随汽车运动，但在研究发动机的运动时，仍把气缸体视为固定构件。在活动构件中必须有一个或几个原动件，其余的都是从动件。

下面举例说明机构运动简图的绘制方法。

例 2-1　绘制图 2-7 所示颚式破碎机的机构运动简图。

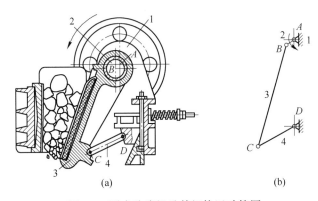

(a)　　　　　　　　　　　　　　(b)

图 2-7　颚式破碎机及其机构运动简图

（a）颚式破碎机简图；（b）颚式破碎机机构运动简图

解：

（1）分析机构运动，确定构件数目。颚式破碎机的主体有机架 1、偏心轴 2、动颚 3、肘板 4 等 4 个构件组成。带轮与偏心轴固连成一整体，它是运动和动力输入构件，即原动件，其余构件都是从动件。当带轮和偏心轴 2 绕轴线 A 转动时，驱使输出构件动颚 3 做平面复杂运动，从而将矿石轧碎。

（2）确定运动副的类型和数目。偏心轴 2 绕机架 1 轴线 A 相对转动，故构件 1、2 组成以 A 为中心的转动副；动颚 3 与偏心轴 2 绕轴线 B 相对转动，故构件 2、3 组成以 B 为中心的转动副；肘板 4 与动颚 3 绕轴线 C 相对转动，故构件 3、4 组成以 C 为中心的转动副；肘板与机架绕轴线 D 相对转动，故构件 4、1 组成以 D 为中心的转动副。

（3）测量各运动副间的相对位置。

（4）选择适当比例尺。

（5）绘制机构运动简图。

最后，将图 2-7（a）中机架画上阴影线，并在原动件 2 上标注箭头。

需要指出，虽然动颚 3 与偏心轴 2 是用一个半径大于 AB 的轴颈连接的，但是运动副的规定符号仅与相对运动的性质有关，而与运动副的结构尺寸无关，所以在简图中仍用小圆圈表示。

2.3　平面机构的自由度

机构的各构件之间应具有确定的相对运动。显然，不能产生相对运动或无规则乱动的一堆构件难以用来传递运动。为了使组合起来的构件能产生运动并具有运动确定性，有必要探讨机构自由度和机构具有确定运动的条件。

2.3.1　平面机构自由度计算

如前所述，一个做平面运动的自由构件具有 3 个自由度。因此，平面机构的每个活动构件，在未用运动副连接之前，都有 3 个自由度，即沿 x 轴和 y 轴的移动及在 xOy 平面内的转动。当两构件组成运动副之后，它们的相对运动受到约束，自由度随之减少。不同种类的运动副引入的约束不同，所保留的自由度也不同。例如图 2-2 所示的转动副，约束了两个移动自由度，只保留一个转动自由度；而移动副（见图 2-3）约束了沿一轴方向的移动和在平面内的转动两个自由度，只保留沿另一轴方向移动的自由度；高副（见图 2-4）则只约束沿接触处公法线 n-n 方向移动的自由度，保留绕接触处转动和沿接触处公切线 t-t 方向移动两个自由度。也可以说，在平面机构中，每个低副引入两个约束，使构件失去两个自由度；每个高副引入一个约束，使构件失去一个自由度。

设某平面机构共有 K 个构件。除去固定构件，则活动构件数为 n = K-1。在未用运动副连接之前，这些活动构件的自由度总数为 3n。当用运动副将构件连接组成机构之后，机构中各构件具有的自由度随之减少。若机构中低副数为 P_L 个，高副数为 P_H 个，则运动副引入的约束总数为 $2P_L+P_H$。活动构件的自由度总数减去运动副引入的约束总数就是机构自由度（旧称机构活动度），以 F 表示，即

$$F = 3n - 2P_L - P_H \qquad (2-1)$$

这就是计算平面机构自由度的公式。由式（2-1）可知，机构自由度取决于活动构件的件数及运动副的性质和个数。机构的自由度也即机构相对机架具有的独立运动的数目。由前述可知，从动件是不能独立运动的，只有原动件才能独立运动。通常每个原动件具有一个独立运动（如电动机转子具有一个独立转动，内燃机活塞具有一个独立移动）。

例 2-2 计算图 2-7 所示颚式破碎机主体机构的自由度。

解： 在颚式破碎机主体机构中，有 3 个活动构件，即 n = 3；包含 4 个转动副，即 $P_L = 4$；没有高副，即 $P_H = 0$。由式（2-1）得机构自由度

$$F = 3n - 2P_L - P_H = 3 \times 3 - 2 \times 4 = 1$$

该机构具有一个原动件（曲轴 2），原动件数与机构自由度数相等。

2.3.2 机构具有确定运动的条件

图 2-8 所示为机构自由度等于零的构件组合（$F = 3 \times 4 - 2 \times 6 = 0$），它是一个桁架。它的各构件之间不可能产生相对运动。图 2-9 所示为原动件数小于机构自由度的例子（图中原动件数等于 1，机构自由度 $F = 3 \times 4 - 2 \times 5 = 2$）。当只给定原动件 1 的位置角 φ_1 时，从动件 2、3、4 的位置不能确定，不具有确定的相对运动。只有给出两个原动件，使构件 1、4 都处于给定位置，才能使从动件获得确定运动。图 2-10 所示为原动件数大于机构自由度的例子（图中原动件数等于 2，机构自由度 $F = 3 \times 3 - 2 \times 4 = 1$）。如果原动件 1 和原动件 3 的给定运动都要同时满足，机构中最弱的构件必将损坏，例如将杆 2 拉断、杆 1 或杆 3 折断。

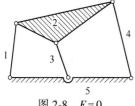

图 2-8 F=0

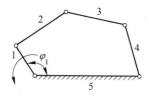

图 2-9 原动件数小于 F

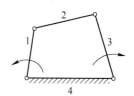

图 2-10 原动件数大于 F

综上所述可知，机构具有确定运动的条件是：机构自由度 $F>0$，且 F 等于原动件数。

2.3.3　计算平面机构自由度的注意事项

应用式（2-1）计算平面机构的自由度时，对下列情况必须加以注意、处理，才能使计算结果与实际一致。

2.3.3.1　复合铰链

两个以上构件同时在一处用转动副相连接就构成复合铰链。如图 2-11（a）所示是 3 个构件汇交成的复合铰链，图 2-11（b）是它的俯视图。由图 2-11（b）可以看出，这 3 个构件共组成两个转动副。依此类推，K 个构件汇交而成的复合铰链具有 $K-1$ 个转动副。在计算机构自由度时应注意识别复合铰链，以免把转动副的个数算错。

（a）　　　　　　　　　　　　　　　　　　　（b）

图 2-11　复合铰链

例 2-3　计算图 2-12 所示圆盘锯主体机构的自由度。

解：机构中有 7 个活动构件，$n=7$；B、C、D、E 4 处都是 3 个构件汇交的复合铰链，各有两个转动副，A、F 处各有一个转动副，故 $P_L=10$，由式（2-1）得

$$F = 3 \times 7 - 2 \times 10 = 1$$

F 与机构原动件数相等。故该机构具有确定的相对运动。

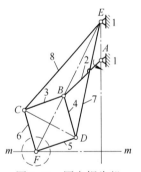

图 2-12　圆盘锯齿机

2.3.3.2　局部自由度

机构中常出现一种与输出构件运动无关的自由度，称为局部自由度（或称多余自由度），在计算机构自由度时应予排除。

例 2-4　计算图 2-13（a）所示滚子从动件凸轮机构的自由度。

解：如图 2-13（a）所示，当原动件凸轮 1 转动时，通过滚子 3 驱使从动件 2 以一定运动规律在机架 4 中往复移动。从动件 2 是输出构件。不难看出，在这个机构中，无论滚子 3 绕其轴线 C 是否转动或转动快慢，都不影响输出构件 2 的运动。因此，滚子绕其中心的转动是一个局部自由度。为了在计算机构自由度时排除这个局部自由度，可设想将滚子与从动件焊成一体（转动副 C 也随之消失），化成图 2-13（b）所示形式。在图 2-13（b）中，$n=2$，$P_L=2$，$P_H=1$。由式（2-1）可得

$$F = 3 \times 2 - 2 \times 2 - 1 = 1$$

局部自由度虽然不影响整个机构的运动，但滚子可使高副接触处的滑动摩擦变成滚动摩擦，减少磨损，所以实际机械中常有局部自由度出现。

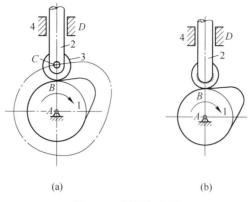

(a)   (b)

图 2-13   局部自由度

2.3.3.3   虚约束

在运动副引入的约束中，有些约束对机构自由度的影响是重复的，对机构运动不起任何限制作用。这种重复而对机构不起限制作用的约束称为虚约束或消极约束。在计算机构自由度时应当除去不计。

虚约束是构件间几何尺寸满足某些特殊条件的产物。平面机构中的虚约束常出现在下列场合：

（1）被连接件上点的轨迹与机构上连接点的轨迹重合时，这种连接将出现虚约束，如图 2-14 所示。

（2）机构运动时，如果两构件上两点间的距离始终保持不变，将此两点用构件和运动副连接，则会带进虚约束，如图 2-15 所示的 C、D 两点。

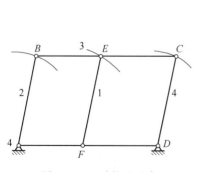

图 2-14   运动轨迹重合

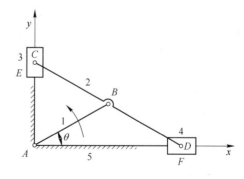

图 2-15   两点距离不变

（3）如果两个构件组成的移动副（见图 2-16）相互平行，或两个构件组成多个轴线重合的转动副时（见图 2-17），只需考虑其中一处，其余各处带进的约束均为虚约束。

（4）机构中起重复作用的对称部分是虚约束。如图 2-18 所示的行星轮系中，由与中心完全对称的三部分组成，每一部分的作用相同。因此，可以认为其中两个部分的约束为虚约束。

虚约束对运动虽不起作用，但可以增加构件的刚性或使构件受力均衡，所以实际机械

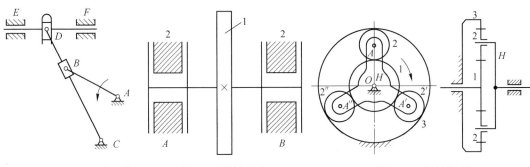

图 2-16 移动副导路重合   图 2-17 轴线重合   图 2-18 行星轮系

中虚约束并不少见。虚约束要求较高的制造精度，如果加工误差太大，不能满足某些特殊几何条件，虚约束便会变成实际约束，阻碍构件运动。

　　例 2-5　图 2-19 所示为筛料机构，曲柄 1、凸轮 6 为原动件，迫使筛 5 抖动筛料。试计算机构自由度，检查机构是否具有确定运动。

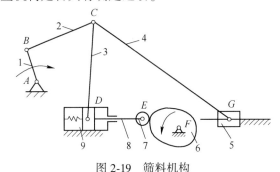

图 2-19　筛料机构

1—曲柄；2~4，8—构件；5—筛；6—凸轮；7—滚子；9—机架

　　解：（1）处理特殊情况。首先处理局部自由度，图 2-19 中滚子 7 绕 E 轴转动的自由度为局部自由度，采用滚子 7 与构件 8 焊化处理；其次判定并去除虚约束，构件 8 与机架 9 形成导路重合的左右两个移动副中的一个是虚约束，计算时应去除。最后判断复合铰链，图 2-19 中构件 2、3、4 在 C 处组成复合铰链，C 处含两个转动副。

　　（2）计算机构自由度，$n=7$，$P_L=9$，$P_H=1$。按式（2-1）计算，得

$$F = 3 \times 7 - 2 \times 9 - 1 = 2。$$

　　（3）检查机构运动是否确定。由于原动件数 $W=2=F$，所以机构的运动确定。

2.4　铰链四杆机构

2.4.1　铰链四杆机构的基本形式

　　各构件之间都是以转动副连接的平面四杆机构称为铰链四杆机构，铰链四杆机构是平面四杆机构的基本形式。图 2-20 为铰链四杆机构常见的几种形式，如图 2-20（a）所示，机构的固定构件 4 称为机架，与机架用转动副相连接的构件 1 和 3 称为连架杆，与机架相

对的构件称为连杆，连杆做复杂的平面运动。若组成转动副的两构件能做 360°整周相对转动，则称该转动副为整转副，否则称为摆动副。与机架组成整转副的连架杆称为曲柄，与机架组成摆动副的连架杆称为摇杆。

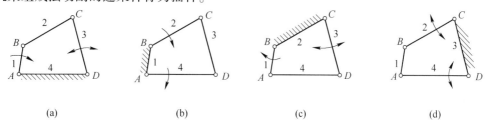

| (a) | (b) | (c) | (d) |

图 2-20　铰链四杆机构常见的几种形式

对于铰链四杆机构来说，机架和连杆总是存在的。根据铰链四杆机构有无曲柄，可将其分为三种基本形式：曲柄摇杆机构、双曲柄机构和双摇杆机构。

2.4.1.1　曲柄摇杆机构

两连杆架中一个为曲柄，另一个为摇杆的铰链四杆机构，称为曲柄摇杆机构。

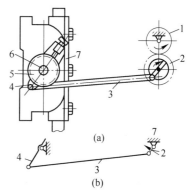

图 2-21 （a）为牛头刨床横向自动进给机构。当齿轮 1 转动时，驱动齿轮 2（曲柄）转动，再通过连杆 3 使摇杆 4 做往复摆动，摇杆另一端的棘爪便拨动棘轮 5 带动送进丝杆 6 做单向间歇运动，是典型的曲柄摇杆机构（7 为机架），图 2-21 （b）是其运动简图。

曲柄摇杆机构中，当以曲柄为原动件时，可将匀速转动变成从动件的摆动，如图 2-22 中的雷达天线俯仰角调整机构，曲柄 1 缓慢匀速转动，通过连杆 2 使摇杆 3 在一定角度范围内摆动，从而调整雷达天线俯仰角的大小（4 为机架）；或利用连杆的复杂运动实现所需的运动轨迹，如图 2-23 所示的搅拌器机构。当以摇杆为

图 2-21　牛头刨床横向自动进给机构

原动件时，可将往复摆动变成曲柄的整周运动，如图 2-24 的缝纫机踏板机构，它以摇杆 2（踏板）作为原动件，做往复摆动时，通过连杆 3 带动从动曲柄 4 和与其固联的带轮一起做整周运动，从而通过带传动使缝纫机头工作（1 为机架）。

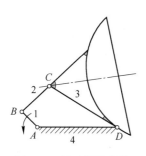

图 2-22　雷达调整机构

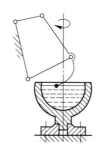

图 2-23　搅拌器机构

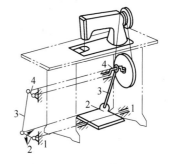

图 2-24　缝纫机踏板机构

2.4.1.2　双曲柄机构

当两连杆都可以相对于机架做整周转动时，称为双曲柄机构。双曲柄机构中，通常主动曲柄做匀速运动，从动曲柄做同向变速转动。如两曲柄长度不等，则称为不等双曲柄机构，这种机构当主动曲柄以等角速度连续旋转时，从动曲柄以变角速度连续转动，且其变化幅度相当大，其最大值和最小值之比可达 2~3 倍。图 2-25 所示的惯性筛就是利用双曲柄机构的这个特性，当曲柄 2 做匀速转动时，曲柄 4 做变速转动，通过构件 5 使筛子（滑块）6 产生变速直线运动，其往复运动具有较大的加速度，筛子内的物料因惯性而来回抖动，从而达到筛选的目的（1 为机架，3 为连杆）。图 2-26 为旋转式水泵，它是由相位依次相差 90° 的 4 个双曲柄机构组成，图 2-26（b）是其中一个双曲柄机构的运动简图，当原动曲柄 1 等角速顺时针转动时，连杆 2 带动从动曲柄 3 做周期性变速运动（4 为机架），因此相邻两从动曲柄（隔板）间的夹角也周期性变化。转动右边时，相邻两隔板间的夹角及容积增大，形成真空，于是从进水口吸水；转到左边时，相邻两隔板的夹角及容积变小，压力升高，从出水口排水，从而起到泵水的作用。

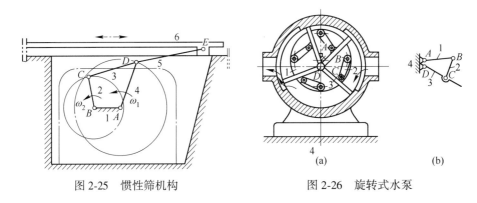

图 2-25　惯性筛机构　　　　　　　图 2-26　旋转式水泵

在双曲柄机构中，若相对的两杆平行且相等，则称为平行双曲柄机构或平行四边形机构。平行双曲柄机构有图 2-27（a）所示的平行双曲柄机构和图 2-27（b）所示的反平行双曲柄机构两种形式。前者的运动特点是两曲柄的转向相同且角速度相等，连杆做平动，因此应用较为广泛；后者的运动特点是两曲柄的转向相反且角速度不等。

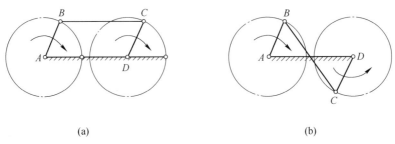

（a）　　　　　　　　　　　　　　（b）

图 2-27　平行双曲柄机构
（a）正平行双曲柄机构；（b）反向双曲柄机构

图 2-28 所示的机动车驱动轮联动机构就是利用了其两曲柄等速同向转动的特性。图

2-29 所示的公共汽车双折车门启闭机构中的 *ABCD* 就是反向双曲柄机构，它使两扇车门同时反向对开或关闭。

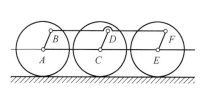

图 2-28 机动车驱动轮联动机构

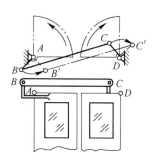

图 2-29 双折车门启闭机构

平行双曲柄机构中，当各构件共线时，可能出现从动曲柄与主动曲柄转向相反的现象，即运动不确定现象，称为反平行双曲柄机构。为克服这种现象，可采用辅助曲柄或错列机构等措施解决，如机车联动机构中采用 3 个曲柄的目的就是为了防止其反转。

2.4.1.3 双摇杆机构

若铰链四杆机构的两连架杆均为摇杆，则称为双摇杆机构。一般情况下，两摇杆的摆角不等，常用于操纵机构、仪表机构等。

图 2-30 所示飞机起落架机构中，*ABCD* 即为一双摇杆机构。图 2-30 中实线为起落架放下的位置，虚线为收起位置，此时整个起落架机构藏于机翼中。图 2-31 为汽车前轮的转向机构，它是两摇杆（即 *AB* 与 *CD*）长度相等的双摇杆机构。在该机构的作用下，在转弯时，可使两前轮轴线与后轮轴线近似相交于一点，以保证各轮相对于路面近似为纯滚动，以便减小轮胎与路面之间的磨损。

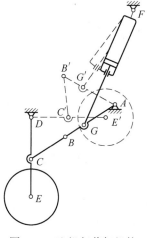

图 2-30 飞机起落架机构

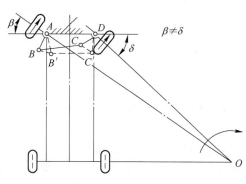

图 2-31 汽车转向机构

2.4.2 铰链四杆机构中曲柄存在条件

2.4.2.1 铰链四杆机构有曲柄的条件

曲柄是相对机架能做 360° 整周回转的连架杆。在铰链四杆机构中，如果组成转动副的两构件能做整周相对转动，则该转动副称为整转副，而不能做整周相对转动的则称为摆动副。在图 2-32 所示的曲柄摇杆机构中，要使杆 AB 相对于杆 AD 能绕转动副 A 做整周转动，AB 必须能顺利通过与 BC 共线的两个位置 AB_1 和 AB_2。因此，只要判断在该两个位置时，机构各杆尺寸间的关系，就可以求得转动副 A 称为整转副（即 AB 为曲柄）应满足的条件。

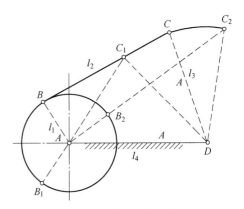

图 2-32　曲柄摇杆机构

设各杆长度分别为 l_1、l_2、l_3、l_4，并取 $l_1 < l_4$。当杆 l 处于 AB_1 位置时，形成 $\triangle AC_1 D$，显然，各杆的长度应满足以下关系：

$$l_3 \leqslant (l_2 - l_1) + l_4$$

或

$$l_4 \leqslant (l_2 - l_1) + l_3$$

即

$$l_1 + l_3 \leqslant l_2 + l_4 \tag{2-2a}$$

$$l_1 + l_4 \leqslant l_2 + l_3 \tag{2-2b}$$

又当杆 l 处于 AB_2 位置时，形成 $\triangle AC_2 D$，则又有如下关系：

$$l_1 + l_2 \leqslant l_3 + l_4 \tag{2-2c}$$

将以上三式两两相加可得：

$$l_1 \leqslant l_2$$
$$l_1 \leqslant l_3$$
$$l_1 \leqslant l_4 \tag{2-3}$$

综上所述，铰链四杆机构中相邻两构件形成整转副的条件：

（1）最短杆与最长杆长度之和小于或等于其余两杆长度之和；

（2）整转副是由最短杆与其邻边组成的。

2.4.2.2 结论

结论为：

（1）当最短杆与最长杆长度之和大于其余两杆长度之和时，则不论取何杆为机架，机构均为双摇杆机构。

（2）当最短杆与最长杆长度之和小于或等于其余两杆长度之和时：

1）若最短杆的相邻杆为机架，则机构为曲柄摇杆机构；

2）若最短杆为机架，则机构为双曲柄机构；

3）若最短杆的对边杆为机架，则机构为双摇杆机构。

例 **2-6**：铰链四杆机构 *ABCD* 的各杆长度如图 2-33 所示。说明机构分别以 *AB*、*BC*、*CD* 和 *AD* 各杆为机架时，属何种机构？

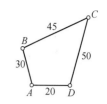

图 2-33 铰链四杆机构
ABCD 的各杆长度

解：由于 $L_{max} + L_{min} = 50+20 = 70 < L' + L'' = 30+45 = 75$，

所以：以 *AB* 杆或 *CD* 杆（最短杆 *AD* 的邻杆）为机架，机构为曲柄摇杆机构；

以 *BC* 杆（最短杆 *AD* 的对边杆）为机架，机构为双摇杆机构；

以 *AD* 杆（最短杆）为机架，机构为双曲柄机构。

2.4.3　平面四杆机构的演化

在实际机器中，还广泛应用着其他各种型式的四杆机构。这些四杆机构可认为是由铰链四杆机构通过演化方法得到的。

2.4.3.1　含一个移动副的四杆机构

A　曲柄滑块机构

在图 2-34（a）所示的曲柄摇杆机构中，当摇杆长度趋于无穷大时，*C* 点的轨迹将从圆弧演变为直线，摇杆 *CD* 转化为沿直线移动的滑块，转动副 *D* 演变为移动副，机构演化为曲柄滑块机构。曲柄转动中心距导路的距离 *e* 称为偏距。当 *e* = 0 时称为对心曲柄滑块机构［见图 2-34（c）］，当 (*e*)≠0 时称为偏置曲柄滑块机构［见图 2-34（d）］。

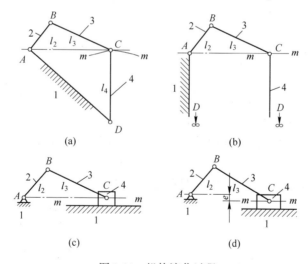

图 2-34　机构演化过程

曲柄滑块机构用于转动与往复移动之间的转换，广泛应用于内燃机、空压机和自动送料等机械设备中。如图 2-35 为螺纹搓丝机构，曲柄 1 绕 *A* 点转动，通过连杆 2 带动活动搓丝板 3 做往复运动，置于固定板 4 和活动搓丝板 3 之间的工件 5 的表面就被搓出螺纹。又如图 2-36 自动送料机构，曲柄 2 每转一周，滑块 4 就从料槽中推出一个工件 5。

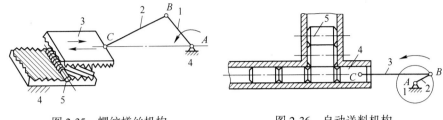

图 2-35 螺纹搓丝机构   图 2-36 自动送料机构

B 导杆机构

若将图 2-37（a）构件 1 固定为机架，则曲柄滑块机构就演化为导杆机构，它包括转动导杆机构和摆动导杆机构。当 $l_1 < l_2$ [见图 2-37（b）]，两连架杆 2 和 4 均可相对于机架 1 整周回转，称为转动导杆机构；当 $l_1 > l_2$ 时（见图 2-38），连架杆 4 只能往复摆动，称为摆动导杆机构。导杆机构常用于牛头刨床、插床和回转式油泵之中。

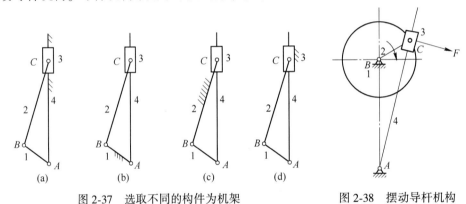

图 2-37 选取不同的构件为机架   图 2-38 摆动导杆机构

C 摇块机构和定块机构

如图 2-37 所示，若取杆 2 为固定构件，可演化成图 2-37（c）所示摇块机构。摇块机构广泛应用于摆缸式内燃机和液压驱动装置中，如图 2-39 卡车车厢自动翻转卸料机构中，当油缸 3 中的压力油推动活塞 4 运动时，车厢 1 便绕回转副中心 B 倾斜，当达到一定角度时，物料就自动卸下；若取滑块 3 为机架，则曲柄滑块机构就演化为图 2-37（d）所示的定块机构。这种机构常用于抽水唧筒（见图 2-40）和抽油泵中。

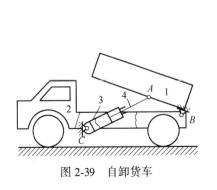

图 2-39 自卸货车

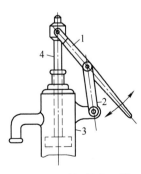

图 2-40 手摇抽水唧筒

2.4.3.2　含两个移动副的四杆机构

若将图 2-20 的铰链四杆机构的转动副 C 和 D 同时转化为移动副，然后再取不同构件为机架，即可得到含两个移动副的不同四杆机构。

当取杆 4 为机架时［见图 2-41（a）］，可得正弦机构，图 2-41（b）为正弦机构在缝纫机跳针机构中的应用。

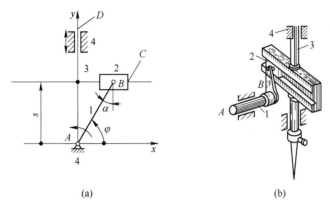

(a)　　　　　　　　　　　　　(b)

图 2-41　正弦机构应用实例

当取杆 3 为机架时［见图 2-42（a）］，可得双滑块机构，图 2-42（b）的椭圆绘画器是这种机构的应用实例。连杆 1 上各点可描绘出不同离心率的椭圆曲线。

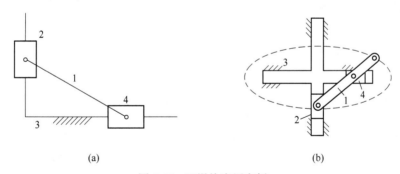

(a)　　　　　　　　　　　　　(b)

图 2-42　双滑块应用实例

2.4.3.3　偏心轮机构

在图 2-43 所示的曲柄摇杆机构中，如将转动副 B 的半径逐渐扩大到超过曲柄的长度，就得到图 2-43（b）的偏心轮机构。同理，可将曲柄滑块机构演化为图 2-43（d）所示机构，此时偏心轮 1 即为曲柄，转动副 B 中心位于偏心轮的几何中心处，而 A、B 间的距离即为曲柄的长度。这样演化并不影响机构原有的运动情况，但机构结构的承载能力大大提高。偏心轮机构常用于冲床、剪床等机器中。

综上所述，铰链四杆机构可以通过改变构件的形状和长度、扩大转动副、选取不同构件作为机架等途径，演变成为其他型式的四杆机构，以满足各种工作需要。

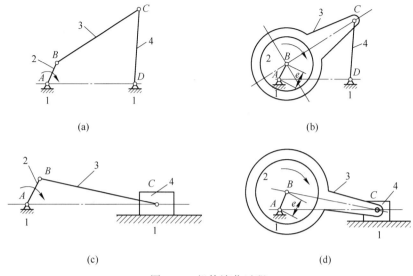

图 2-43　机构演化过程

2.5　平面四杆机构的运动特性

2.5.1　急回特性

在曲柄摇杆机构、摆动导杆机构和曲柄滑块机构中，当曲柄为原动件时，从动件做往复摆动或往复移动，存在左、右两个极限位置，称为极位。如图 2-44 所示的曲柄摇杆机构，取曲柄 AB 为原动件。曲柄在转动一周的过程中，有两次与连杆 BC 共线，即 B_1AC_1 和 AB_2C_2 位置。这时从动摇杆的两个位置 C_1D 和 C_2D 分别为其左、右极限位置。这两个极限位置间的

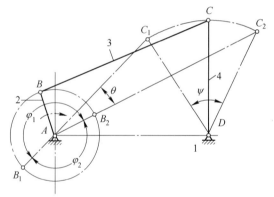

图 2-44　曲柄摇杆机构中的极位夹角

夹角 ψ 就是摇杆的摆角。当摇杆处在两极限位置时，曲柄所对应的两个位置之间的夹角 θ 称为极位夹角。

分析可知，当曲柄以匀角速 ω 由位置 AB_1 顺时针方向转到位置 AB_2 时，曲柄的转角 $\varphi_1 = 180° + \theta$。这时摇杆由左极限位置 C_1D 摆到右极限位置 C_2D，设所需时间为 t_1，摆杆上 C 点的平均速度为 v_1。当曲柄再继续转过角度 φ_2（$= 180° - \theta$），即曲柄从位置 AB_2 转到 AB_1 时，摇杆由位置 C_2D 返回 C_1D，所需时间为 t_2，C 点的平均速度为 v_2。虽然摇杆往返的摆角相同，但由于对应的曲柄转角不相等，$\varphi_1 > \varphi_2$，因而 $v_1 < v_2$。它表明摇杆在摆回时具有较大的平均角速度，把这种运动特性称为急回运动特性。在工程实际中，常利用机构的急回运动特性来缩短非生产时间，以提高劳动生产率。如牛头刨床、插床、往复式运输机等都是利用机构的急回运动特性，提高工作效率。

急回运动特性可以用行程速比系数 K 表示，即

$$K = \frac{v_2}{v_1} = \frac{\overset{\frown}{C_1 C_2}/t_2}{\overset{\frown}{C_1 C_2}/t_1} = \frac{t_1}{t_2} = \frac{180° + \theta}{180° - \theta} \qquad (2\text{-}4)$$

或 $$\theta = 180° \frac{K - 1}{K + 1} \qquad (2\text{-}5)$$

综上分析可知，平面连杆机构有无急回作用取决于有无极位夹角 θ。若 $\theta \neq 0°$，该机构就必定具有急回作用。如图 2-45（a）所示的对心曲柄滑块机构，由于 $\theta = 0°$，故无急回作用；而图 2-45（b）所示的偏置曲柄滑块机构，由于极位夹角 $\theta \neq 0°$，故有急回作用。又如图 2-46 所示的摆动导杆机构，当曲柄 AB 两次转到与导杆垂直时，导杆处于两个极限位置，由于其极位夹角 $\theta \neq 0°$，所以也具有急回作用。

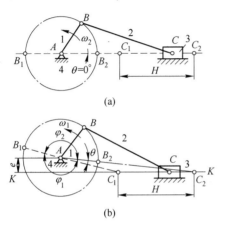

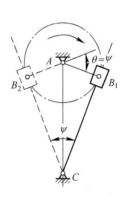

图 2-45　曲柄滑块机构中的极位夹角　　　　图 2-46　导杆机构

2.5.2　传力特性

在生产实际中，不仅要求铰链四杆机构能满足机器的运动要求，而且希望运转轻便、效率较高，即具有良好的传力性能。

2.5.2.1　压力角

衡量机构传力性能的特征参数是压力角。在不计摩擦力、惯性力和重力时，从动件上受力点的速度方向与所受作用力方向之间所夹的锐角，称为机构的压力角，用 α 表示。

在图 2-47 所示的曲柄摇杆机构中，曲柄 AB 为原动件，若不计各构件的重力、惯性力和运动副中的摩擦力，则连杆 BC 为二力杆。通过连杆作用于从动摇杆上的力 F 的作用线是沿着 BC 方向，此力 F 的作用线与力的作用点的速度方向 v_c 之间所夹锐角 α 为压力角。F 力在 v_c 方向上的分力 $F_t = F\cos\alpha$，是推动摇杆 CD 绕 D 点转动的有效分力，而 F 力沿从

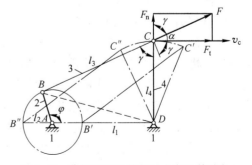

图 2-47　曲柄摇杆机构的压力角和传动角

动摇杆 CD 方向上的分力 $F_n = F\sin\alpha$，它只能增加铰链中的约束反力，因此是有害分力。显然，压力角 α 越大，有效分力就越小，而有害分力就越大，机构传动越费劲，效率就越低。因此，压力角 α 是衡量机构传力性能的重要指标。

2.5.2.2 传动角

在具体应用中，为度量方便和更为直观，通常以连杆和从动件所夹的锐角 γ 为判断机构的传力性能，γ 称为传动角，它是压力角 α 的余角。显然，传动角 γ 越大，机构的传力性能越好。

在机构运动过程中，压力角和传动角的大小是随机构位置而变化的。为保证机构传力良好，设计时须限定最小传动角 $\gamma_{\min}$。通常 $\gamma_{\min}$ 为 $40° \sim 50°$。

可以证明，图 2-47 所示曲柄摇杆机构的 $\gamma_{\min}$ 必出现在曲柄 AB 与机架 AD 两次共线位置之一。

图 2-48 为以曲柄为原动件的曲柄滑块机构，其传动角 γ 为连杆与导路垂线的夹角，最小传动角 $\gamma_{\min}$ 出现在曲柄垂直于导路时的位置。对偏置曲柄滑块机构，$\gamma_{\min}$ 出现在曲柄与偏距方向相反一侧的位置。

图 2-49 为以曲柄为原动件的摆动导杆机构，因滑块对导杆的作用力始终垂直于导杆，故其传动角恒等于 $90°$，说明导杆机构具有良好的传力性能。

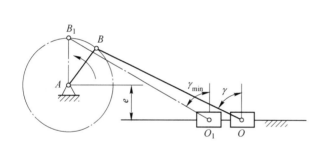

图 2-48　曲柄滑块机构中的传动角

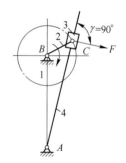

图 2-49　导杆机构中的传动角

2.5.3 死点位置

图 2-50 所示的曲柄摇杆机构，若以摇杆为原动件，则当摆杆摆到两极限位置 C_1D 和 C_2D 时，连杆与从动曲柄共线，出现传动角 $\gamma = 0°$ 的情况，这时连杆作用于曲柄上的力将通过铰链中心 A，有效驱动力矩为零，因而不能使曲柄转动。机构这种压力角 $\alpha = 90°$、传动角 $\gamma = 0°$ 的位置，称为死点位置。

死点位置使机构处于"卡死"状态并使从动曲柄出现运动不确定现象。对具有极位的四杆机构，当以往复运动构件为主动件时，机构均有两个死点位置。对传动机构而言，死点的存在是不利的，它使机构处于停顿或运动不确定状态。例如，脚踏式缝纫机，有时出现踩不动或倒转现象，就是踏板机构处于死点位置的缘故。为克服这种现象，使机构正常运转，一般可在从动件上安装飞轮，利用其惯性顺利通过死点位置，如缝纫机上的大带轮即起到了飞轮的作用。另外，还可利用机构错位排列的方法渡过死点，如图 2-51 所示的机车车轮联动机构，当一个机构处于死点位置时，可借助另一个机构来越过死点。

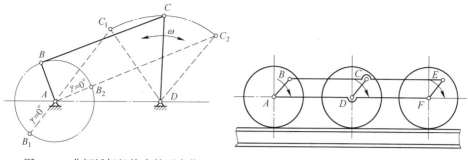

图 2-50 曲柄摇杆机构中的死点位置　　图 2-51 机车车轮联动机构

在工程实践中，也常利用机构的死点来实现一些特定的工作要求。如图 2-52 所示的飞机起落架机构，着陆时，机轮放下，杆 BC 和 AB 成一直线，机构处于死点位置，此时虽然机轮上可能受到巨大的冲力，但也不能使从动件 AB 摆动，从而保持支撑状态。图 2-53 所示的铰链四杆机构，当工件 5 被夹紧时，铰链中心 B、C、D 共线，工件加在杆 1 上的反作用力 F_n 无论多大，也不能使杆 3 转动。这就保证在去掉外力 F 之后，仍能可靠地夹紧工件。当需要取出工件时，只需向上扳动手柄，即能松开夹具。

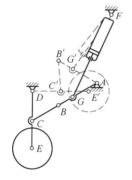

图 2-52 飞机起落架机构

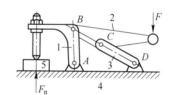

图 2-53 夹紧机构

2.6　平面四杆机构的设计

平面四杆机构设计的主要任务是：根据给定的运动条件确定机构运动简图的尺寸参数。有时为了使机构设计得可靠、合理，还应考虑几何条件和动力条件（如最小传动角 γ_{min}）等。

生产实践中，平面四杆机构设计的基本问题归纳为两类：

（1）实现给定从动件的运动规律。如要求从动件按某种速度运动或具有一定的急回特性，要求满足某构件占据几个预定位置等。

（2）实现给定的运动轨迹。如要求起重机中吊钩的轨迹为一直线，搅拌机中搅拌杆端能按预定轨迹运动等。

四杆机构设计的方法有解析法、几何作图法和实验法。几何作图法和实验法直观、简明，但精度较低，可满足一般设计要求；解析法精确度高，适用于计算机计算。随着计算机应用的普及，计算机辅助设计四杆机构已成为必然趋势。本节介绍各种方法的具体应用。

2.6.1　按给定行程速比系数 K 进行设计

设计具有急回特性的四杆机构，一般是根据实际运动要求选定行程速比系数 K 的数值，然后根据机构极位的几何特点，结合其他辅助条件进行设计。具有急回特性的四杆机构有曲柄摇杆机构、偏置曲柄滑块机构和摆动导杆机构等。下面以典型的曲柄摇杆机构为例说明按给定行程速比系数 K 设计四杆机构的方法。

设已知形成速比系数 K、摇杆长 l_{CD}、最大摆角 ψ。

设计分析：由曲柄摇杆机构处于极限位时的几何特点可知，在已知 l_{CD}、ψ 的情况下，只要能确定固定铰链中心 A 的位置，则可由 $l_{AC_1} = l_{BC} - l_{AB}$ 确定出曲柄长度 l_{AB} 和连杆长度 l_{BC}，也即设计的实质是确定固定铰链中心 A 的位置。已知 K 后，由式（2-4）可求得极位夹角 θ 的大小，这样就可把 K 的要求转换成几何要求了。假设图 2-54 为已经设计出的该机构的运动简图，铰链 A 的位置必须满足极位夹角 $\angle C_1AC_2 = \theta$ 的要求。若能过 C_1、C_2 两点作出一辅助圆，使 C_1C_2 所对的圆周角等于 θ，那么铰链 A 只要在这个圆上，就一定能满足 K 的要求了。显然，这样的辅助圆是容易作出的。

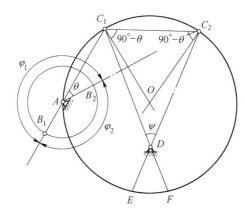

图 2-54　按行程速比系数设计四杆机构

具体设计步骤如下：

（1）按 $\theta = 180° \dfrac{K-1}{K+1}$ 求出极位夹角 θ。

（2）选取作图比例尺 μ_1。

（3）任取固定铰链中心 D 的位置，并按摇杆长度 l_{CD} 和摆角 ψ 作摇杆的两极限位置 C_1D 和 C_2D。

（4）连接 C_1C_2 两点，并分别过 C_1、C_2 作 $\angle C_1C_2O = \angle C_2C_1O = 90° - \theta$，得 C_1O 和 C_2O 的交点 O。以 O 为圆心，以 OC_1 为半径作圆，称此圆为 θ 圆。在该圆圆弧 $\overparen{C_1EFC_2}$ 段上任选一点 A 至 C_1 和 C_2 的连线夹角 $\angle C_1AC_2$ 都等于极位夹角 θ。

（5）在 $\overparen{C_1E}$ 或 $\overparen{C_2F}$ 弧段的中间部位选择一点作为固定铰链 A 的位置。

（6）连接$\overline{AC_1}$、$\overline{AC_2}$，因$\overline{AC_1}=(l_{BC}-l_{AB})/\mu_1$，$\overline{AC_2}=(l_{BC}+l_{AB})/\mu_1$，联解上两式可求得

$$l_{AB}=\mu_1(\overline{AC_2}-\overline{AC_1})/2,\ l_{BC}=\mu_1(\overline{AC_2}+\overline{AC_1})/2,\ l_{AD}=\mu_1\overline{AD}。$$

（7）检查机构的最小传动角是否满足需要，若γ_{min}偏小，可将A点向C_1或C_2移动重选。

因A点可在$\overset{\frown}{C_1E}$或$\overset{\frown}{C_2F}$弧段上任选，故有无穷多解。当给定一些其他辅助条件，如机架长度l_{AD}最小传动角γ_{min}等，则有唯一解。

同理，可设计出满足给定行程速比系数K值的偏置曲柄滑块机构、摆动导杆机构等。

2.6.2　按给定连杆位置设计四杆机构

在生产实践中，经常要求所设计的四杆机构在运动过程中连杆能达到某些特殊位置。这类机构设计属于实现构件预定位置的设计问题。

如图2-55所示，设已知连杆BC的长度l_{BC}及3个预定位置B_1C_1、B_2C_2、B_3C_3，试设计此四杆机构。

设计分析：此设计的主要问题是根据已知条件确定固定铰链中心A、D的位置。由于连杆上B、C两点的运动轨迹分别是以A、D两点为圆心，以l_{AB}、l_{CD}为半径的圆弧，所以A即为过B_1、B_2、B_3三点所作圆弧的圆心，D即为过C_1、C_2、C_3三点所作圆弧的圆心。此设计的实质已转化为已知圆弧上三点确定圆心的问题。

具体设计步骤如下：

（1）选取比例尺μ_1，按预定位置画出B_1C_1、B_2C_2、B_3C_3。

（2）连接B_1B_2、B_2B_3和C_1C_2、C_2C_3，并分别作B_1B_2的中垂线b_{12}、B_2B_3的中垂线b_{23}、C_1C_2的中垂线c_{12}、C_2C_3的中垂线c_{23}，b_{12}与b_{23}的交点即为圆心A，c_{12}与c_{23}的交点即为圆心D。

（3）以A、D作为两固定铰链中心，连接AB_1C_1D，则AB_1C_1D即为所要设计的四杆机构，各杆长度按比例尺计算即可得出。

由以上分析可知，已知连杆的两个预定位置时，如图2-56所示，A点可在B_1B_2中垂线b_{12}上的任一点，D点可在C_1C_2中垂线c_{12}上任一点，故有无数个解。实际设计时，一般考虑辅助条件，如机架位置、结构紧凑等，则可得唯一解。

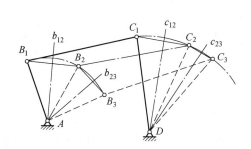

图2-55　按连杆预定3个位置设计四杆机构

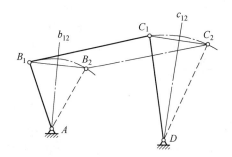

图2-56　按连杆预定两个位置设计四杆机构

2.6.3　用解析法设计四杆机构

在图 2-57 所示的铰链四杆机构中，设已知连架杆 AB 和 CD 的 3 组对应位置 φ_1、ψ_1；φ_2、ψ_2；φ_3、ψ_3，要求用解析法确定各构件的长度。

如图 2-57 所示选取直角坐标系 xOy，将各杆分别向 x 轴和 y 轴投影，得

$$a\cos\varphi + b\cos\delta = d + c\cos\psi \tag{2-6}$$

$$a\sin\varphi + b\sin\delta = c\sin\psi \tag{2-7}$$

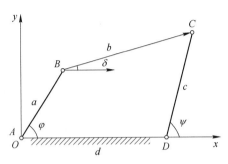

图 2-57　解析法设计四杆机构

将式（2-6）和式（2-7）分别平方相加，消除 δ 得

$$\frac{a^2 - b^2 + c^2 + d^2}{2ac} + \frac{d}{a}\cos\psi - \frac{d}{c}\cos\varphi = \cos(\varphi - \psi)$$

令

$$R_1 = \frac{a^2 - b^2 + c^2 + d^2}{2ac}$$

$$R_2 = \frac{d}{a}$$

$$R_3 = \frac{d}{c}$$

则有

$$R_1 + R_2\cos\psi - R_3\cos\varphi = \cos(\varphi - \psi) \tag{2-8}$$

将已知两连杆架 AB 和 CD 的三组对应位置角 ϕ_1、ψ_1；ϕ_2、ψ_2；ϕ_3、ψ_3，代入式（2-8）可得线性方程组：

$$R_1 + R_2\cos\psi_1 - R_3\cos\varphi_1 = \cos(\varphi_1 - \psi_1)$$

$$R_1 + R_2\cos\psi_2 - R_3\cos\varphi_2 = \cos(\varphi_2 - \psi_2)$$

$$R_1 + R_2\cos\psi_3 - R_3\cos\varphi_3 = \cos(\varphi_3 - \psi_3)$$

解答可求得 R_1、R_2、R_3。若给定机架长 d，就可以从 R_1、R_2、R_3 中求得机构的各杆长度 a、b、c。

思　考　题

2-1　什么是运动副？它在机构中起何作用？高副、转动副和移动副各限制哪些相对运动？保留哪些相对运动？

2-2　计算机构自由度时应注意哪些事项？

2-3　计算如图 2-58 所示各机构的自由度。若有复合铰链、局部自由度或虚约束，请逐一指出。

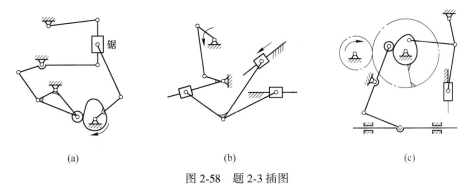

图 2-58　题 2-3 插图

（a）锯木机机构；（b）加药泵加药机构；（c）冲压机构

2-4　什么是平面连杆机构？它有哪些优缺点？

2-5　铰链四杆机构有哪几种类型，如何判断？它们各有什么运动特点？

3 凸轮机构和间歇运动机构

3.1 凸轮机构概述

在机械装置中，尤其是在自动控制机械中，为实现某些特殊或复杂规律的运动，广泛应用各种凸轮机构。

3.1.1 凸轮机构的应用、组成和特点

凸轮机构是由凸轮 1、从动件 2 和机架 3 组成的高副机构，如图 3-1 所示。其中，凸轮是一个具有控制从动件运动规律的曲线轮廓或凹槽的主动件，通常做连续等速转动（也有做往复移动的）；从动件则在凸轮轮廓驱动下按预定运动规律做往复直线运动或摆动。

图 3-2 所示为内燃机配气机构。当凸轮 1 等速转动时，由于其轮廓向径不同，迫使从动件 2（气门推杆）上、下往复移动，从而控制气阀的开启或闭合。气阀开启或闭合时间的长短及运动的速度和加速度的变化规律，则取决于凸轮轮廓曲线的形状。

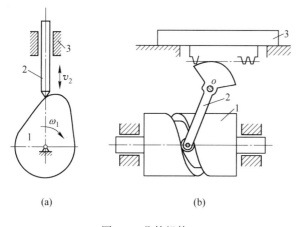
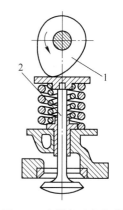

图 3-1 凸轮机构
（a）平面凸轮机构；（b）空间凸轮机构

图 3-2 内燃机配气机构

综上所述，凸轮机构的主要优点是：只要适当地设计凸轮轮廓曲线，即可使从动件实现各种预期的运动规律。凸轮机构的结构简单、紧凑，工作可靠，应用广泛；其主要缺点是：由于凸轮与从动件间为高副接触，易于磨损，磨损后会影响运动规律的准确性，因而只适用于传递动力不大的场合。

3.1.2 凸轮机构的分类

凸轮机构类型繁多，常见的分类方法有以下几种。

（1）按凸轮形状分类。

1）盘形凸轮。盘形凸轮是一种具有变化的向径并绕固定轴线转动的盘形构件，如图3-1（a）所示。

2）圆柱凸轮。圆柱凸轮是一种在圆柱面上开有曲线凹槽或在圆柱端面上制出曲线轮廓的构件，如图3-1（b）所示。

3）移动凸轮。移动凸轮可视为回转中心在无穷远处的盘形凸轮，相对机架做往复直线运动，如图3-3所示。

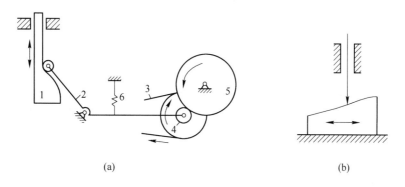

（a）   （b）

图 3-3　移动机构

（a）录音机卷带机构；（b）移动凸轮

1—凸轮；2—从动件；3—皮带；4—摩擦轮；5—卷带轮；6—弹簧

盘形凸轮和移动凸轮与从动件之间的相对运动为平面运动，属于平面凸轮机构；而圆柱凸轮与从动件之间的相对运动在平行平面内，故属于空间凸轮机构。

（2）按从动件形式分类。

1）尖顶从动件。如图3-4（a）所示，这种从动件结构简单，尖顶能与任意复杂的凸轮轮廓保持接触，从而保证从动件实现复杂的运动规律。但尖顶与凸轮是点接触，磨损快，故只适宜受力小、低速和运动精确的场合，如仪器仪表中的凸轮控制机构等。

2）滚子从动件。如图3-4（b）所示，从动件的一端装有可自由转动的滚子，滚子与凸轮之间由滑动摩擦变为滚动摩擦，故耐磨损，可以承受较大载荷，在机械中应用最广泛。

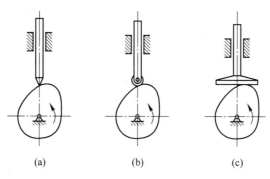

（a）   （b）   （c）

图 3-4　从动件的结构形式

（a）尖顶式；（b）滚子式；（c）平底式

3）平底从动件。如图 3-4（c）所示，从动件与凸轮轮廓表面接触的端面为一平面，其优点是凸轮与从动件之间的作用力始终垂直于平底的平面（不计摩擦时），受力比较平稳，且接触面间易于形成油膜，利于润滑，减少磨损，适用于高速传动。但平底从动件不能应用在有凹槽轮廓的凸轮机构中，因此运动规律受到一定的限制。

以上 3 种从动件均做往复直线运动和往复摆动，前者称为直动从动件，后者称为摆动从动件。直动从动件的导路中心线通过凸轮的回转中心时，称为对心从动件，否则称为偏置从动件。

3.2　从动件常用的运动规律

设计凸轮机构时，首先应根据工作要求确定从动件推杆的运动规律，然后根据这一运动规律设计凸轮的轮廓曲线。以下用尖顶直动从动件盘形凸轮机构为例，说明从动件运动规律与凸轮轮廓曲线之间的关系。如图 3-5（a）所示，以凸轮轮廓最小向径 r_0 为半径、凸轮轴心为圆心，所作的圆称为基圆，r_0 称为基圆半径。设从动件推杆最初位于最低位置，它的尖顶与凸轮轮廓上 A 点接触。当凸轮按顺时针方向转动时，先是由凸轮轮廓曲线的 $\overset{\frown}{AB}$ 部分与推杆的尖顶接触。由于这一段轮廓的向径是逐渐加大的，将推动从动件按一定的运动规律逐渐从近轴位 A 推向远轴位 B'，这个过程称为推程。距离 AB' 即为推杆的最大位移，称为行程或升程，以 h 表示。对应的凸轮转角 φ_0 称为推程运动角。当凸轮继续回转，以 O 为圆心的圆弧 $\overset{\frown}{BC}$ 段轮廓与从动件尖顶接触时，从动件将在最高位置 B' 处停留不动，这时对应的凸轮转角 φ_s 称为远休止角。当轮廓 $\overset{\frown}{CD}$ 部分与推杆接触时，从动件将按一定的运动规律下降到起始位置，这一运动过程称为回程，所对应的凸轮转角 φ_0' 为回程运动角。同理，当基圆上的圆弧 $\overset{\frown}{DA}$ 与从动件接触时，从动件将在最低位置停止不动，与此对应的凸轮转角 φ_s' 称为近休止角。凸轮再继续回转时，从动件将重复上述运动过程。

所谓从动件的运动规律，就是指从动件在运动过程中，其位移 s、速度 v、加速度 a 随时间 t 的变化规律。由于凸轮一般以等角速度 ω 转动，故其转角 φ 与时间 t 成正比。所以从动件的运动规律更常表示为从动件与凸轮转角 φ 的关系，如图 3-5（b）所示。

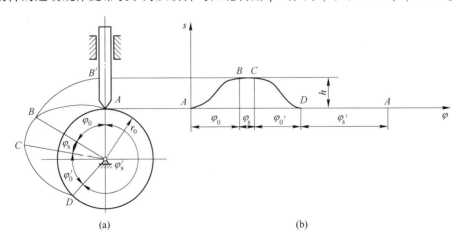

图 3-5　凸轮机构的工作过程和从动件位移线图

从动件在运动过程中，其位移 s 、速度 v 、加速度 a 随时间 t （或凸轮转角 φ ）的变化规律称为从动件的运动规律。由上述可知，从动件的运动规律完全取决于凸轮的轮廓形状；反之，设计凸轮轮廓时，必须首先根据工作要求确定从动件的运动规律，并按此运动规律-位移线图设计凸轮轮廓，以实现从动件预期的运动规律。

本节介绍几种常用的从动件运动规律。

3.2.1 等速运动规律

从动件推程或回程的运动速度为定值的运动规律，称为等速运动规律。以推程为例，设凸轮以等角速度 ω 转动，当凸轮转过推程角时，从动件升程为 h ，则从动件运动方程为

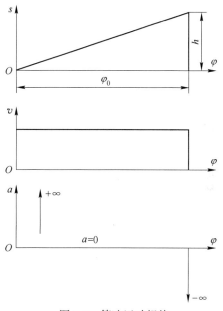

$$s = \frac{h\varphi}{\varphi_0}$$
$$v = \frac{h\omega}{\varphi_0} \qquad (3\text{-}1)$$

根据上述运动方程，可作出图 3-6 所示从动件推程的运动线图。

由图 3-6 可知，从动件在推程（或回程）开始和终止的瞬时，速度有突变，其加速度和惯性力在理论上为无穷大（实际上由于材料的弹性变形，其加速度和惯性力不可能达到无穷

图 3-6 等速运动规律

大），致使凸轮机构产生强烈的冲击、噪声和磨损，这种冲击称为刚性冲击。因此，等速运动规律只适用于低速、轻载的场合。

3.2.2 等加速等减速运动规律

从动件在一个行程中，前半行程做等加速运动，后半行程做等减速运动，这种运动规律称为等加速等减速运动规律。通常取加速度和减速度的绝对值相等，因此，从动件做等加速和等减速运动所经历的时间相等；又因凸轮做等速转动，所以与各运动段对应的凸轮转角也相等，同为 $\varphi_0/2$ 或 $\varphi_0'/2$ 。由匀变速运动的加速度、速度、位移方程，不难得到推程中从动件的运动方程。

推程时等加速段运动方程：

$$s = \frac{2h\varphi^2}{\varphi_0^2}$$
$$v = \frac{4h\omega\varphi}{\varphi_0^2} \qquad (3\text{-}2)$$
$$a = \frac{4h\omega^2}{\varphi_0^2}$$

推程时等减速段运动方程

$$s = h - 2h\,(\varphi_0 - \varphi)^2/\varphi_0^2$$

$$v = 4h\omega(\varphi_0 - \varphi)/\varphi_0^2 \qquad (3\text{-}3)$$

$$a = -4h\omega^2/\varphi_0^2$$

推程时的等加速运动线图如图 3-7 所示。由图 3-7 可见，在行程的起始点 A、中点 B 及终点 C 处加速度有突变，因而从动件的惯性力也将有突变。不过这一突变为有限值，所以引起的冲击也较为平缓。这种由于加速度有突变产生的冲击称为柔性冲击。因此，这种运动规律只适用于中、低速的场合。

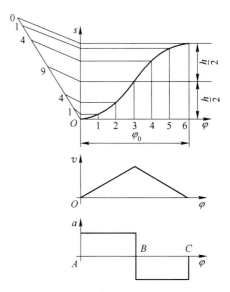

图 3-7　等加速运动规律

3.2.3　简谐运动规律

当一质点在圆周上做匀速运动时，它在该圆直径上投影所形成的运动称为简谐运动。从动件做简谐运动时，其推程的运动方程为

$$s = \frac{h}{2}\left[1 - \cos(\pi\varphi/\varphi_0)\right] \qquad (3\text{-}4)$$

$$v = \pi h\omega\sin(\pi\varphi/\varphi_0)/(2\varphi_0)$$

$$a = \pi^2 h\omega^2\cos(\pi\varphi/\varphi_0)/(2\varphi_0^2)$$

由方程可知，从动件做简谐运动时，其加速度按余弦曲线变化，故又称余弦加速度运动规律，其运动线图如图 3-8 所示。从图 3-8 中可见其位移线图的作图方法。由加速度线图 3-8（c）可知，此运动规律在行程的始末两点加速度存在有限突变，故也存在柔性冲击，只适用于中速场合。但当从动件做无停歇的升—降—升连续往复运动时，则得到连续的余弦曲线，运动中完全消除了柔性冲击，这种情况下可用于高速传动。

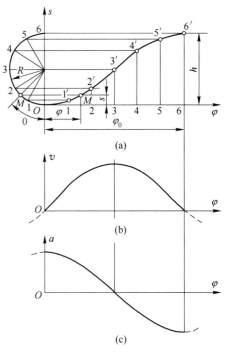

图 3-8　简谐运动规律线图

上述各项运动规律是凸轮机构的从动件运动规律的基本形式，它们各有其优点和缺点。为了扬长避短，可以某种基本运动规律为基础，用其他运动规律与其组合，构成组合型运动规律，以改善其运动特性，从而避免在运动始、末位置发生刚性冲击或柔性冲击。

3.3　图解法绘制盘形凸轮轮廓

根据机器的工作要求，在确定了凸轮机构的类型，选定了从动件的运动规律、凸轮的基圆半径和凸轮的转动方向后，便可设计凸轮的轮廓曲线了。凸轮轮廓设计的方法有图解法和解析法。图解法简单易行而且直观，但精度有限，只适用于一般场合。本节介绍图解法设计的原理和方法。

图解法绘制凸轮轮廓曲线是利用相对运动原理完成的。当凸轮机构工作时，凸轮和从动件都是运动的，而绘制凸轮轮廓时，应使凸轮相对静止。

本节介绍几种盘形凸轮轮廓的绘制方法。

3.3.1 尖顶对心直动从动件盘形凸轮

图 3-9 所示为尖顶对心直动从动件盘形凸轮机构。已知从动件位移线图 ［见图 3-9 (b)］、凸轮的基圆半径 r_0 及凸轮以等角速度 ω 顺时针方向回转，要求绘出此凸轮的轮廓。

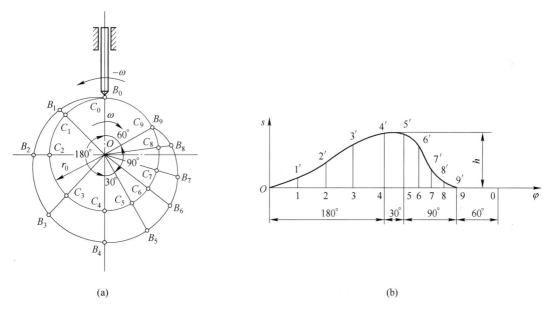

图 3-9 尖顶对心直动从动件盘形凸轮
(a) 凸轮轮廓生成图；(b) 从动件位移线图

凸轮机构工作时凸轮是运动的，而绘制凸轮轮廓时却需要凸轮与图纸相对静止。为此，在设计中采用"反转法"。根据相对运动原理：如果给整个机构加上绕凸轮轴心 O 的公共角速度$-\omega$，机构各构件间的相对运动不变。这样一来，凸轮不动，而从动件一方面随机架和导路以角速度$-\omega$绕 O 点转动，另一方面又在导路中往复移动，由于尖顶始终与凸轮轮廓相接触，所以反转后尖顶的运动轨迹就是凸轮轮廓。根据"反转法"原理，可以作图如下：

(1) 选取适当的比例尺 μ，作出从动件的位移线图，如图 3-9 (b) 所示。

(2) 取与位移线图相同的比例，以 r_0 为半径作基圆。基圆与导路的交点 $B_0(C_0)$ 即为从动件尖顶的起始位置。

(3) 在基圆上，自 OC_0 开始，沿 ω 的反方向取推程运动角 $\varphi_0 = 180°$、远休止角 $\varphi_s =$

$30°$、回程运动角 $\varphi'_0 = 90°$、近休止角 $\varphi'_s = 60°$，并将推程运动角 φ_0 和回程运动角 φ'_0 分成与图 3-9（b）对应的等分，得点 C_1、C_2、C_3 和 C_6、C_7、C_8 诸点。连接 OC_1、OC_2、OC_3、… 各径向线并延长，便得从动件导路在反转过程中的一系列位置线。

（4）沿各位置线自基圆向外量取 $C_1B_1 = 11'$、$C_2B_2 = 22'$、$C_3B_3 = 33'$、… 由此得尖顶从动件反转过程中的一系列位置 B_1、B_2、B_3、…。

（5）将 B_1、B_2、B_3、… 连接成光滑的曲线，即得到所求的凸轮轮廓曲线。

3.3.2　尖顶偏置直动从动件盘形凸轮

图 3-10 所示为尖顶偏置直动从动件盘形凸轮机构。已知从动件位移线图［见图 3-10（b）］、偏距 e、凸轮的基圆半径 r_0，以及凸轮以等角速度 ω 顺时针方向回转，要求绘出此凸轮的轮廓。

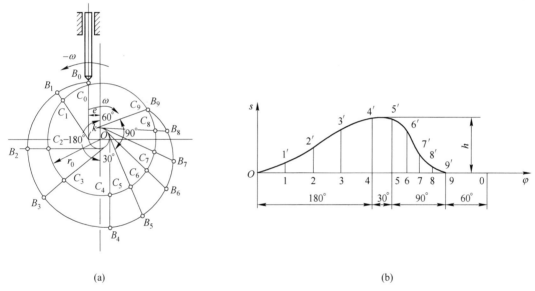

(a)　　　　　　　　　　　　　　　　　　　(b)

图 3-10　尖顶偏置直动从动件盘形凸轮

(a) 凸轮轮廓生成图；(b) 从动件位移线图

与尖顶对心直动从动件盘形凸轮机构设计原理类似，根据"反转法"原理，可以作图如下：

（1）以 r_0 为半径作基圆，以 e 为半径作偏距圆与从动件导路切于 k 点。基圆与导路的交点 $B_0(C_0)$ 即为从动件的起始位置。

（2）将位移线图 s-φ 的推程运动角和回程运动角分别分成若干等分［图 3-10（b）中各分为四等分］。

（3）在基圆上，自 OC_0 开始，沿 ω 的反方向取推程运动角 $\varphi_0 = 180°$，远休止角 $\varphi_s = 30°$，回程运动角 $\varphi'_0 = 90°$，近休止角 $\varphi'_s = 60°$，并将推程运动角 φ_0 和回程运动角 φ'_0 分成与图 3-10（b）对应的等分，得点 C_1、C_2、C_3 和 C_6、C_7、C_8 诸点。

（4）过 C_1、C_2、C_3、… 作偏距圆的一系列切线，它们便是反转后从动件导路的一系列位置。

（5）沿以上各切线自基圆开始量取从动件相应的位移量，即取线段 $C_1B_1 = 11'$、$C_2B_2 = 22'$、$C_3B_3 = 33'$、$\cdots$，得反转后尖顶的一系列位置 B_1、B_2、B_3、$\cdots$。

（6）将点 B_0、B_1、B_2、$\cdots$连接成光滑曲线（B_4 和 B_5 之间及 B_9 和 B_0 之间均为以 O 为中心的圆弧），便得到所求的凸轮轮廓曲线。

3.3.3 滚子直动从动件盘形凸轮

图 3-11 所示为滚子直动从动件盘形凸轮机构。由于滚子中心是从动件上的一个固定点，该点的运动就是从动件的运动，而滚子始终与凸轮轮廓保持接触，沿法线方向的接触点到滚子中心的距离恒等于滚子半径 r_T，由此可得作图步骤如下。

（1）把滚子中心看作尖顶从动件的尖顶，按设计尖顶从动件凸轮轮廓的方法作出一条轮廓曲线 η 称为凸轮的理论轮廓曲线，是滚子中心相对于凸轮的运动轨迹。

（2）以理论轮廓曲线 η 上的点为圆心、以滚子半径 r_T 为半径作一系列滚子圆（取与基圆相同的长度比例尺），再作这些圆的内包络线

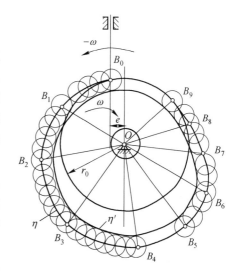

图 3-11 滚子直动从动件盘形凸轮

η'。η' 称为凸轮的实际轮廓曲线，是凸轮与滚子从动件直接接触的轮廓（工作轮廓）。

应当指出，凸轮的实际轮廓曲线与理论轮廓曲线间的法线距离始终等于滚子半径，它们互为等距曲线。此外，凸轮的基圆指的是理论轮廓线上的基圆。

3.3.4 尖顶摆动从动件盘形凸轮

已知从动件的角位移线图 [见图 3-12（b）]，凸轮与摆动从动件的中心距 l_{OA}，摆动从动件的长度 l_{AB}，凸轮的基圆半径 r_0，以及凸轮以等角速度 ω 逆时针方向回转，要求绘出此凸轮的轮廓。

用"反转法"求凸轮轮廓。令整个凸轮机构以角速度 $-\omega$ 绕 O 点回转，结果凸轮不动而摆动从动件一方面随机架以等角速度 $-\omega$ 绕 O 点回转，另一方面又绕 A 点摆动。因此，尖顶摆动从动件盘形凸轮轮廓曲线可按以下步骤绘制。

（1）根据 l_{OA} 定出 O 点与 A_0 点的位置，以 O 为圆心及 r_0 为半径作基圆，再以 A_0 为中心及 l_{OA} 为半径作圆弧交基圆于 B_0 点，该点即为从动件尖顶的起始位置。ψ_0 称为从动件的初位角。

（2）将 ψ-φ 线图的推程运动角和回程运动角分为若干等分 [图 3-12（a）中中心角各分为 4 等分]。

（3）以 O 点为圆心及 OA_0 为半径画圆。自 OA_0 开始，沿 $-\omega$ 的方向依次取角175°、150°、35°，并将 $\psi_0\psi_0'$ 分成与角位移线图对应的若干份，得 A_1、A_2、A_3、$\cdots$各点，这些点即为反转后从动件回转轴心的一系列位置。

（4）由图 3-12（b）求出从动件摆角 ψ 在不同位置的数值。据此画出摆动从动件相对

于机架的一系列位置 A_1B_1、A_2B_2、A_3B_3、…，即 $\angle OA_1B_1 = \psi_0 + \varphi_1$、$\angle OA_2B_2 = \psi_0 + \varphi_2$、$\angle OA_3B_3 = \psi_0 + \varphi_3$、…。

（5）以 A_1、A_2、A_3、…为圆心、l_{AB} 为半径画弧截 A_1B_1 于 B_1 点，截 A_2B_2 于 B_2 点，截 A_3B_3 于 B_3 点……最后将 B_0、B_1、B_2、B_3、…点连成光滑曲线，便得到尖顶摆动从动件凸轮的轮廓。

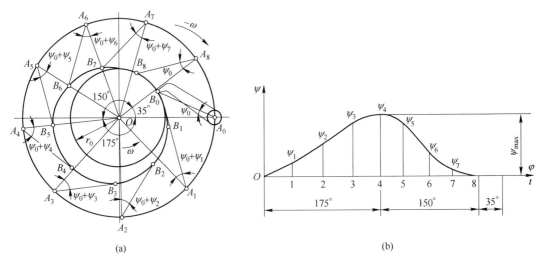

图 3-12　尖顶摆动从动件盘形凸轮

同上所述，如果采用滚子或平底从动件，则上述凸轮轮廓即为理论轮廓，只要在理论轮廓上选一系列点作滚子或平底，最后作它们的包络线，便可求出相应的实际轮廓。

按照结构需要选取基圆半径并按上述方法绘制的凸轮轮廓，必须校核推程压力角。以尖顶摆动从动件盘形凸轮为例（见图 3-12），在凸轮推程轮廓比较陡峭的区段取若干点 B_1、B_2、…，作出过这些点的轮廓法线和从动件尖顶的运动方向线，求出它们之间所夹的锐角 α_1、α_2、…，看其中最大值 α_{max} 是否超过许用压力角 $[\alpha]$。如果超过，就应修改设计。通常可用加大基圆半径的方法使 α_{max} 减小。

3.4　凸轮机构基本尺寸的确定

设计凸轮机构时，除了根据工作要求合理地选择从动件运动规律外，还必须保证从动件准确地实现预期的运动规律，且具有良好的传力性能和紧凑的结构。

3.4.1　凸轮机构的压力角及许用值

图 3-13 所示为尖顶对心直动从动件盘形凸轮机构在推程某个位置的受力情况。F_Q 为作用在从动件上的载荷（包括工作阻力、重力、弹簧力和惯性等）。若不计摩擦，凸轮作用于从动件上的力 F_n 将沿接触点的法线 n-n 方向，图 3-13 中 α 角即为该位置的压力角。F_n 可分解为沿从动件运动方向的有效分力 F' 和垂直于导路方向的有害分力 F''，F'' 使从动件压紧导路而产生摩擦力，F' 推动从动件克服载荷 F_Q 及导路间的摩擦力向上移动。其大

小分别为

$$F' = F_n\cos\alpha \tag{3-5}$$

$$F'' = F_n\sin\alpha \tag{3-6}$$

显然，α 角越小，有效分力 F' 越大，凸轮机构的传力性能越好。反之，α 角越大，有效分力 F' 越小，有害分力 F'' 越大，机构的摩擦阻力增大、效率降低。当 α 增大到某一数值，有效分力 F' 会小于由 F'' 所引起的摩擦阻力，此时无论凸轮给从动件多大的作用力，都无法驱动从动件运动，即机构处于自锁状态。因此，为保证凸轮机构正常工作，并具有良好的传力性能，必须对压力角的大小加以限制。一般凸轮轮廓线上各点的压力角是变化的，设计时应使最大压力角不超过许用压力角 $[\alpha]$。一般设计中，推程压力角许用值 $[\alpha]$ 推荐为：移动从动件 $[\alpha]=30°$，摆动从动件 $[\alpha]=45°$。

机构在回程时，从动件实际上不是由凸轮推动，而是在锁合力作用下返回的，发生自锁的可能性很小。为减小冲击和提高锁合的可靠性，回程压力角推荐许用值 $[\alpha]=80°$。

对平底从动件凸轮机构，凸轮对从动件的法向作用力始终与从动件的速度方向平行，故压力角恒等于 0，机构的传力性能最好。凸轮机构的最大压力角 α_{max}，一般出现在理论轮廓线上较陡或从动件最大速度的轮廓附近。校验压力角时，可在此选取若干个点，作出这些点的压力角，测量其大小；也可用万能角度尺直接量取检查。

如果 $\alpha_{max} > [\alpha]$，可采用增大基圆半径或改对心凸轮机构为偏置凸轮机构的方法来进调整，以达到 $\alpha_{max} < [\alpha]$ 的目的。

如图 3-14 所示，同样情况下，偏置式凸轮机构比对心式凸轮机构有较小的压力角，但应使从动件导路偏离的方向与凸轮的转动方向相反。若凸轮逆时针转动，则从动件导路偏向轴心的右侧；若凸轮顺时针转动，则从动件导路应偏向轴心的左侧。偏距 e 的大小一般取 $e \leqslant r_b/4$。

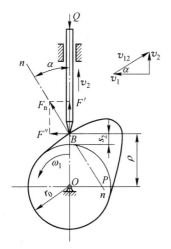

图 3-13　凸轮机构的受力分析

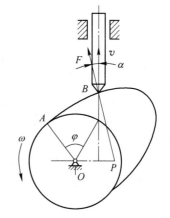

图 3-14　偏置从动件可减少压力角

3.4.2 基圆半径的选择

基圆半径是凸轮设计中的一个重要参数，它对凸轮机构的结构尺寸、运动性能、受力性能等都有重要影响。设计出凸轮轮廓后，为确保传力性能，通常需进行推程压力角的校核，检验是否满足 $\alpha_{\max} < [\alpha]$ 的要求。

（1）根据凸轮的结构确定 r_0。若凸轮与轴做成一体（凸轮轴），$r_0 = r + r_T + (2 \sim 5)\text{mm}$；若凸轮单独制造，$r_0 = (1.5 \sim 2)r + r_T + (2 \sim 5)\text{mm}$。其中，$r$ 为轴的半径；r_T 为滚子半径，若为非滚子从动件凸轮机构，则 r_T 可不计。这是一种较为实用的方法，确定 r_0 后，再对所设计的凸轮轮廓校核压力角。

（2）根据 $\alpha_{\max} < [\alpha]$，确定最小基圆半径 $r_{0\min}$。对于对心直动从动件盘形凸轮机构，工程上已制备了几种从动件基本运动规律的诺模图，如图 3-15 所示。图 3-15 中上半圆的标尺代表凸轮的推程运动角 φ，下半圆的标尺代表最大压力角 $\alpha_{\max}$，直径标尺代表各种运动规律的 h/r_0 值。由图 3-15 中 φ_0、$\alpha_{\max}$ 两点连线与直径的交点，可读出相应运动规律的 h/r_0 值，从而确定最小基圆半径 $r_{0\min}$。基圆半径可按 $r_0 \geqslant r_{0\min}$ 选取。

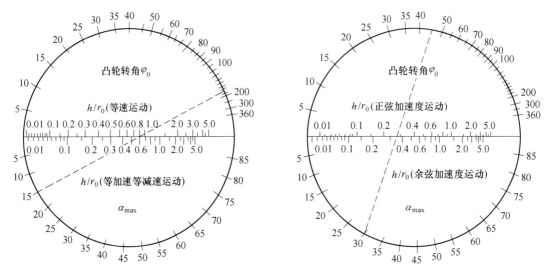

图 3-15　诺模表

3.4.3　滚子半径的选择

采用滚子从动件时，应选择适当的滚子半径，要综合考虑滚子的强度、结构及凸轮轮廓曲线的形状等多方面的因素。为了减小滚子与凸轮间的接触应力和考虑安装的可能性，应选取较大的滚子半径；但滚子的增大，将影响凸轮的实际轮廓。

（1）当理论廓线内凹时，如图 3-16（a）所示，实际轮廓的曲率半径 ρ' 等于理论轮廓线曲率半径 ρ 与滚子半径 r_T 之和，即 $\rho' = \rho + r_T$。此时，不论滚子半径的大小，其实际轮廓线总可以作出。

（2）当理论轮廓线外凸时，$\rho' = \rho - r_T$。若 $\rho > r_T$，则 $\rho' > 0$，如图 3-16（b）所示，实际轮廓线为一光滑曲线；若 $\rho = r_T$，则 $\rho' = 0$，如图 3-16（c）所示，实际廓线出现尖点，尖点极易磨损，磨损后就会改变从动件原有的运动规律；若 $\rho < r_T$，则 $\rho' < 0$，如图 3-16（d）所示，实际轮廓线出现交叉，交点 K 以外部分在实际制造时将被切去，致使从动件不能实现预期的运动规律，这种现象称为运动失真。

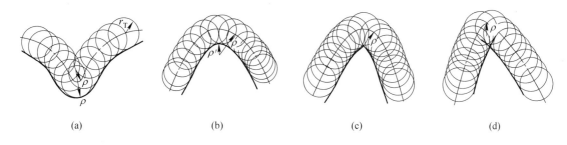

图 3-16 滚子半径的选择分析

(a) $\rho'=\rho+r_T$；(b) $\rho'=\rho-r_T>0$；(c) $\rho'=\rho-r_T=0$；(d) $\rho'=\rho-r_T<0$

因此，对于外凸的凸轮轮廓，应使滚子半径 r_T 小于理论轮廓线的最小曲率半径 $\rho_{\min}$，通常取 $r_T\leqslant 0.8\rho_{\min}$。当 r_T 太小而不能满足强度和结构要求时，应适当加大基圆半径 r_0 以增大理论轮廓线的 $\rho_{\min}$。为防止凸轮磨损过快，工作轮廓线上的最小曲率半径 $\rho'_{\min}$ 一般不小于 $1\sim 5mm$。

在实际设计凸轮机构时，一般可按基圆半径 r_0 来确定滚子半径 r_T，通常取 $r_T=(0.1\sim 0.5)r_0$。

3.5 棘 轮 机 构

3.5.1 棘轮机构的工作原理

图 3-17 所示为一外啮合棘轮机构，它主要由棘轮 3、棘爪 2、摇杆 1 和止动爪 4 组成。弹簧 5 用来使止动爪 4 和棘轮 3 保持接触。棘轮通过键固联在传动轴上，摇杆 1 空套在该轴上，当摇杆 1 逆时针方向摆动时，棘爪 2 便插入棘轮 3 的齿间，推动棘轮 3 逆时针方向转过某一角度。当摇杆 1 顺时针方向摆动时，止动爪 4 阻止棘轮 3 顺时针方向转动，同时棘爪 2 在棘轮 3 的齿背上滑过，故棘轮 3 静止不动。这样，当摇杆 1 做往复摆动时，棘轮 3 做单向的间歇运动。

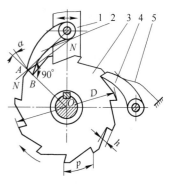

图 3-17 外啮合棘轮机构

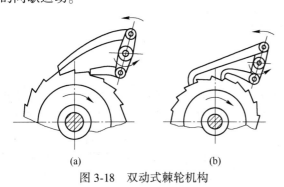

(a)　　　　　(b)

图 3-18 双动式棘轮机构

改变摇杆 1 的结构形状，可得到图 3-18 所示的双动式棘轮机构，棘爪 2 可以制成直边的［见图 3-18 (a)］或带钩头的［见图 3-18 (b)］。棘轮为锯齿形，这种棘轮机构的棘爪由大小两个棘爪组成，如图 3-18 (a) 所示，当摇杆顺时针方向摆动时，小棘爪将插入棘轮的相应齿槽推动棘轮做逆时针方向转动，此时大棘爪从齿背上滑过；当摇杆返回做逆时针方向摆动时，大棘爪将插入棘轮的相应齿槽推动棘轮也做逆时针方向转动，而小棘爪则在棘轮的齿背上滑过。因此，双动式棘轮机构可实现摇杆往复摆动时均能使棘轮沿单一方向运动。

3.5.2　棘轮转角大小的调节及应用

棘轮转角即棘轮每次间歇转过的角度可以在较大的范围内调节，这是棘轮机构的突出优点。棘轮转角的大小由工作需要来决定。

调节棘轮大小的方法通常有两种。

（1）改变摇杆摆角。如在图 3-19 所示牛头刨床工作台的送料机构中，控制工作台横向送进量的棘轮机构的棘爪是由曲柄摇杆机构来带动的，因此可用改变曲柄长度的方法来改变摇杆的摆角，从而改变棘轮转角大小。

（2）用遮板调节棘轮转角。摇杆的摆角大小不变，而在棘轮上加一遮板，如图 3-20 所示，变更遮板的位置即可使棘爪行程的一部分在遮板上滑过，不与棘轮轮齿接触，被遮板遮住的齿越多，则棘轮转角就越小。

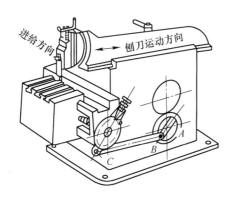

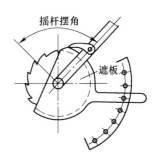

图 3-19　牛头刨床工作台送进机构　　　　图 3-20　带遮板的棘轮机构

棘轮机构结构简单，但不能传递大的动力，而且传动平稳性较差，不适宜于高速传动。

一般用作机床及自动机械的进给机构，也广泛用于卷扬机、提升机及牵引设备中，用它作为防止机械逆转的止动器。

3.6　槽　轮　机　构

3.6.1　槽轮机构的工作原理

槽轮机构又称马尔他机构。如图 3-21 所示，它是由带有圆销 A 的拨盘 1，具有径向槽的槽轮 2 和机架组成。拨盘 1 以等角速做连续回转，槽轮 2 则做时动时停的间歇转动。当圆销 A 未进入槽轮的径向槽时，由于槽轮的内凹锁止弧 nn 被拨盘 1 的外凸圆弧 mm 锁住，故槽轮静止不动。图 3-21 示为圆销 A 刚开始进入槽轮径向槽时的位置。这时锁止弧 nn 也刚好开始被松开。此后，槽轮受圆销 A 的驱使而转动。当圆销 A 离开径向槽时，锁止弧 nn 又被锁住，槽轮又静止不动。直至圆销 A 再一次进入槽轮的另一个径向槽时，又重复上述的运动。由此将主动件的连续转动转换为从动槽轮的间歇转动。

3.6.2 槽轮机构的主要参数及特点

在图 3-21 所示槽轮机构中，当主动拨盘 1 回转一周时，槽轮 2 的运动时间 t_d 与主动拨盘转一周的总时间 t 之比，称为该槽轮机构的运动系数。设以 k 表示，则由图 3-21 可见：

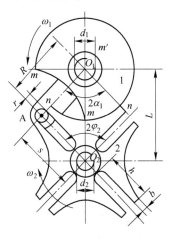

$$k = \frac{t_d}{t} = \frac{2\alpha_1}{2\pi} \qquad (3\text{-}7)$$

为了使槽轮 2 在开始和终止转动时的瞬间角速度为零，以避免圆销与槽发生刚性冲击，圆销进入或退出径向槽的瞬时，径向槽的中线应当与圆销中心轨迹圆相切（即 $O_2A \perp O_1A$）。设 z 为槽轮上均匀分布的径向槽数目，则槽间角 $2\varphi_2 = 2\pi/z$，由图 3-21 可见，

图 3-21 外啮合槽轮机构

$$2\alpha_1 = \pi - 2\varphi_2 = \pi - \frac{2\pi}{z}$$

$$k = \frac{2\alpha_1}{2\pi} = \frac{z-2}{2z} \qquad (3\text{-}8)$$

故为保证槽轮运动，其运动系数 k 必须大于零，故由式（3-8）可知，槽轮的槽数 z 不得小于 3；而且 k 总是小于 0.5，即槽轮每次转动的时间总是小于停歇时间。

如要 $k > 0.5$，即要槽轮每次转动时间大于停歇时间，可在拨盘上装数个圆销。设圆销在拨盘上均匀分布，其数目为 n，则当拨盘转动一周时，槽轮将被拨动 n 次，故运动系数也比一个圆销时大 n 倍，即

$$k = n(z-2)/(2z) \qquad (3\text{-}9)$$

由于槽轮是间歇转动，故 k 应等于或小于 1，即

$$n(z-2)/(2z) \leqslant 1$$

由此得

$$n \leqslant 2z/(z-2) \qquad (3\text{-}10)$$

由式（3-10）得槽数 z 与圆销数 n 之间的关系见表 3-1。

表 3-1　槽数 z 与圆销数 n 之间的关系

z	3	4	5	$\geqslant 6$
n	1~5	1~3	1~3	1~2

3.6.3 槽轮机构的类型及应用

槽轮机构有外啮合槽轮机构（见图 3-21）和内啮合槽轮机构（见图 3-22），前者拨盘与槽轮的转向相反，后者拨盘与槽轮的转向相同，它们均为平面槽轮机构。此外还有空间槽轮机构。

槽轮机构中拨盘（杆）上的圆柱销数、槽轮上的径向槽数及径向槽的几何尺寸等均可视运动要求的不同而定。圆柱销的分布和径向槽的分布可以不均匀，同一拨盘（杆）上若干个圆柱销离回转中心的距离也可以不同，同一槽轮上各径向槽的尺寸也可以不同。槽轮机构的特点是结构简单、工作可靠、机械效率高，能较平稳、间歇地进行转位。但因圆柱销突然进入与脱离径向槽，传动存在柔性冲击，不适用于高速场合。此外槽轮的转角不可调节，故只能用于定转角的间歇运动机构中。六角车床上用来间

图 3-22　内啮合槽轮机构

歇地转动刀架的槽轮机构（见图 3-23）、电影放映机（见图3-24）中用来间歇地移动胶片的槽轮机构及化工厂管道中用来开闭阀门等的槽轮机构都是其具体应用的实例。

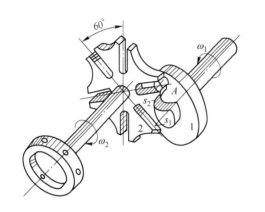

图 3-23　六角车床上的槽轮机构

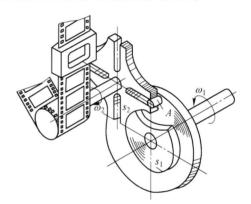

图 3-24　电影放映机槽轮机构

3.7　不完全齿轮机构和凸轮式间歇运动机构

3.7.1　不完全齿轮机构

不完全齿轮机构是由齿轮机构演变而得的一种间歇机构，如图 3-25 所示。这种机构的主动轮上只做出一个齿或几个齿，并根据运动时间和停歇时间的要求，在从动轮上做出与主动轮轮齿相啮合的轮齿的数目。在从动轮停歇期间，两轮缘各有锁止弧，以防止从动轮游动，起定位作用。在图 3-25（a）和（b）所示的不完全齿轮机构中，当主动轮连续转动一周时，从动轮每次分别转过 1/8 周和 1/4 周。

不完全齿轮机构结构简单，制造方便，从动轮的运动时间和停歇时间的比例不受机构结

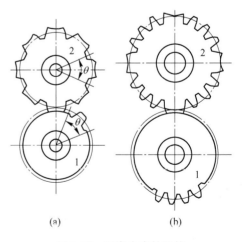

(a)　　　　　(b)

图 3-25　不完全齿轮机构

构的限制。没有瞬心线附加杆的不完全齿轮机构，从动件在转动开始和末了时冲击较大，只宜用于低速轻载的场合。

3.7.2 凸轮式间歇运动机构

凸轮式间歇运动机构是利用凸轮的轮廓曲线，推动转盘上的滚子，将凸轮的连续转动变换为从动转盘的间歇转动的一种间歇运动机构。

图 3-26 所示为圆柱凸轮式间歇运动机构，主动件是带有螺旋槽的圆柱凸轮 1，从动件是端面上装有若干个均匀分布的滚子圆盘 2，其轴线与圆柱凸轮的轴线垂直交错。

凸轮间歇运动机构的优点是运转可靠、传动平稳、定位精度高，适用于高速传动、转盘可以实现任何运动规律，还可以用改变凸轮推程运动角来得到所需要的转盘转动与停歇时间的比值。凸轮间歇运动机构常用于传递交错轴间的分度运动和需要间歇转位的机械装置中。

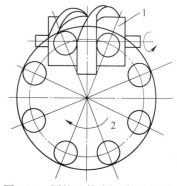

图 3-26　圆柱凸轮式间歇运动机构

思 考 题

3-1　凸轮和推杆有哪些形式？应如何选用？

3-2　何谓凸轮机构的压力角？为什么要规定许用压力角？

3-3　何谓凸轮机构的运动失真？它是如何产生的？怎么样才能避免运动失真？

3-4　试设计一对心直动滚子推杆盘形凸轮机构的凸轮廓线，已知凸轮作顺时针方向旋转，推杆行程 h = 30mm，基圆半径 r_0 = 40mm，滚子半径 r_T = 10mm，凸轮各运动角为：φ_0 = 120°、φ_s = 30°、φ_0' = 150°、φ_s' = 60°。推杆的运动规律可自选。

3-5　写出凸轮机构的名称，并在图 3-27 中作出：（1）基圆 r_0；（2）理论轮廓线；（3）实际轮廓线；（4）行程 h；（5）A 点的压力角。

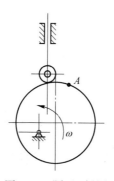

图 3-27　题 3-5 插图

4 带 传 动

带传动（见图4-1）是种典型的挠性传动。"挠"特指弯曲变形出现的变形量，即"挠度"，也意味着带传动中挠性元件传动带的弯曲变形是影响带传动的重要因素。

图 4-1 带传动

4.1 带传动的工作原理、分类与特点

4.1.1 带传动的工作原理

机械传动最常用的动力源是电动机，电动机的转速太高，需要减速机构降低转速，才能用于机器终端的执行部分做功，所以默认机械传动装置都是减速机构。

带传动由主动带轮、从动带轮、传动带组成（见图4-2）。大部分带传动靠带与带轮之间的摩擦力完成传动。为了保证摩擦力足够大，安装时需要先对传动带进行预紧。电动机带动一轴转动，带与带轮之间压力足够，摩擦力足够，一轴处传动带在摩擦力的作用下转动起来；在二轴处，带与带轮之间的摩擦力驱动从动带轮转动，这样完成了动力的传递。

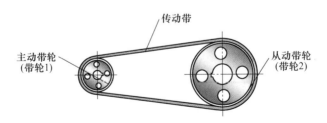

图 4-2 带传动的组成

还有一部分带传动是靠啮合进行动力传递（见图4-3），又称同步带传动，啮合的实

质是几何形状锁合。带轮的结构类似齿轮，
轮缘处有轮齿、有齿槽。和它匹配的传动带
内侧具有和带轮轮缘部分相吻合的齿槽和轮
齿，它们靠几何形状锁合在一起，主动轮转
动，推动传动带转动，从动轮处，同样因为
啮合，传动带推动从动带轮转动，完成了动
力的传递。同步带靠带与带轮啮合传动，传
动比恒定。同步带薄且轻可用于高速传动，
但其制造和安装精度要求较高。

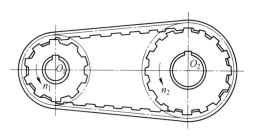

图 4-3 啮合带传动

带传动有开口传动、交叉传动、半交叉传动 3 种传动形式（见图 4-4）。以 V 带传动
为例来讲解带传动知识：V 带传动不适用于交叉传动或半交叉传动，所以后续的带传动默
认为开口传动或张紧轮传动形式。这两种传动形式，从动轮的转动方向与主动轮转向
一致。

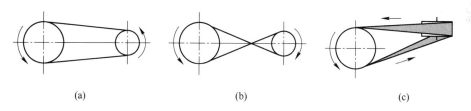

图 4-4 带传动的传动形式
（a）开口传动，两轴平行，同向回转；（b）交叉传动，两轴平行，反向回转；
（c）半交叉传动，两轴交错，不能逆转

4.1.2 带传动的分类

带传动按用途分为传动带与输送带，本章只讨论传动带；按传动原理分摩擦带传动和
啮合带传动。其中摩擦带传动可以按传动带的截面形状，把传动带分为圆带、平带、V
带、多楔带（见图 4-5）。

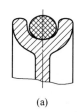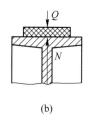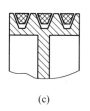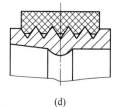

图 4-5 摩擦带按截面形状分类
（a）圆带；（b）平带；（c）V 带；（d）多楔带

平带与圆带是带传动的早期产品，带与带轮间摩擦力小，带传递的功率小，为了加大
摩擦力，有的平带轮做成了鼓形。V 带因为带的截面为等腰梯形而得名，等腰梯形的两侧
面为工作面，V 带可以成组使用，V 带传动能传递更大的功率，是目前使用频率最高的一

种带传动。同组 V 带因为每根 V 带独立传动，不能保证均匀伸长，当其中一根 V 带的伸长量与其他 V 带不一致时，会导致整组带传动失效。多楔带传动兼有平带和 V 带的优点，适用于功率大而结构紧凑的场合，消除了 V 带传动的不均匀性，但结构复杂成本高。

    V 带传动使用频率最高，是摩擦带传动，V 带有普通 V 带、窄 V 带、宽 V 带等类型，一般使用普通 V 带。

    下面以普通 V 带为例，学习带传动的性质。

4.1.3　带传动的特点

带传动的优点为：

（1）能适应两轴中心距较大的场合；

（2）有良好的弹性，能吸振缓冲，工作平稳，噪声小；

（3）过载时，带打滑失效，能保护其他零件免遭损坏；

（4）结构简单，制造容易、维护方便，成本低。

带传动的缺点为：

（1）工作时有弹性滑动，传动比不准确；

（2）不能用于传动比要求精确的场合；

（3）外廓尺寸较大，不紧凑；

（4）与齿轮传动相比，传动效率低；

（5）带的寿命较低，需要张紧装置，作用在轴上的力较大；

（6）V 带不适用于高温、腐蚀性气体、有油污的环境。

4.2　普通 V 带与 V 带轮

4.2.1　普通 V 带

    标准普通 V 带都制成无接头的封闭环形（见图 4-6）。普通 V 带由顶胶、抗拉体、底胶和包布组成（见图 4-7）。抗拉体是 V 带的承载层，常见的有帘布结构和线绳结构。帘布结构抗拉强度高，线绳结构柔韧性和抗弯强度高。

图 4-6　普通 V 带

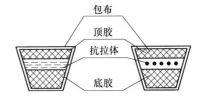

图 4-7　V 带的结构

    V 带在转动过程中，哪部分包裹带轮，哪部分发生弯曲变形。弯曲过程中，带的横截面外侧部分发生拉伸变形，外侧拉伸变形量最大，中心变形量小；带的横截面内侧部分发生压缩变形，内侧压缩变形量最大，中心变形量小。所以在带的截面中一定有一处是拉伸与压缩的分界线，这一层既不发生拉伸也不发生压缩，称其为中性层。中性层在横截面上的宽度，称为节宽 b_p，用节宽的大小来表征带横截面的大小，用整个环形 V 带节宽的长度来表征 V 带的长度，称为基准长度 L_d，为国标值（见表 4-1）。普通 V 带两侧面楔角 α 为 40°，相对宽度（h/b_p）为 0.7，并按其截面尺寸的不同将其分为 Y、Z、A、B、C、D、E 7 种型号（见表 4-2），单根 V 带能够传递的功率逐渐增大（见图 4-8）。

表 4-1　普通 V 带基准长度 L_d 与带长修正系数 K_L

基准长度 L_d /mm	型号 Y	型号 Z	基准长度 L_d /mm	型号 Z	型号 A	型号 B	型号 C	基准长度 L_d /mm	型号 A	型号 B	型号 C	型号 D	型号 E	基准长度 L_d /mm	型号 C	型号 D	型号 E
	修正系数 K_L			修正系数 K_L					修正系数 K_L						修正系数 K_L		
200	0.81		630	0.96	0.81			2000	1.03	0.98	0.88			6300	1.12	1.00	0.97
224	0.82		710	0.99	0.83			2240	1.06	1.00	0.91			7100	1.15	1.03	1.00
250	0.84		800	1.00	0.85			2500	1.09	1.03	0.93			8000	1.18	1.06	1.02
280	0.87		900	1.03	0.87	0.82		2800	1.11	1.05	0.95	0.83		9000	1.21	1.08	1.05
315	0.89		1000	1.06	0.89	0.84		3150	1.13	1.07	0.97	0.86		10000	1.23	1.11	1.07
355	0.92		1120	1.08	0.91	0.86		3550	1.17	1.09	0.99	0.89		11200		1.14	1.10
400	0.96	0.87	1250	1.11	0.93	0.88		4000	1.19	1.13	1.02	0.91		12500		1.17	1.12
450	1.00	0.89	1400	1.14	0.96	0.90		4500		1.15	1.04	0.93	0.90	14000		1.20	1.15
500	1.02	0.91	1600	1.16	0.99	0.92	0.83	5000		1.18	1.07	0.96	0.92	16000		1.22	1.18
560		0.94	1800	1.18	1.01	0.95	0.86	5600			1.09	0.98	0.95				

表 4-2　普通 V 带横截面尺寸　　　　　　　（mm）

型　号	Y	Z	A	B	C	D	E
顶宽 b	6	10	13	17	22	32	38
节宽 b_p	5.3	8.5	11	14	19	27	32
高度 h	4.0	6.0	8.0	11	14	19	25
楔角 α				40°			
每米质量 q/kg·m^{-1}	0.04	0.06	0.10	0.17	0.30	0.60	0.87

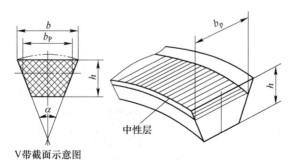

V带截面示意图　　　中性层

图 4-8　V 带的基本参数

普通 V 带作为国标件，它的标记内容和顺序为型号、基准长度、标准号。

例：A-1600 GB/T 1544—2012

表示 A 型普通 V 带，基准长度为 1600mm，标准号为 GB/T 1544—2012。

4.2.2 普通 V 带带轮

V 带带轮分作轮毂、轮辐、轮缘三部分（见图 4-9）。轮毂部分与轴配合，轮缘部分与 V 带配合，中间的为轮辐部分。V 带和 V 带轮安装时 V 带的露出高度 h_T，只要在国标允许的范围内就合格（见图 4-10）。关键在于 V 带的底部跟带轮轮槽的底部不接触，有间隙，只有两侧面与带轮接触，为工作面。

图 4-9　V 带轮结构（Ⅰ）

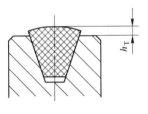

型号		节宽b_p	顶宽b	高度h	楔角α	露出高度h_T		适用槽形的基准宽度
						最大	最小	
普通V带	Y	5.3	6	4.0	40°	+0.8	−0.8	5.3
	Z	8.5	10	6.0		+1.6	−1.6	8.5
	A	11	13	8.0		+1.6	−1.6	11
	B	14	17	11.0		+1.6	−1.6	14
	C	19	22	14.0		+1.5	−2.0	19
	D	27	32	19.0		+1.6	−3.2	27
	E	32	38	23.0		+1.6	−3.2	32
窄V带	SPZ	8	10	8.0		+1.1	−0.4	8.5
	SPA	11	13	10.0		+1.3	−0.6	11
	SPB	14	17	14.0		+1.4	−0.7	14
	SPC	19	32	18.0		+1.5	−1.0	19

图 4-10　V 带安装露出高度

V 带轮轮缘部分相关的几何尺寸、形位公差，甚至表面粗糙度都需要符合国标（见图 4-11）。习惯用 V 带和 V 带轮安装后，V 带中性层一圈的直径来表征 V 带轮的直径，用 d_d 表示，为国标值，见表 4-3。V 带轮两工作侧面的夹角称为轮槽角 ϕ。因为 V 带工作过程中不断地发生弯曲变形，外侧拉伸，内侧收缩，如果想保证 V 带跟 V 带轮之间摩擦力足够，就需要 V 带轮的轮槽角小于 V 带的楔角。国标规定普通 V 带的楔角 α 为 40°，V 带轮的轮槽角 ϕ 国标规定可以是 32°、34°、36°、38°，

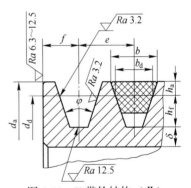

图 4-11　V 带轮结构（Ⅱ）

他们都比 40°小，具体取哪一个值，需要查《机械设计手册》由带轮的基准直径和 V 带的型号确定，见表 4-4。

带轮常用灰铸铁铸造。图 4-12 是 V 带轮的典型结构。根据带轮基准直径由小到大，V 带轮的典型结构分为实心式结构、辐（腹）板式结构、孔板式结构、轮辐式结构。实心式结构，加工成本低；辐板式带轮降低了轮辐处厚度，减轻了带轮的自重，从而减轻带传动的损耗；甚至可以在变薄的辐板处设计孔洞，成为孔板式带轮。轮辐式带轮中间的轮辐部分专门进行设计，在保证强度足够的情况下尽量降低自重。

表 4-3 普通 V 带轮的基准直径

d/mm	Z	A	B	d/mm	Z	A	B	C	d/mm	Z	A	B	C
63	★			125	★	★	★		250	★	★	★	★
71	★			132		★	★		265				★
75	★	★		140	★	★	★		280	★	★	★	★
80	★	★		150	★	★	★		315	★	★	★	★
85		★		160	★	★	★		355	★		★	
90	★	★		170			★	★	375				
95		★		180	★	★	★		400	★	★	★	★
100	★	★		200	★	★	★	★	425				
106		★		212			★		450				★
112	★	★		224	★	★	★	★	475				
118		★		236				★	500	★	★	★	★

注：带★为优先系列。

表 4-4 普通 V 带轮的轮槽尺寸 （mm）

槽 型		Y	Z	A	B	C
节宽 b_p		5.3	8.5	11	14	19
槽顶高 $h_{a\min}$		1.6	2.0	2.75	3.5	4.8
槽中心距 e		8	12	15	19	25.5
$f_{\min}$		6	7	9	11.5	16
槽底高 $h_{f\min}$		4.7	7.0	8.7	10.8	14.3
$\delta_{\min}$		5	5.5	6	7.5	10
楔角 ϕ	32°	≤60	—	—	—	—
	34°	相应的基准直径 d_d	—	≤80	≤118	≤190	≤315
	36°	>60	—	—	—	—
	38°	—	>80	>118	>190	>315

注：$\delta_{\min}$ 是轮缘最小壁厚推荐值。

窄 V 带与普通 V 带相比，当高度相同时，其宽度比普通 V 带小约 30%。窄 V 带传递功率的能力比普通 V 带大，允许的速度高，抗弯能力强，传动中心距小，适用于大功率且结构要求紧凑的传动。现在窄 V 带的使用也日渐广泛。

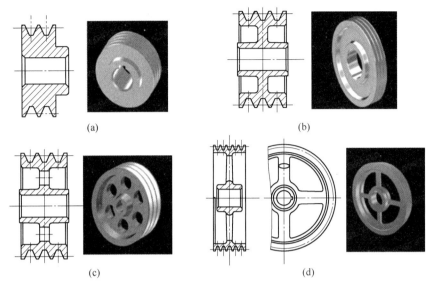

图 4-12 V 带轮的结构（Ⅲ）

（a）实心式；（b）辐（腹）板式；（c）孔板式；（d）轮辐式

4.3 普通 V 带的工作能力分析

4.3.1 普通 V 带的受力分析

4.3.1.1 普通 V 带的受力

普通 V 带传动是靠 V 带与 V 带轮间的摩擦力传动，为了保证摩擦力足够，V 带安装后，虽然静止，但已经处于张紧状态，这时 V 带各部分拉力相同，为张紧力 F_0，带与带轮间没有动摩擦力（见图 4-13）。

一旦让主动带轮转动，带和带轮间就有了动摩擦力（见图 4-14）。V 带传动一旦开始，因为摩擦力的加入，带两边的拉力就不相等了，分作紧边与松边，拉力值分别为 F_1

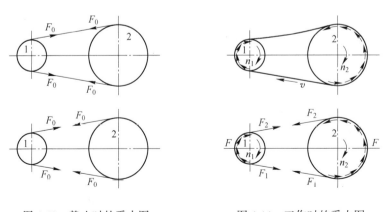

图 4-13 静止时的受力图   图 4-14 工作时的受力图

和 F_2。为了增大接触弧段，习惯布置成松边上，紧边下的状态。

这个摩擦力就是带传动的有效圆周力，等于紧边与松边的力差。摩擦力作用弧段的圆心角称为包角 α，表征带与带轮接触弧段的长度（见图 4-15）。

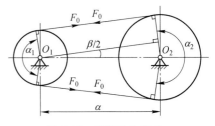

图 4-15 带传动的包角 α

4.3.1.2 普通 V 带的弹性滑动

传动带是弹性体，受到拉力后会产生弹性伸长，伸长量随拉力大小的变化而改变。带由紧边绕过主动轮进入松边时，带的拉力由 F_1 减小为 F_2，其弹性伸长量也由 δ_1 减小为 δ_2。这说明带在绕过带轮的过程中，相对于轮面向后收缩了 $\delta_1 - \delta_2$，带与带轮轮面间出现局部相对滑动，导致带的速度逐步小于主动轮的圆周速度。同样，当带由松边绕过从动轮进入紧边时，拉力增加，带逐渐被拉长，沿轮面产生向前的弹性滑动，使带的速度逐渐大于从动轮的圆周速度。这种由于带的弹性变形产生的带与带轮间的滑动称为弹性滑动。

弹性滑动是带传动时的拉力差引起的，所以带工作时弹性滑动是不可避免的。由于弹性滑动的存在，从动轮的圆周速度 v_2 低于主动轮的圆周速度 v_1，其降低程度用滑动率 ε 表示，即

$$\varepsilon = \frac{v_1 - v_2}{v_1} = \frac{\pi d_{d1} n_1 - \pi d_{d2} n_2}{\pi d_{d1} n_1} = \frac{d_{d1} n_1 - d_{d2} n_2}{d_{d1} n_1} \tag{4-1}$$

将式（4-1）变形，就得到了考虑弹性滑动时的带传动的传动比 i。

$$i = \frac{n_1}{n_2} = \frac{d_{d2}}{d_{d1}(1 - \varepsilon)} \tag{4-2}$$

滑动率是变量，故带传动的传动比不准确。带传动的滑动率，其值很小，为 $0.01 \sim 0.02$，所以在一般传动计算中也可以不予考虑，简化后的传动比为

$$i = \frac{n_1}{n_2} = \frac{d_{d2}}{d_{d1}}（忽略弹性滑动） \tag{4-3}$$

4.3.1.3 普通 V 带的打滑

在正常情况下，带的弹性滑动并不是发生在整个接触弧上。

带与带轮的接触弧可分为静弧和滑动弧两部分，两段弧所对应的中心角分别称为静角和滑动角。V 带绕在主、从动轮的开始部分是静弧，离开主、从动轮的那一部分是滑动弧。弹性滑动只发生在带的滑动弧上。当带不传递载荷时，滑动角为零。随着载荷的增加，拉力差增大，滑动角逐渐增大，而静角逐渐减小。当滑动角增大到带轮包角时，达到极限状态，带传动的有效拉力达到最大值。如果载荷继续增大，则带与带轮间将发生显著的相对滑动，即产生打滑（见图 4-16）。

由于带在大轮上的包角总是大于在小轮上的包角，打滑总是首先在小带轮上发生。

在带即将打滑的临界，紧边拉力与松边拉力的关系符合欧拉公式，可推导出带传动的最大有效圆周力为

$$F_{\max} = 2F_0 \left(1 - \frac{2}{1 + \mathrm{e}^{f_v \alpha}} \right) \tag{4-4}$$

由式（4-4）可以看出，带传动的最大有效圆周力与包角、摩擦因数、初拉力有关。当带传动的有效圆周力超过最大极限值时，带传动发生打滑失效，应避免。

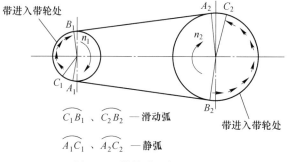

$$\overparen{C_1 B_1}、\overparen{C_2 B_2} — 滑动弧$$

$$\overparen{A_1 C_1}、\overparen{A_2 C_2} — 静弧$$

图 4-16　带传动的打滑原理

4.3.2　普通 V 带的应力分析

V 带传动时，带中存在三种应力：由拉力产生的拉应力、由离心力产生的离心拉应力、由皮带包裹带轮弯曲而产生的弯曲应力（见图 4-17）。

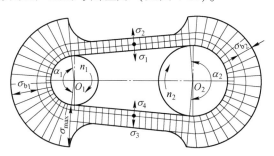

图 4-17　带传动的应力分布

4.3.2.1　由拉力产生的拉应力

带的拉力产生的紧边拉应力 σ_1 和松边拉应力 σ_2 为

$$\left. \begin{aligned} \sigma_1 &= \frac{F_1}{A} \\ \sigma_2 &= \frac{F_2}{A} \end{aligned} \right\} \tag{4-5}$$

式中　A——带的横截面面积，mm^2。

4.3.2.2　由离心力产生的离心拉应力

由于带本身的质量，带绕过带轮时随着带轮做圆周运动将产生离心力。离心力将使带受拉，在截面产生离心拉应力，其大小为

$$\sigma_c = \frac{qv^2}{A} \tag{4-6}$$

式中　v——带速，m/s；

　　　q——带单位长度上的质量，kg/m。

4.3.2.3　带的弯曲产生的弯曲应力

传动带绕经带轮时要弯曲，其弯曲应力为

$$\sigma_b \approx \frac{Eh}{d_d} \tag{4-7}$$

式中　E——带的弹性模量，MPa；

　　　h——带的厚度，mm；

　　　d_d——带轮的基准直径，mm。

带轮直径越小，带越厚，弯曲应力就越大，因此带轮直径不宜过小。

最大应力发生在紧边和小带轮啮入处。带在工作中，其应力值是在最小应力与最大应力之间不断变化的。因此，带长期运行后会发生疲劳破坏、断裂。为保证带具有足够的疲劳强度，应满足

$$\sigma_{max} = \sigma_1 + \sigma_{b1} + \sigma_c \leqslant [\sigma] \tag{4-8}$$

式中　$[\sigma]$——带的许用疲劳应力，MPa。

4.4　普通 V 带的传动设计

4.4.1　普通 V 带的失效形式

从带的受力分析与应力分析可知，V 带传动的失效形式为打滑和疲劳断裂。

4.4.2　普通 V 带的设计准则

普通 V 带的设计准则，应约束带传动在寿命内既不发生打滑，也不发生疲劳断裂。

不打滑条件：

$$F_1 \leqslant F_{max} = F_1\left(1 - \frac{1}{e^{f\alpha_1}}\right) \tag{4-9}$$

不疲劳断裂条件：

$$\sigma_{max} = \sigma_1 + \sigma_{b1} + \sigma_c \leqslant [\sigma] \tag{4-10}$$

$$\sigma_1 = \frac{F_1}{A} \tag{4-11}$$

$$P = \frac{Fv}{1000} \tag{4-12}$$

式（4-9）~式（4-12）联立，推出既不打滑又不断裂时单根带所能传递的额定功率 P_0。

$$P_0 = \left([\sigma] - \sigma_{b1} - \sigma_c\right)\left(1 - \frac{1}{e^{f\alpha_1}}\right)\frac{Av}{1000} \tag{4-13}$$

单根 V 带所能传递的额定功率 P_0，影响因素众多，为了方便工程计算，先简化工况为载荷平稳，$i=1$，$\alpha=180°$，带长 L_d 为特定长度，由实验得到 $[\sigma]$ 的数据后，按式 (4-13) 确定单根 V 带所能传递的额定功率 P_0，并以表格形式列出，见表 4-5。

表 4-5　普通 V 带单根 V 带的额定功率（节选）　　　　　　　　　（kW）

型号	小带轮基准直径 d_{d1}/mm	小带轮转速 n_1/r·min^{-1}											
		200	400	730	800	980	1200	1460	1600	1800	2000	2400	2800
Y	20					0.02	0.02	0.02	0.03	0.03	0.03	0.04	0.04
	25				0.03	0.03	0.03	0.04	0.05	0.05	0.05	0.06	0.07
	28				0.03	0.04	0.04	0.05	0.05	0.06	0.06	0.07	0.08
	31.5			0.03	0.04	0.04	0.05	0.06	0.06	0.07	0.07	0.09	0.10
	35.5			0.04	0.05	0.05	0.06	0.06	0.07	0.07	0.08	0.09	0.11
	40		0.04	0.05	0.06	0.07	0.08	0.09	0.10	0.11	0.12	0.14
	45		0.04	0.05	0.06	0.07	0.08	0.09	0.11	0.11	0.12	0.14	0.16
	50		0.05	0.06	0.07	0.08	0.09	0.11	0.12	0.13	0.14	0.16	0.18
Z	50		0.06	0.09	0.10	0.12	0.14	0.16	0.17	0.18	0.20	0.22	0.26
	56		0.06	0.11	0.12	0.14	0.17	0.19	0.20	0.22	0.25	0.30	0.33
	63		0.08	0.13	0.15	0.18	0.22	0.25	0.27	0.30	0.32	0.37	0.41
	71		0.09	0.17	0.20	0.23	0.27	0.31	0.33	0.36	0.39	0.46	0.50
	80		0.14	0.20	0.22	0.26	0.30	0.36	0.39	0.41	0.44	0.50	0.56
	90		0.14	0.22	0.24	0.28	0.33	0.37	0.40	0.44	0.48	0.54	0.60
A	75	0.16	0.27	0.42	0.45	0.52	0.60	0.68	0.73	0.78	0.84	0.92	1.00
	80	0.18	0.31	0.49	0.52	0.61	0.71	0.81	0.87	0.94	1.01	1.12	1.22
	90	0.22	0.39	0.63	0.68	0.79	0.93	1.07	1.15	1.24	1.34	1.50	1.64
	100	0.26	0.47	0.77	0.83	0.97	1.14	1.32	1.42	1.54	1.66	1.87	2.05
	112	0.31	0.56	0.93	1.00	1.18	1.39	1.62	1.74	1.89	2.04	2.30	2.51
	125	0.37	0.67	1.11	1.19	1.40	1.66	1.93	2.07	2.25	2.44	2.74	2.98
	140	0.43	0.78	1.31	1.41	1.66	1.96	2.29	2.45	2.66	2.87	3.22	3.48
	160	0.51	0.94	1.56	1.69	2.00	2.36	2.74	2.94	3.17	3.42	3.80	4.06
B	125	0.48	0.84	1.34	1.44	1.67	1.93	2.20	2.33	2.50	2.64	2.85	2.96
	140	0.59	1.05	1.69	1.82	2.13	2.47	2.83	3.00	3.23	3.42	3.70	3.85
	160	0.74	1.32	2.16	2.32	2.72	3.17	3.64	3.86	4.15	4.40	4.75	4.89
	180	0.88	1.59	2.61	2.81	3.30	3.85	4.41	4.68	5.02	5.30	5.67	5.76
	200	1.02	1.85	3.06	3.30	3.86	4.50	5.15	5.46	5.83	6.13	6.47	6.43
	224	1.19	2.17	3.59	3.86	4.50	5.26	5.99	6.33	6.73	7.02	7.25	6.95
	250	1.37	2.50	4.14	4.46	5.22	6.04	6.85	7.20	7.63	7.87	7.89	7.14
	280	1.58	2.89	4.77	5.13	5.93	6.90	7.78	8.13	8.46	8.60	8.22	6.80

续表4-5

型号	小带轮基准直径 d_{d1}/mm	小带轮转速 n_1/r·min^{-1}											
		200	400	730	800	980	1200	1460	1600	1800	2000	2400	2800
C	200	1.39	2.41	3.80	4.07	4.66	5.29	5.86	6.07	6.23	6.34	6.02	5.01
	224	1.70	2.99	4.78	5.12	5.89	6.71	7.47	7.75	8.00	8.06	7.57	6.08
	250	2.03	3.62	5.82	6.23	7.18	8.21	9.06	9.38	9.63	9.62	8.75	6.56
	280	2.42	4.32	6.99	7.52	8.65	9.81	10.47	11.06	11.22	11.04	9.50	6.13
	315	2.86	5.14	8.34	8.92	10.23	11.53	12.48	12.72	12.67	12.14	9.43	4.16
	355	3.36	6.05	9.79	10.46	11.92	13.31	14.12	14.19	13.73	12.59	7.98	—

因此，V 带传动的设计准则为

$$P \leqslant P_0 \tag{4-14}$$

即单根 V 带实际传递的功率小于等于单根 V 带的额定功率。

4.4.3　带传动的设计步骤和参数选择

已知条件：传递的功率 P、主动轮转速 n_1、从动轮转速 n_2（或传动比 $i_带$）及工作条件、传动要求等。

设计内容：确定 V 带型号、根数、长度和其他传动参数，并确定带轮的尺寸和结构等。

设计步骤和参数选择如图 4-18 所示。

4.4.3.1　确定计算功率 P_c

考虑载荷的性质、原动机的不同和每天工作时间的长短，$P_c \geqslant P$，即

$$P_c = K_A P \tag{4-15}$$

式中　K_A——工作情况系数，表 4-6。

　　　　P——V 带传递的功率，kW。

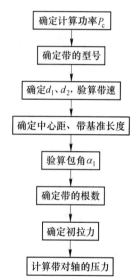

图 4-18　带传动的设计步骤

表 4-6　工作情况系数 K_A

工作机		原动机：普通笼式交流电动机		
载荷性质	机器举例	一天工作时间/h		
		<10	10~16	>16
载荷平稳	液体搅拌机、离心式水泵、通风机和鼓风机（≤7.5kW）、离心式压缩机、轻型输送机	1.0	1.1	1.2
载荷变动小	带式输送机、通风机（<7.5kW）、发电机、旋转式水泵、金属切削机床、印刷机、压力机	1.1	1.2	1.3
载荷变动大	螺旋式输送机、斗式提升机、往复式水泵和压缩机、锻锤、磨粉机、木工机械、纺织机械	1.2	1.3	1.4
载荷变动很大	破碎机、球磨机、棒磨机、超重机、挖掘机、橡胶辊压机	1.3	1.4	1.5

注：反复起动、正反转频繁、工作条件恶劣等场合，值应乘以 1.1。

4.4.3.2　选择带的型号

根据 P_c 和小带轮转速 n_1，由图 4-19 选择带的型号。注意：当坐标点在型号分界线附近时，可将两种型号 V 带进行平行设计，择优选择。

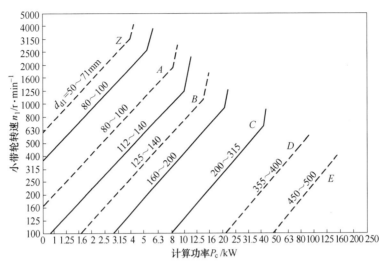

图 4-19　普通 V 带选型图

4.4.3.3　确定带轮基准直径 d_{d1} 和 d_{d2}，验算带速

A　选择小带轮基准直径 d_{d1}

小带轮基准直径 d_{d1} 的选取需要符合 3 个条件：满足普通 V 带选型图中小带轮基准直径 d_{d1} 规定的范围；$d_{d1} \geqslant d_{dmin}$；需要查《机械设计手册》使小带轮基准直径 d_{d1} 为国标值（见表 4-5）。在满足条件的前提下尽可能取小值，以减轻重量，减小外廓尺寸。

B　计算大带轮基准直径 d_{d2}

考虑弹性滑动率 ε，运用式（4-2），推出大带轮基准直径为

$$d_{d2} = i_{12} d_{d1} (1 - \varepsilon)$$

d_{d2} 的选择同样需要查《机械设计手册》使大带轮基准直径 d_{d2} 为国标值。

C　修正传动比误差 Δi、验算带速 V

现在带传动的实际传动比为

$$i'_{带} = \frac{d_{d2}}{d_{d1} (1 - \varepsilon)} \tag{4-16}$$

计算传动比的误差 Δi

$$\Delta i = \frac{i'_{带} - i_{带}}{i_{带}} \times 100\% \tag{4-17}$$

检查传动比的误差是否在已知条件允许的范围内。

验算带速 V，计算公式为

$$v = \frac{\pi d_{d1} n_1}{60 \times 1000} \tag{4-18}$$

带速是带传动的重要影响因素。如果 v 太小，由 $P = Fv$ 可知，传递同样功率，圆周力太大，带传动的根数多；如果 v 太大，离心力太大，带与轮的正压力减小，带与带轮间摩擦力减小，带传动容易打滑。

一般应使带速在 $5\sim25\mathrm{m/s}$，否则，需要重新选择小带轮基准直径 d_{d1}。

4.4.3.4 确定中心距 a 和带的基准长度 L_d

A 初步确定中心距 a_0

如果带传动的中心距 a 过小，单位时间内带发生弯曲变形的次数多，带容易疲劳断裂；而且带传动的包角减小，带容易出现打滑失效；如果带传动的中心距 a 过大，导致带长过长，带与轮的正压力减小，带容易出现抖动，所以带传动的中心距应设置合理。

设计时如无特殊要求，可按式（4-19）初选中心距

$$0.7(d_{d1} + d_{d2}) \leqslant a_0 \leqslant 2(d_{d1} + d_{d2}) \tag{4-19}$$

由带传动的几何关系（见图 4-15）可得带的基准长度的计算公式

$$L_{d0} = 2a_0 + \frac{\pi}{2}(d_{d1} + d_{d2}) + \frac{1}{4a_0}(d_{d2} - d_{d1})^2 \tag{4-20}$$

B 确定带的基准长度 L_d

由 L_{d0}，选取 L_d，查表 4-1。

C 确定实际中心距 a

$$a = a_0 + \frac{L_d - L_0}{2} \tag{4-21}$$

考虑到带传动的安装与张紧，将中心距设计成可调式：$a_{\min} = a - 0.015L_d$，$a_{\max} = a + 0.03L_d$。

4.4.3.5 验算小轮包角 α_1

$$\alpha_1 = 180° - 57.3° \times (d_{d2} - d_{d1})/a \tag{4-22}$$

一般需要小带轮包角 $\alpha_1 \geqslant 120°$，如验算不合格，可以通过增大传动比、加大中心距或设置张紧轮改善。

4.4.3.6 确定 V 带根数 z

计算公式如下：

$$z \geqslant \frac{P_c}{(P_0 + \Delta P_0)K_\alpha K_L} \tag{4-23}$$

式中 ΔP_0——功率增量，kW，见表 4-7；

K_α——小轮包角系数，见表 4-8；

K_L——带长系数，见表 4-1。

带的根数应取正整数。为使各根带受力均匀，带的根数不能太多，一般 2~5 根为宜，最多不多于 10 根。否则应加大带轮基准直径或选择较大型号的带，重新设计。

表 4-7　普通 V 带功率增量 ΔP_0（节选）　　　　　　　　　　（kW）

型号	传动比 i	小带轮转速 $n_1/\text{r} \cdot \text{min}^{-1}$											
		200	400	730	800	980	1200	1460	1600	1800	2000	2400	2800
Y	1.19~1.24	0.00	0.00	0.00	0.00	0.00	0.00	0.01	0.01	0.01	0.01	0.01	0.01
	1.25~1.34	0.00	0.00	0.00	0.00	0.01	0.01	0.01	0.01	0.01	0.01	0.01	0.01
	1.35~1.51	0.00	0.00	0.00	0.00	0.01	0.01	0.01	0.01	0.01	0.01	0.01	0.02
	1.52~1.99	0.00	0.00	0.00	0.00	0.01	0.01	0.01	0.01	0.01	0.01	0.02	0.02
	≥2	0.00	0.00	0.00	0.00	0.01	0.01	0.01	0.01	0.01	0.02	0.02	0.02
Z	1.19~1.24	0.00	0.00	0.00	0.01	0.01	0.01	0.02	0.02	0.02	0.02	0.03	0.03
	1.25~1.34	0.00	0.00	0.01	0.01	0.01	0.02	0.02	0.02	0.02	0.02	0.03	0.03
	1.35~1.51	0.00	0.00	0.01	0.01	0.02	0.02	0.02	0.02	0.03	0.03	0.03	0.04
	1.52~1.99	0.01	0.01	0.01	0.02	0.02	0.02	0.02	0.03	0.03	0.03	0.04	0.04
	≥2	0.01	0.01	0.02	0.02	0.02	0.03	0.03	0.03	0.04	0.04	0.04	0.04
A	1.19~1.24	0.01	0.03	0.05	0.05	0.06	0.08	0.09	0.11	0.12	0.13	0.16	0.19
	1.25~1.34	0.02	0.03	0.06	0.06	0.07	0.10	0.11	0.13	0.14	0.16	0.19	0.23
	1.35~1.51	0.02	0.04	0.07	0.08	0.08	0.11	0.13	0.15	0.17	0.19	0.23	0.26
	1.52~1.99	0.02	0.04	0.08	0.09	0.10	0.13	0.15	0.17	0.19	0.22	0.26	0.30
	≥2	0.03	0.05	0.09	0.10	0.11	0.15	0.17	0.19	0.21	0.24	0.29	0.34
B	1.19~1.24	0.04	0.07	0.12	0.14	0.17	0.21	0.25	0.28	0.32	0.35	0.42	0.49
	1.25~1.34	0.04	0.08	0.15	0.17	0.20	0.25	0.31	0.34	0.38	0.42	0.51	0.59
	1.35~1.51	0.05	0.10	0.17	0.20	0.23	0.30	0.36	0.39	0.44	0.49	0.59	0.69
	1.52~1.99	0.06	0.11	0.20	0.23	0.26	0.34	0.40	0.45	0.51	0.56	0.68	0.79
	≥2	0.06	0.13	0.22	0.25	0.30	0.38	0.46	0.51	0.57	0.63	0.76	0.89
C	1.19~1.24	0.10	0.20	0.34	0.39	0.47	0.59	0.71	0.78	0.88	0.98	1.18	1.37
	1.25~1.34	0.12	0.23	0.41	0.47	0.56	0.70	0.85	0.94	1.06	1.17	1.41	1.64
	1.35~1.51	0.14	0.27	0.48	0.55	0.65	0.82	0.99	1.10	1.23	1.37	1.65	1.92
	1.52~1.99	0.16	0.31	0.55	0.63	0.74	0.94	1.14	1.25	1.41	1.57	1.88	2.19
	≥2	0.18	0.35	0.62	0.71	0.83	1.06	1.27	1.41	1.59	1.76	2.12	2.47

表 4-8　普通 V 带的小带轮包角系数 K_α

包角 $\alpha/(°)$	70	80	90	100	110	120	130	140
K_α	0.56	0.62	0.68	0.73	0.78	0.82	0.86	0.89
包角 $\alpha/(°)$	150	160	170	180	190	200	210	220
K_α	0.92	0.95	0.96	1.00	1.05	1.10	1.15	1.20

4.4.3.7 确定初拉力 F_0

保持适当的预紧力是带传动正常工作的必要条件。初拉力过小，则传动时摩擦力过小易打滑；过大则降低带的寿命，并增大了轴和轴承的压力。单根 V 带的初拉力可按式 (4-24) 计算。

$$F_0 = 500 \times \frac{(2.5 - K_\alpha)P_c}{K_\alpha zv} + qv^2 \tag{4-24}$$

4.4.3.8 计算作用在轴上的力 F_Q

为了设计轴和轴承，必须求出 V 带作用在轴上的压力（见图 4-20）。可按式 (4-25) 计算。

$$F_Q \approx 2zF_0 \sin(\alpha_1/2) \tag{4-25}$$

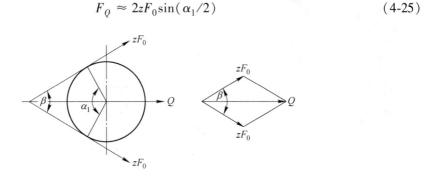

图 4-20 带传动作用在轴上的压力

4.5 普通 V 带的张紧、安装与维护

4.5.1 普通 V 带的张紧

带传动需要进行张紧的原因有两个：（1）带传动靠摩擦传动，需要有张紧力才能正常工作；（2）运行过程中，拉力与离心力的作用使带逐渐伸长，为了保证带传动能正常工作，也需要进行张紧。

张紧的方式有两种，扩大中心距与加张紧轮。

4.5.1.1 扩大中心距

采用定期改变中心距的方法来调节带的张紧力，使带重新张紧（见图 4-21）。

4.5.1.2 加张紧轮

加张紧轮的张紧装置如图 4-22 所示。

张紧轮一般放在松边的内侧，使带只受单向弯曲，且尽量靠近大轮，以免过分影响小带轮上的包角（见图 4-23）。

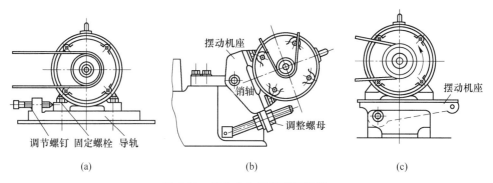

图 4-21　扩大中心距的张紧装置

（a）滑轨式；（b）摆架式；（c）自动张紧式

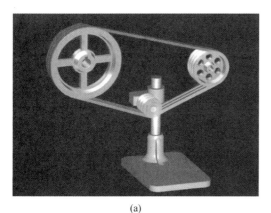 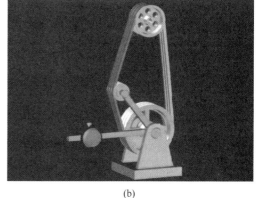

（a）   （b）

图 4-22　加张紧轮的张紧装置

（a）人工定期张紧式；（b）自动张紧式

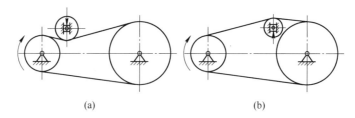

（a）   （b）

图 4-23　加张紧轮注意事项

（a）张紧轮处带的拉压变形方向改变；（b）带的变形方向一致（外拉内压）（优选）

4.5.2　普通 V 带的安装与维护

带在安装时应注意：先缩小中心距，进行安装，慢慢增大中心距满足初拉力要求，严禁强行撬入和撬出；平行轴传动时，两带轮轴线相互平行，其 V 型槽对称平面应重合；同组 V 带要同厂家、同型号、同新旧；按规定的张紧力张紧，也可参照图 4-24 按经验张紧。

图 4-24　V 带的张紧

带传动的维护应注意：要采用安全防护罩，以保障操作人员的安全；定期检查带有无松弛和断裂现象，如有一根松弛和断裂则应全部更换新带；禁止给带轮上加润滑剂，应及时清除带轮槽及带上的油污；带传动避免在有油污、酸、碱、高温环境下工作；若带传动久置后再用，应将传动带放松。

思 考 题

4-1　带传动的特点是什么？带传动的传动比计算公式是什么？

4-2　带的弹性滑动是什么？带的打滑是什么？弹性滑动和打滑有何区别？

4-3　带传动常见的失效形式有哪些？带传动的设计准则是什么？

4-4　带传动的设计步骤是什么？

4-5　带传动为什么要张紧？带传动的张紧方式有哪些？采用张紧轮张紧时，张紧轮应如何放置？

5　链　传　动

链传动也是一种典型的挠性传动。链传动（见图 5-1）中的链条是挠性元件。

图 5-1　链传动

5.1　链传动概述

链传动由主、从动链轮和环形链条组成，靠链条与链轮之间的啮合来传递两平行轴之间的运动和动力，如图 5-2 所示。

链按用途不同，可分为：传动链、起重链和曳引链。传动链用于机械中传递运动和动力；起重链用于提升重物；曳引链用于运输机械。

根据结构不同，常用的传动链有滚子链和齿形链，如图 5-3 所示。齿形链运动平稳、噪声小，但制造成本高、重量大，适用于高速、运动精度较高的传动。本章只讨论滚子链传动。

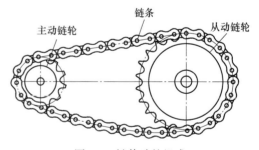

图 5-2　链传动的组成

图 5-3　滚子链和齿形链

链传动具有以下优点：（1）平均传动比准确，无弹性滑动和打滑；（2）适用于大中心距传动，传动距离最大可达 8m；（3）结构紧凑，压轴力小，承载力大，传动效率高，可以在高温、多尘、油污的恶劣环境下工作；（4）结构简单、成本低。

链传动的缺点有：（1）瞬时传动比不恒定；（2）传动平稳性差，传动时有噪声、冲击，不适用于高速、载荷变化大、急速反转的场合；（3）只能用于平行轴间、两轮同向的动力传递。

通常，链传动的传动比 $i \leq 8$；传递功率 $P \leq 100\text{kW}$；圆周速度 $v \leq 15\text{m/s}$；传动效率约为 $0.95 \sim 0.98$。

5.2 滚子链、链轮

5.2.1 滚子链

滚子链由 1 滚子、2 套筒、3 销轴、4 内链板、5 外链板组成，如图 5-4 所示。内链板与套筒以过盈配合连接，构成内链节；外链板和销轴以过盈配合连接，构成外链节；链板一般做成 8 字形，以使各截面接近等强度，并可减轻重量和运动时的惯性。滚子、套筒、销轴之间为间隙配合。若干内链节和外链节依次铰接构成链条，内链节与外链节构成活动铰链。滚子可绕套筒自由转动，当链节进入、退出啮合时，滚子沿链轮轮齿滚动，实现滚动摩擦，减小磨损。

滚子链相邻两销轴中心的距离 p 称为节距，它是滚子链的主要参数，节距 p 值越大，链条各零件尺寸越大，单根链条所能传递的功率也越大，但链传动的平稳性更差，因此节距 p 尽量选取小值。

为了链节首尾相连形成封闭环形链条，需要用接头加以连接。当链节数为偶数时，接头处可用开口销或弹簧卡将销轴锁紧，如图 5-5（a）和（b）所示。当链节数为奇数时，须用过渡链节进行连接，如图 5-5（c）所示。过渡链节的弯链板在工作时产生附加弯矩，应尽量避免采用。因此链节数最好为偶数。

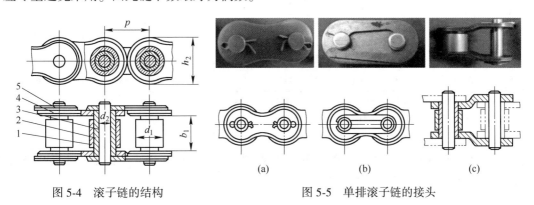

图 5-4　滚子链的结构　　　　图 5-5　单排滚子链的接头

当传递较大的功率时，可用双排链或多排链，如图 5-6 所示。多排链由几排普通单排链用销轴连成。多排链的制造、安装误差容易导致各排链传动出现受力不均，因此一般不超过 3～4 排。

图 5-6 双排链与三排链

滚子链已标准化，按极限拉伸载荷的大小分为 A、B 两个系列，见表 5-1。国际上链的节距习惯用英制单位，我国的滚子链标准中的节距为米制单位，链号数乘以 25.4/16mm 即为节距值。A 系列起源于美国，B 系列起源于英国，两种系列在我国都生产与使用。

表 5-1 滚子链的规格及主要参数

链号	节距 p/mm	排距 p_1/mm	滚子外径 d_1/mm	内链节 链宽 b_1/mm	销轴 直径 d_2/mm	内链板 高度 h_2/mm	极限拉伸 载荷（单排） Q/N	每米质量 （单排） q/kg·m^{-1}
05B	8.00	5.64	5.00	3.00	2.31	7.11	4400	0.18
06B	9.525	10.24	6.35	5.72	3.28	8.26	8900	0.40
08A	12.70	14.38	7.95	7.85	3.96	12.07	13800	0.60
08B	12.70	13.92	8.51	7.75	4.45	11.81	17800	0.70
10A	15.875	18.11	10.16	9.40	5.08	15.09	21800	1.00
12A	19.05	22.78	11.91	12.57	5.94	18.08	31100	1.50
16A	25.40	29.29	15.88	15.75	7.92	24.13	55600	2.60
20A	31.75	35.76	19.05	18.90	9.53	30.18	86700	3.80
24A	38.10	45.44	22.23	25.22	11.10	36.20	124600	5.60
28A	44.45	48.87	25.40	25.22	12.70	42.24	169000	7.50
32A	50.80	58.55	28.58	31.55	14.27	48.26	222400	10.10
40A	63.50	71.55	39.68	37.85	19.24	60.33	347000	16.10
48A	76.20	87.93	47.63	47.35	23.80	72.39	500400	22.60

注：1. 该表摘自《传动用短节距精密滚子链》（GB 1243.1—83）；
　　2. 使用过渡链节时，极限拉伸载荷按表列的 80% 计算。

滚子链标记：链号-排数×链节数 标准号。

例：10A-1-88 GB/T 1243—2006 表示 A 系列，节距 15.875mm，单排，88 节的滚子链，标准号为 GB/T 1243—2006。

5.2.2 滚子链链轮

5.2.2.1 链轮的主要参数与其他尺寸

链轮的主要参数有：链轮的齿数 z、配合链条的节距 p、链轮的分度圆 d、套筒的最

大外径 d_1、排距 p_t 等。链轮的主要尺寸计算公式见表 5-2。链轮的具体尺寸参照《机械设计手册》确定。

表 5-2 滚子链链轮的主要尺寸 （mm）

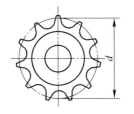 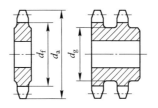

名称	符号	计算公式
分度圆直径	d	$d = p/\sin(180°/z)$
齿顶圆直径	d_a	$d_a = p\left(0.54 + \cot\dfrac{180°}{z}\right)$
齿根圆直径	d_f	$d_f = d - d_1$

5.2.2.2 链轮的齿形

链轮的齿形应保证链条能平稳地进入和退出啮合，尽量减少啮合时的冲击和接触应力，不易脱链，便于加工等。

链轮的齿形已标准化。常用的链轮端面齿形是由三段圆弧 $\overset{\frown}{aa}$、$\overset{\frown}{ab}$、$\overset{\frown}{cd}$ 和一段直线 $\overline{bc}$ 构成，简称三圆弧一直线齿形，如图 5-7 所示。齿形用标准刀具加工，在链轮工作图上不绘制端面齿形，只需在图上注明"齿形按《传动用短节距精密滚子链、套筒链、附件和链轮》（GB/T 1243—2006）制造"即可，但应参阅《机械设计手册》绘制链轮的轴面齿形。工作图上需标明链轮的基本参数与主要尺寸。

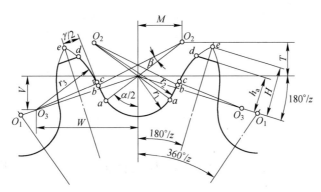

图 5-7 链轮的端面齿形

5.2.2.3 链轮的结构

常用的链轮结构如图 5-8 所示。小直径链轮一般做成整体式，如图 5-8（a）所示；中等直径链轮多做成孔板式，为便于搬运、装配和减重，如图 5-8（b）所示；大直径链轮可做成组合式，如图 5-8（c）和（d）所示，此时齿圈与轮芯可用不同材料制造。

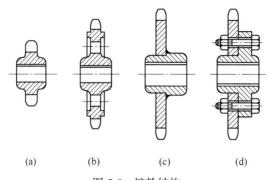

(a)   (b)   (c)   (d)

图 5-8　链轮结构

（a）整体式；（b）孔板式；（c）焊接式；（d）装配式

5.2.2.4　链轮的材料

链轮的材料应保证轮齿有足够的耐磨性和强度。因此，链轮齿面一般经过热处理。由于小链轮的啮合次数比大链轮的啮合次数多，所受冲击也严重，因此小链轮采用的材料应优于大链轮。链轮常用的材料见表 5-3。

表 5-3　链轮常用的材料

链轮材料	热处理	齿面硬度	应 用 范 围
15、20	渗碳、淬火、回火	50~60HRC	$z \leqslant 25$ 有冲击载荷的链轮
35	正火	160~200HBS	$z > 25$ 的链轮
45、50、ZG310-570	淬火、回火	40~45HRC	无剧烈冲击振动和要求耐磨损的链轮
15Cr、20Cr	渗碳、淬火、回火	50~60HRC	$z < 25$ 的大功率传动链轮
40Cr、35SiMn、35CrMo	淬火、回火	40~50HRC	要求强度较高和耐磨损的重要链轮
A3、A5	焊接退火	140HBS	中低速、中等功率的较大链轮
不低于 HT200 的灰铸铁	淬火、回火	260~280HBS	$z > 50$ 的链轮
夹布胶木			$P < 6$kW、速度较高、要求传动平稳、噪声小的链轮

5.3　链传动的运动特性

滚子链是由刚性链节连接而成，当链条绕在链轮上时呈多边形，如图 5-9 所示。

链的平均速度 v 为

$$v_{平均} = \frac{n_1 z_1 p}{60 \times 1000} = \frac{n_2 z_2 p}{60 \times 1000} \tag{5-1}$$

式中 z_1，z_2——分别为主、从动链轮的齿数；

　　　n_1，n_2——分别为主、从动链轮的转速，r/min；

　　　　p——链的节距，mm。

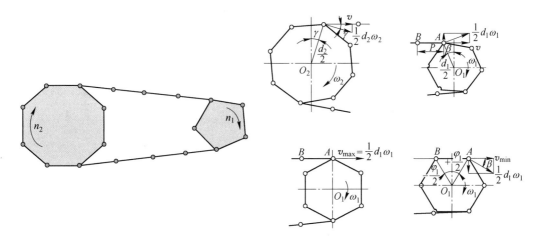

图 5-9　链传动的速度分析

链传动的平均传动比 i_{12} 为

$$i_{\text{平均}} = \frac{n_1}{n_2} = \frac{z_2}{z_1} \tag{5-2}$$

链进入主动链轮啮合后某一位置链速：

$$\left. \begin{aligned} v_x &= v_1\cos\beta = R_1\omega_1\cos\beta \text{——前进速度} \\ v_y &= v_1\sin\beta = R_1\omega_1\sin\beta \text{——垂直速度} \end{aligned} \right\}$$

式中 v_1——A 点的圆周速度，m/s；

　　　β——链节铰链中心相对于铅垂线的位置角，rad，从动链轮对应角度为 γ。

因为链传动工作时，β 是变化的，范围为 $-180/z_1 \sim +180/z_1$，所以链条的前进速度和垂直速度是周期性变化的，链轮的节距越大，齿数越少，链速的变化就越大。

前进速度变化导致从动轮角速度变化，产生角加速度，引起动载荷；垂直速度变化导致链条上下抖动，且造成啮合冲击。

链传动的瞬时传动比不恒定，是变化的，与链条绕在链轮上的多边形特征有关，将这种现象称为链传动的多边形效应。多边形效应是链传动的固有特性，是无法避免的。增加链轮齿数、减小节距、限制链速可减轻多边形效应。

链传动不宜用于对运动精度有较高要求的场合。

5.4　滚子链的传动设计

5.4.1　滚子链传动的失效形式

滚子链传动的失效形式有以下几种。

（1）链的疲劳破坏。链在工作时，链条不断由松边到紧边周而复始地运动着，在润滑良好的条件下，它的各个元件在一定循环次数的变应力作用下，链板会出现疲劳断裂，套筒、滚子表面会出现疲劳点蚀。

（2）链条铰链的磨损。链条在工作时，销轴铰链磨损，链节节距伸长，而链轮轮齿节距几乎没有磨损，导致链条与链轮的啮合点外移，容易造成脱链、跳链。

（3）链条铰链的胶合。高速时，链节啮入链轮时，冲击载荷大，链条铰链间的润滑油膜被挤破，导致铰链间接触面高温高压，产生胶合失效。

（4）静力过载拉断。当链条线速度 $v<0.6\text{m/s}$ 时，链条与静载情况类似，当链条过载，超过静力强度时，链条被拉断。

5.4.2 滚子链传动的设计准则

5.4.2.1 中、低速链传动

中、低速链传动，链速 $v>0.6\text{m/s}$，其主要失效形式是链条的疲劳破坏，所以设计计算通常以疲劳强度为主，综合考虑其他失效形式的影响。设计准则为链传动的计算功率值 P_c 小于等于许用功率值 $[P]$

$$P_c \leqslant [P] \tag{5-3}$$

计算功率 P_c，与其他传动类似，在链传动的名义功率 P 的基础上，考虑载荷情况、原动机情况，进行了修正，其计算公式为

$$P_c = K_A P \tag{5-4}$$

式中 K_A——工况系数，表5-4；

      P——名义功率，kW。

表 5-4   工况系数 K_A

载荷种类	原动机	
	电动机或汽轮机	内燃机
载荷平稳	1.0	1.2
中等冲击	1.3	1.4
较大冲击	1.5	1.7

许用功率 $[P]$ 是试验特定条件下获得的单排链条能够传递的额定功率 P_0，如图5-10所示，考虑实际工作条件进行了修正，其计算公式为

$$[P] = K_z K_i K_a K_{pt} P_0 \tag{5-5}$$

式中 K_z——小链轮齿数系数，表5-5；

      K_i——传动比系数，表5-6；

      K_a——中心距系数，表5-7；

      K_{pt}——多排链系数，表5-8；

      P_0——单排链条能够传递的额定功率，kW。

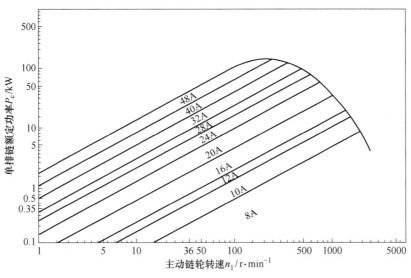

图 5-10 额定功率曲线图

表 5-5 小链轮齿数系数 K_z

z	9	11	13	15	17	19	21	23	25	27	29	31	33	35	37
K_z	0.446	0.555	0.667	0.775	0.893	1	1.12	1.23	1.35	1.46	1.58	1.70	1.81	1.94	2.12

表 5-6 传动比系数 K_i

i	1	2	3	5	≥7
K_i	0.82	0.925	1.00	1.09	1.15

表 5-7 中心距系数 K_a

a	$20p$	$40p$	$80p$	$160p$
K_a	0.87	1.00	1.18	1.45

表 5-8 多排链系数 K_{pt}

排数	1	2	3	4	5	6	≥7
K_{pt}	1.0	1.7	2.5	3.3	4.1	5.0	1.15

将式（5-4）和式（5-5）代入式（5-3），得到

$$P_0 \geqslant \frac{K_A P}{K_z K_i K_a K_{pt}} \qquad (5-6)$$

在链传动的计算中，用式（5-6），选择链条型号，约束链条在正常工作寿命内不出现疲劳失效。

5.4.2.2 低速链传动

对于低速链传动，链速 $v \leqslant 0.6 \text{m/s}$，其主要失效形式为链条的过载拉断，设计准则为

静强度计算。其计算公式为

$$S = \frac{Qm}{K_A F} \geqslant 4 \sim 8 \tag{5-7}$$

式中　Q——单排链的极限拉伸载荷，N；

　　　m——链条排数；

　　　F——链的工作拉力，N，$F = \dfrac{1000P}{v}$，P 为名义功率，kW，v 为链速，m/s。

5.4.3　滚子链传动的设计步骤和参数选择

滚子链传动的设计步骤和参数选择如下。

（1）确定链轮齿数 z_1、z_2。

由链传动的运动特性分析可知，为使链传动的运动平稳，减少冲击和动载荷，小链轮齿数不宜过少。对于滚子链，可按传动比由表 5-9 选取 z_1，然后按式（5-8）确定大链轮的齿数。大链轮齿数不宜过多，齿数过多，使传动尺寸大、重量大，还容易出现跳齿、脱链现象，一般应使 $z_2 \leqslant 120$。

$$z_2 = iz_1 \tag{5-8}$$

表 5-9　小齿轮齿数 z_1

传动比	1~2	3~4	5~6	>6
z_1	31~27	25~23	21~17	17

一般链条节数为偶数，链轮齿数最好选取质数或不能整除链节数的数，这样可使磨损较均匀。

链传动的传动比 $i \leqslant 8$，一般推荐 $i = 2 \sim 3.5$。传动比 i 过大，小链轮的包角小，同时参与啮合的齿数少，磨损加剧；传动比 i 过大，传动装置外廓尺寸大。

（2）初定中心距 a_0。

若链传动中心距过小，则小链轮上的包角也小，同时啮合的链轮齿数也减少；若中心距过大，则易使链条抖动。一般可取中心距

$$a_0 = (30 \sim 50)p \tag{5-9}$$

最大中心距 $a_{max} \leqslant 80p$。

（3）确定链节数。

链条长度用链条的节数 L_p 表示，计算公式为

$$L_p = \frac{2a_0}{p} + \frac{z_1 + z_2}{2} + \left(\frac{z_2 - z_1}{2\pi}\right)^2 \cdot \frac{p}{a_0} \tag{5-10}$$

式中　p——链条节距，mm；

　　　a_0——初定中心距，mm。

由式（5-10）算出链节数，为避免使用过渡链节，圆整为偶数。

（4）选定链型号、确定链条节距。

$$P_0 \geqslant \frac{K_A P}{K_z K_i K_a K_{pt}}$$

根据设计准则式（5-6），由图 5-10 的功率曲线选定链的型号及相应的节距。

链条节距越大，其单排链承载能力越高。但链节距越大、传动的不均匀性、附加载荷和冲击也越大。因此，设计时应尽可能选用较小的链节距，高速重载时可选用小节距多排链。

（5）实际中心距。

运用式（5-10），反求实际中心距 a。计算公式为

$$a = \frac{p}{4}\left[\left(L_p - \frac{z_1 + z_2}{2}\right) + \sqrt{\left(L_p - \frac{z_1 + z_2}{2}\right)^2 - 8\left(\frac{z_2 - z_1}{2\pi}\right)^2}\right] \tag{5-11}$$

中心距一般情况下设计成可调节的或设置张紧装置。

（6）验算链速。

为了控制传动的动载荷与噪声，需对链速加以限制，一般要求 $v \leqslant 15\text{m/s}$。根据链速确定链传动的润滑方式。链速的计算公式为

$$v = \frac{z_1 n_1 p}{60 \times 1000} \tag{5-12}$$

（7）计算轴压力。

链条作用在链轮轴上的压力 F' 可近似取为

$$F' = (1.2 \sim 1.3)F \tag{5-13}$$

式中　F——链的工作拉力，N，$F = \dfrac{1000P}{v}$，P 为名义功率，kW，v 为链速，m/s。

当有冲击、振动时，式（5-13）中的系数取大值。

（8）链轮几何尺寸计算与结构设计，并绘制链轮工作图。

5.5　链传动的布置、张紧、润滑与防护

5.5.1　链传动的布置

链传动合理布置的原则：

（1）两链轮应位于同一铅垂面内，且两轴线平行。链条尽量布置为紧边上，松边下，避免松边垂度过大，和链轮或链条发生干涉。

（2）两链轮中心线最好水平布置，或与水平线成 45° 以下的倾斜角，尽量避免垂直布置。

（3）当必须采用垂直传动时，两链轮应偏置，使两链轮中心不在同一铅垂面内，否则需要采用张紧装置。

5.5.2　链传动的张紧

链传动需要适当的张紧，可以避免在链条的垂度过大时产生啮合不良和链条的振动现象。常用的张紧方法有：（1）调整中心距；（2）用张紧装置。链传动常见的张紧方式如图 5-11 所示。

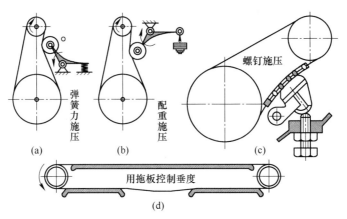

图 5-11 链传动的张紧

5.5.3 链传动的润滑

良好的润滑有利于降低链传动的磨损，缓和冲击，延长链条寿命。润滑方式可以根据图 5-12 选择。链传动常用的润滑方法有：（1）人工定期润滑；（2）滴油润滑；（3）油浴润滑或飞溅润滑；（4）压力喷油润滑，如图 5-13 所示。

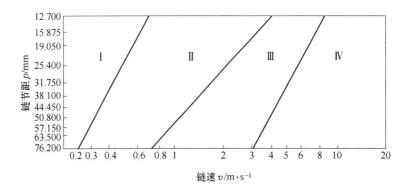

图 5-12 链传动的润滑方式选择
Ⅰ—人工定期；Ⅱ—滴油润滑；Ⅲ—油浴或飞溅润滑；Ⅳ—压力喷油润滑

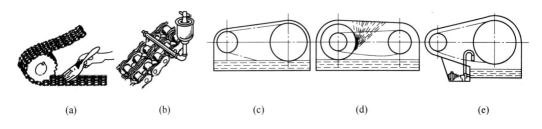

图 5-13 链传动常用的润滑方法
（a）人工定期润滑；（b）滴油润滑；（c）油浴润滑；（d）飞溅润滑；（e）压力喷油润滑

思 考 题

5-1 链传动的特点是什么？链传动的平均传动比计算公式是什么？

5-2 什么是链传动的多边形效应？它对链传动产生了什么影响？怎样减小它对链传动的影响？

5-3 链传动常见的失效形式有哪些？链传动的设计准则是什么？

5-4 链传动的设计步骤是什么？

5-5 链传动为什么要张紧？链传动的张紧方式有哪些？

6 齿 轮 传 动

齿轮就是在圆柱体的外侧（或内侧）圆柱面上均匀阵列了一些轮齿。齿轮传动（见图 6-1）可用于传递空间任意两轴之间的运动和动力，单级传动比可达 8，传动比恒定。圆周速度不大于 300m/s、传递功率不大于 10 万千瓦、直径介于 1mm 至 15m 之间的工况，齿轮都可以胜任，是现代机械中应用范围最广、使用频率最高的一种机械传动。

图 6-1　齿轮传动

6.1　齿轮传动的工作原理、分类与特点

6.1.1　齿轮传动的工作原理

齿轮传动由主动齿轮、从动齿轮、机架组成，如图 6-2 所示。

齿轮依靠啮合传动。齿轮 1 的轮齿和齿槽分别与齿轮 2 的齿槽与轮齿形状尺寸一致，几何形状锁合。两齿轮啮合，当齿轮 1 转动时，推动齿轮 2 转动，实现了动力从一轴到二轴的传递。

6.1.2　齿轮传动的分类

齿轮传动根据输入轴与输出轴的空间位置可以分为平行轴齿轮传动、相交轴齿轮传动、交错轴齿轮传动三类，如图 6-3 所示。

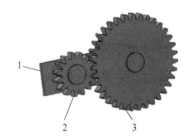

图 6-2　齿轮传动的组成
1—机架；2—主动齿轮；3—从动齿轮

齿轮传动还可以根据齿面硬度、轮齿齿廓曲线、有无箱体封闭、轮齿的走向向齿轮轴线的投影与轴线是否平行、齿制、两齿轮节圆外切或内切等方式进行分类。

外啮合标准的渐开线直齿圆柱齿轮这个名称综合应用了齿轮的几种分类方法，如图 6-4 所示。

外啮合指齿轮的两节圆处于外相切的位置；标准指齿轮的基本参数为国标参数，且分

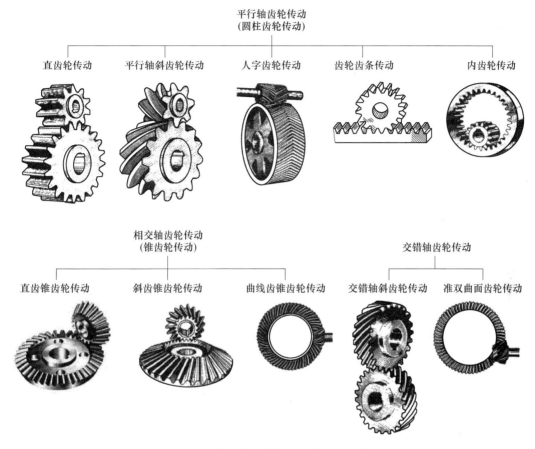

图 6-3 齿轮传动根据空间位置的分类

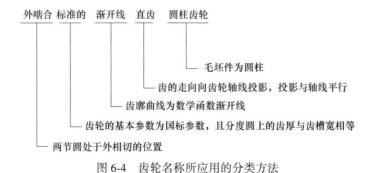

图 6-4 齿轮名称所应用的分类方法

度圆上齿厚与齿槽宽相等；渐开线指齿廓曲线为数学函数渐开线；直齿指齿的走向向齿轮
轴线投影时，投影与轴线平行；圆柱齿轮指齿轮毛坯件为圆柱，如图 6-3 所示。

6.1.3 齿轮传动的特点

6.1.3.1 齿轮传动的优点

齿轮传动与其他传动相比具有以下优势：

（1）传动比恒定；

（2）传动效率高，高精度、润滑可靠的一对渐开线圆柱齿轮工作效率可达99%以上；

（3）结构紧凑。

6.1.3.2 齿轮传动的缺点

齿轮传动具有以下不足：

（1）制造精度要求较高的齿轮时，需用专用机床、刀具与量具，成本较高；

（2）精度低时，振动、冲击、噪声大。

后续章节以外啮合标准的渐开线直齿圆柱齿轮为例，学习齿轮传动相关的知识，下面简称齿轮。

6.2 渐开线齿廓

标准的渐开线直齿圆柱齿轮，因为齿廓为数学函数渐开线，使得齿轮具有了传动比恒定、中心距可变性、传动平稳、齿面滑动的特性。

6.2.1 渐开线的形成

如图 6-4 所示，当直线 BK 沿一个半径为 r_b 的圆周做纯滚动时，该直线上任一点 k 的轨迹 AK 称为该圆的渐开线，如图 6-5 所示。这个圆称为渐开线 AK 的基圆，其半径用 r_b 表示，直线 BK 称为渐开线 AK 的发生线。

6.2.2 渐开线的基本性质

渐开线的基本性质如下。

（1）发生线 BK 沿基圆 r_b 做纯滚动，$\overline{KB} = \overparen{AB}$，如图 6-5 所示。

（2）BK 既是基圆 r_b 的切线，又是渐开线 AK 的法线，如图 6-5 所示。

（3）渐开线 AK 上 K 点的压力角为 α_K，渐开线上各点的压力角大小不同。基圆上的压力角为 $0°$，如图 6-6 所示。

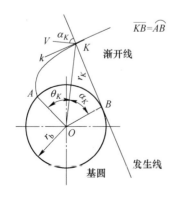

图 6-5　渐开线的形成

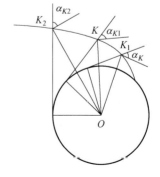

图 6-6　渐开线上各点压力角不同

（4）基圆半径不同，渐开线形状不同。基圆半径越小，渐开线越弯曲；基圆半径越大，渐开线越平直，如图6-7所示。

（5）基圆内无渐开线。

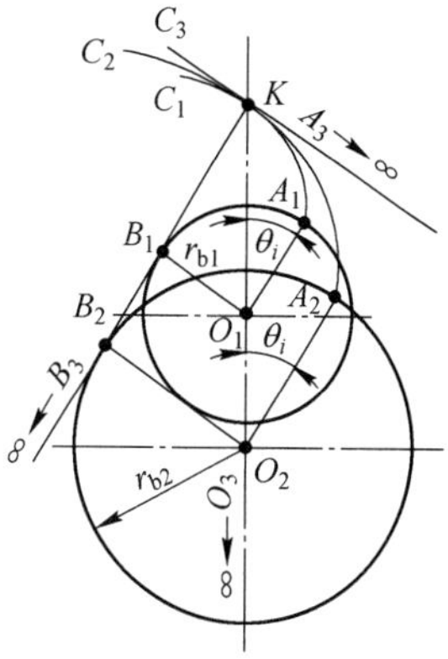

6.2.3 渐开线齿廓的啮合特点

一对齿轮传动是靠主动轮轮齿的齿廓推动从动轮轮齿的齿廓来实现的。通常主动轮为1轮，从动轮为2轮。分别用ω_1和ω_2表示主从动齿轮的角速度。

一对渐开线齿廓在任意点K啮合，过K点做两齿廓的公法线N_1N_2。根据渐开线的性质，N_1N_2必须同时与两齿轮基圆相切，即N_1N_2也是两基圆的内公切线。两基圆为

图6-7 基圆半径决定渐开线形状

定圆，其同一方向上的内公切线只有一条。两齿廓无论在哪点啮合，啮合点K都在N_1N_2上，所以N_1N_2又称为啮合线。N_1N_2为齿廓的公法线，根据两光滑刚体受力分析，N_1N_2同时是齿廓啮合时正压力的作用线的方向。N_1N_2四线合一，与渐开线齿廓的啮合特点息息相关，如图6-8所示。

N_1N_2与齿轮的连心线O_1O_2的交点P，称为节点。一对齿轮的啮合传动可以简化为两个节圆做纯滚动，两节圆半径为r'_1、r'_2。

6.2.3.1 传动比恒定

由$v_{C1}=v_{C2}$，又$\triangle O_1CN_1 \backsim \triangle O_2CN_2$，所以两轮的传动比为

$$i_{12} = \frac{\omega_1}{\omega_2} = \frac{\overline{O_2C}}{\overline{O_1C}} = \frac{r'_2}{r'_1} = \frac{r_{b2}}{r_{b1}} = 常数 \tag{6-1}$$

由此可知，当齿轮制成以后，基圆半径便已确定。因此，传动比也就定了。所以，即使两轮的中心距有点偏差时，也不会改变其传动比的大小，如图6-9所示。

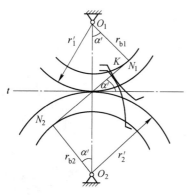

图6-8 N_1N_2四线合一

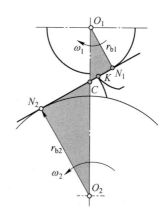

图6-9 传动比恒定与中心距可变性

6.2.3.2　齿轮传动的中心距可变性

当齿轮因为制造、安装误差或运动过程中轴变形、轴承磨损等原因，使两齿轮的实际中心距与理论中心距有微小的偏差时，也不会影响两齿轮的传动比。对中心距不敏感，齿轮的制造、安装和使用维护难度降低了，称为齿轮传动的中心距可变性。

6.2.3.3　齿廓间正压力方向不变

啮合线与两节圆的内公切线所夹锐角称为啮合角，用 α' 表示（见图 6-8）。啮合角 α' 是渐开线在节圆处的压力角。齿轮传动时，啮合线与两齿廓啮合点的公法线为一条定直线 N_1N_2，齿廓间正压力方向始终不变，如图 6-10 所示，所以齿轮传动平稳。

6.2.3.4　齿面的滑动

齿轮在节点处啮合时，两个节圆做纯滚动，齿面无滑动。但在偏离节点的任意点 K 处啮合时，两齿轮啮合点处线速度有差异，如图 6-11 所示，存在齿面间的相对滑动，导致齿轮表面的磨损。

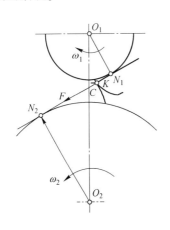

图 6-10　齿廓间正压力方向不变

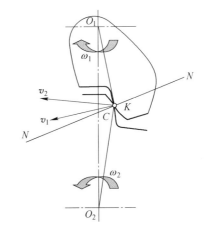

图 6-11　齿面滑动

6.3　齿轮的基本参数与几何尺寸计算

单个齿轮（见图 6-12）可用图 6-13 所示参数进行描述。

6.3.1　齿轮的几何参数

用齿数 z 来表示齿轮的总齿数。

6.3.1.1　圆周方向

每个轮齿的顶部形成的圆，称为齿顶圆，用齿顶圆直径 d_a 表示。齿顶圆上所有的参数都加角标 a。每个轮齿的根部形

图 6-12　单个齿轮

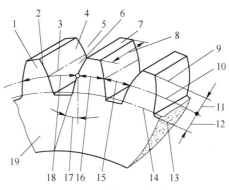

图 6-13   齿轮的几何参数

1—轮齿；2—齿廓；3—齿线；4—上齿面；5—齿槽；6—下齿面；7—齿顶；8—齿宽；9—齿顶圆；
10—分度圆；11—齿顶高；12—齿根高；13—齿根圆；14—基圆；15—槽宽；16—齿厚；
17—端面压力角；18—端面齿距（周节）；19—端面

成的圆，称为齿根圆，用齿根圆直径 d_f 表示。齿根圆上所有的参数都加角标 f。产生渐开线齿廓的圆称基圆，用基圆直径 d_b 表示。基圆上所有的参数都加角标 b。d_k 为任意圆的直径，其上所有参数都加角标 k。在任意圆周上，相邻两齿同侧齿廓之间的弧长称为该圆上的齿距，用 p_k 表示；一个轮齿两侧齿廓间的弧长称为该圆上的齿厚 s_k，相邻轮齿两侧齿廓间的弧长称为该圆上的齿槽宽 e_k。齿距等于齿厚加齿槽宽。

任意圆的直径，都可以用公式周长等于齿数乘以齿距表示，如图 6-14 所示。

$$\pi d_k = z p_k$$

$$d_k = z \frac{p_k}{\pi} \tag{6-2}$$

无理数 π 给设计、制造及测量带来不便，为此在齿轮上取一圆，将该圆齿距除以 π 的比值，设计为一组简单有理数列，称为模数 m；并使该圆上的压力角也为标准值，简称压力角 α；这个圆上齿厚等于齿槽宽；这个圆的齿距 p、齿厚 s、齿槽宽 e 的关系是：$s = e = p/2$。

这个圆即为分度圆 d。

$$p = \pi m \tag{6-3}$$

$$d = mz \tag{6-4}$$

分度圆是一个十分重要的圆，分度圆上的各参数的代号不带下标。在齿轮计算中，将分度圆作为各部分尺寸的计算基准。

6.3.1.2 径向方向

齿顶圆和齿根圆之间的径向距离称为全齿高 h。分度圆把全齿高分成了两部分。分度圆和齿顶圆之间的径向距离称为齿顶高 h_a，分度圆和齿根圆之间的径向距离称为齿根高 h_f，如图 6-14 所示。

沿齿轮轴线的长度称为齿宽 b。

齿轮上 4 个圆的关系如图 6-15 所示。分度圆为基准；在分度圆直径的基础上增加两个齿顶高就得到了齿顶圆的直径；在分度圆直径的基础上减去两个齿根高就得到了齿根圆直径；分度圆直径乘以 cosα，就得到了基圆直径。

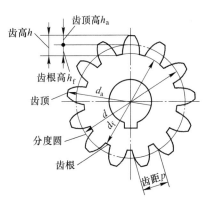

图 6-14　齿轮周长和齿距的关系

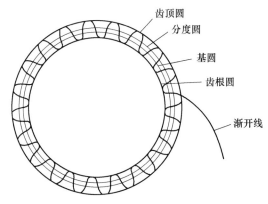

图 6-15　齿轮上 4 个圆的关系

6.3.2　齿轮的基本参数

我们找到了齿轮几何尺寸之间的关联，但外啮合的标准的渐开线直齿圆柱齿轮的几何参数仍多达十多个，为了方便齿轮的设计制造，把齿轮的参数简化成 5 个基本参数。

6.3.2.1　齿数 z

图 6-16 所示为模数为 20mm 的齿轮，当齿数不同时，基圆大小不同，导致渐开线形状不同。

6.3.2.2　模数 m

模数 m 是齿轮的一个重要的基本参数，它决定了轮齿的大小。模数的单位是 mm。我国已制定了标准模数系列，见表 6-1。

相同分度圆时，模数不同，轮齿大小不同，齿根抗弯强度不同，如图 6-17 所示。

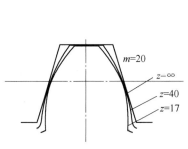

图 6-16　不同齿数的轮齿形状

图 6-17　不同模数的轮齿

表 6-1 标准模数系列表

第一系列	1	1.25	1.5	2	2.5	3	4	5	6	8	10	12	16	20	25	32	40	50
第二系列	1.75 2.25 2.75 (3.25) 3.5 (3.75) 4.5 5.5 (6.5) 7 9 (11) 14 18 22 28 (30) 36 45																	

注：1. 本表适用于渐开线圆柱齿轮，对斜齿轮是指法向模数 m_n；

2. 应优先采用第一系列，括号内的模数尽可能不用；

3. 本表摘自《通用机械和重型机械用圆柱齿轮模数》（GB/T 1357—2008）。

6.3.2.3 压力角 α

渐开线上各点的压力角是不同的，通常所说的压力角 α 指分度圆上的压力角。国家标准规定齿轮分度圆压力角为标准值 $20°$。图 6-18 为分度圆压力角不同时轮齿的形状。

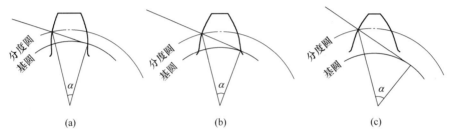

图 6-18 分度圆压力角不同时轮齿的性质

（a）$\alpha < 20°$；（b）$\alpha = 20°$；（c）$\alpha > 20°$

6.3.2.4 齿顶高系数

为了用模数表示齿顶高的大小，引入齿顶高系数 h_a^*，齿顶高等于齿顶高系数乘以模数。

$$h_a = h_a^* m \tag{6-5}$$

6.3.2.5 顶隙系数

一对传动的齿轮，一个齿轮齿顶与另一个齿轮齿根之间的径向距离称为顶隙 c。顶隙具有保证齿轮不干涉、齿轮传动不卡死、容纳润滑油的作用。为了用模数表示顶隙大小，引入顶隙系数 c^*，顶隙等于顶隙系数乘以模数，如图 6-19 所示。

$$c = c^* m \tag{6-6}$$

齿根高等于齿顶高与顶隙的和。

$$h_f = (h_a^* + c^*)m \tag{6-7}$$

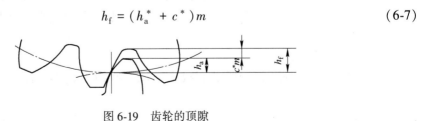

图 6-19 齿轮的顶隙

这样全齿高就可以用模数、齿顶高系数、顶隙系数进行表示。

$$h = h_a + h_f = 2h_a + c = (2h_a^* + c^*)m \tag{6-8}$$

国家标准中已规定了标准值，正常齿制：$h_a^* = 1$，$c^* = 0.25$；短齿制：$h^* = 0.8$，$c^* = 0.3$。一般机械传动用齿轮，均采用正常齿制。

标准齿轮是指模数、压力角、齿顶高系数和顶隙系数均为标准值，且分度圆上的齿厚等于齿槽宽的齿轮。

6.3.3　齿轮的几何尺寸计算

有了齿轮的 5 个基本参数，可以通过《机械设计手册》中的公式，快速计算得到齿轮的几何尺寸，见表 6-2。

表 6-2　渐开线标准直齿圆柱齿轮几何尺寸的计算公式

名称	符号	外齿轮	内齿轮（齿圈）
模数	m	根据轮齿的强度计算或结构条件定出，选用标准值	
压力角	α	20°	
顶隙	c	$c = c^* m = 0.25m$	
齿顶高	h_a	$h_a = h_a^* m = m$（正常齿制）	
齿根高	h_f	$h_f = (h_a^* + c^*)m = 1.25m$（正常齿制）	
全齿高	h	$h = h_a + h_f = 2.25m$（正常齿制）	
齿距	p	$p = \pi m$	
基圆齿距	p_b	$p_b = p\cos\alpha = \pi m\cos\alpha$	
齿厚	s	$s = p/2 = \pi m/2$	
齿槽宽	e	$e = s = p/2 = \pi m/2$	
分度圆直径	d	$d = mz$	
基圆直径	d_b	$d_b = d\cos\alpha = mz\cos\alpha$	
齿顶圆直径	d_a	$d_a = d + 2h_a = m(z + 2)$	$d_a = d - 2h_a = m(z - 2)$
齿根圆直径	d_f	$d_f = d - 2h_f = m(z - 2.5)$	$d_f = d + 2h_f = m(z + 2.5)$
中心距	a	$a = (d_1 + d_2)/2 = m(z_1 + z_2)$	$a = (d_1 - d_2)/2 = m(z_1 - z_2)$

当标准外啮合齿轮的齿数增加至无穷多时，齿轮的基圆无穷大，渐开线的齿廓变成了斜直线，齿轮就变成了齿条。齿条上的齿顶圆、齿根圆变成了直线齿顶线与齿根线。标准齿条齿廓上任意点的压力角都相同，为 20°。与齿条齿顶线平行的任意直线上的齿距都相同，模数为标准值。其中齿厚与齿槽宽相等的，与齿顶线平行的直线称为中线，是齿条几何尺寸计算的基准线。标准齿条的几何尺寸计算与标准外啮合齿轮相同，查《机械设计手册》完成。

6.4　渐开线标准齿轮的啮合传动

一对齿轮啮合传动中，必须先保证两齿轮的轮齿几何尺寸相当，能够实现啮合传动；

其次不得出现传动中断、轮齿撞击现象。所以齿轮的啮合传动得满足三个条件：正确啮合条件、连续传动条件、无侧隙传动条件。

6.4.1 正确啮合条件

齿轮正确啮合的含义为齿轮轮齿、齿槽与配合齿轮的齿槽、轮齿几何尺寸相当，如图6-20所示。用齿轮的几何参数表示，一对渐开线齿轮能正确地啮合，得保证两齿轮对应的啮合齿廓，在啮合线 $N_1 N_2$ 上，且几何尺寸相当，如图6-21所示，$B_1^1 B_2^1 = B_1^2 B_2^2$，即两齿轮的法向齿距应相等。

$$p_{n1} = p_{n2}$$

由渐开线的性质可知，法向齿距与基圆齿距相等，所以

$$p_{b1} = p_{b2}$$

$$p_b = p\cos\alpha = \pi m\cos\alpha$$

$$m_1\cos\alpha_1 = m_2\cos\alpha_2 \qquad (6\text{-}9)$$

式中，m_1、m_2 和 α_1、α_2 分别为两轮的模数和压力角。

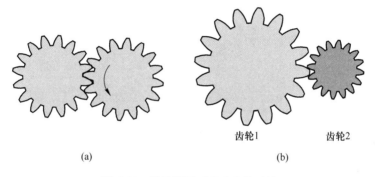

图 6-20 齿轮能否正确啮合的对比

（a）能正确啮合的一对齿轮；（b）不能正确啮合的一对齿轮

由于模数 m 和压力角 α 均已标准化了，因此一对渐开线直齿圆柱齿轮的正确啮合条件为两轮的模数和压力角必须分别相等，且等于标准值。

$$\left.\begin{array}{c} m_1 = m_2 = m \\[4pt] \alpha_1 = \alpha_2 = \alpha = 20° \end{array}\right\} \qquad (6\text{-}10)$$

由此可知，一对相啮合的齿轮，已经符合齿轮能正确啮合的条件，其两轮的模数和压力角分别相等，所以其传动比可表示为

$$i_{12} = \frac{\omega_1}{\omega_2} = \frac{\overline{O_2 C}}{\overline{O_1 C}} = \frac{r_2'}{r_1'} = \frac{r_{b2}}{r_{b1}} = \frac{r_2\cos\alpha_2}{r_1\cos\alpha_1} = \frac{\dfrac{m_2 z_2}{2}\cos\alpha_2}{\dfrac{m_1 z_1}{2}\cos\alpha_1} = \frac{z_2}{z_1} \qquad (6\text{-}11)$$

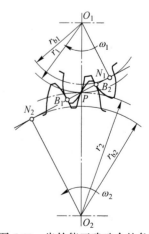

图 6-21 齿轮能正确啮合的条件

6.4.2　连续传动条件

一对具有渐开线齿廓齿轮的啮合传动，是依靠主动齿轮的齿廓推动从动齿轮的齿廓来实现的。齿轮连续传动的含义为从动齿轮的啮合传动不能中断。

当两齿轮的一对轮齿开始啮合时，主动齿轮 1 的齿根推动从动齿轮 2 的齿顶。随着啮合传动的进行，两齿廓的啮合点沿着啮合线 $N_1 N_2$ 从 B_2 点（从动轮 2 齿顶圆与啮合线 $N_1 N_2$ 的交点）移动到 B_1 点（主动轮 1 的齿顶圆与啮合线 $N_1 N_2$ 的交点），两轮齿脱离接触，终止啮合。当两齿轮齿顶圆增大时，点 B_2 和 B_1 将分别趋近于点 N_1 和 N_2，但不会超过 $N_1 N_2$，实际啮合线 $\overline{B_1 B_2}$ 只是理论啮合线 $N_1 N_2$ 上的一段，如图 6-22 所示。

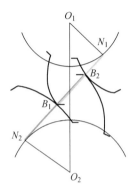

图 6-22　一对渐开线齿轮的啮合传动过程
B_1—啮合终止点；B_2—啮合起始点；$B_1 B_2$—实际啮合线段；
$N_1 N_2$—理论啮合线段；N_1，N_2—极限啮合点

一对轮齿的啮合只能推动从动轮转过一定的角度，要使从动齿轮连续地进行传动，就必须在前一对轮齿尚未退出啮合时，后一对轮齿已进入啮合。如图 6-23（a）所示，如 $\overline{B_1 B_2} = p_b$，当前一对轮齿即将退出啮合时，后一对轮齿正好进入啮合，则表明传动恰好能够连续，在传动过程中始终只有一对轮齿啮合。如图 6-23（b）所示，如果 $\overline{B_1 B_2} > p_b$，则表明有时是一对轮齿啮合，有时是两对齿轮啮合，从动齿轮能够连续传动。如图 6-23（c）所示，如果 $\overline{B_1 B_2} < p_b$，则表明当前一对轮齿在 B_1 点退出啮合时，后一对轮齿尚未进入啮合，虽然主动齿轮连续转动；但从动齿轮为转动-停止-转动-停止的不能连续传动状态，引起轮齿间的冲击，影响传动的平稳性。

综上所述，齿轮能够连续传动，需要使两齿轮的实际啮合线段 $\overline{B_1 B_2}$ 大于等于齿轮的基圆齿距 p_b，即 $\overline{B_1 B_2} \geqslant p_b$。

$\overline{B_1 B_2}$ 与 p_b 的比值称为齿轮传动的重合度，用 ε 表示。因此，齿轮连续传动的条件为

$$\varepsilon = \frac{\overline{B_1 B_2}}{p_b} \geqslant 1 \tag{6-12}$$

重合度 ε 与齿轮的模数无关，随着齿轮的齿数增多而增大。

重合度 ε 越大，表明同时参与啮合的轮齿的对数越多，传动越平稳，每对轮齿承受的

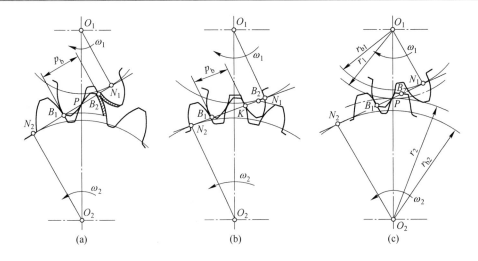

图 6-23 齿轮传动能否连续传动的对比

（a）$B_1B_2 = p_b$；（b）$B_1B_2 > p_b$；（c）$B_1B_2 < p_b$

载荷越小。因此，重合度 ε 是衡量齿轮传动性能的重要指标之一。

理论上，重合度 $\varepsilon = 1$，就能保证齿轮的连续传动。但在实际中，由于齿轮的制造、安装误差，齿轮受载时轮齿发生变形，必须使 $\varepsilon > 1$，才能保证传动的连续。

6.4.3 无侧隙传动条件

齿轮传动在正转与反转间转换时，如果轮齿之间有侧隙就会发生冲击和振动。要避免这种情况，就得无侧隙传动，即节圆 1 的齿厚等于节圆 2 的齿槽宽，节圆 1 的齿槽宽等于节圆 2 的齿厚。标准齿轮分度圆上的齿距由齿厚与齿槽宽平分，当两标准齿轮按分度圆相切来安装，则满足无侧隙传动条件，即实现标准安装，如图 6-24（a）和（b）所示。这时，实际中心距与标准中心距相等，实际啮合角与分度圆上的压力角相等。

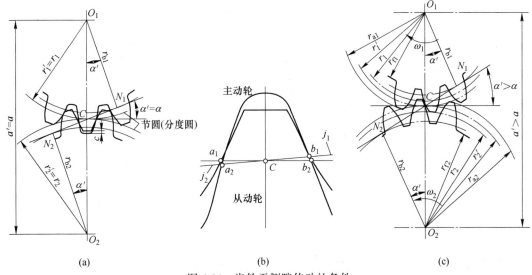

图 6-24 齿轮无侧隙传动的条件

（a）标准安装；（b）标准安装齿轮啮合处放大图；（c）非标准安装

$$标准安装\begin{cases} a' = r'_1 + r'_2 = r_1 + r_2 = \dfrac{m(z_1 + z_2)}{2} = a \\ \alpha' = \alpha \end{cases} \tag{6-13}$$

由于齿轮制造与安装的误差、齿轮受力、轴承磨损等，齿轮的实际中心距与标准中心距不一致，稍有变动。两轮的分度圆不再相切，这时节圆与分度圆不再重合，为齿轮的非标准安装，$a' > a$，齿侧有间隙，如图 6-24（c）所示。此时两齿轮的中心距与啮合角的关系为

$$a\cos\alpha = a\cos\alpha' \tag{6-14}$$

6.5 渐开线齿轮的切削加工与根切

齿轮的加工方法很多，如铸造、热轧、冲压、模锻、粉末冶金和切削法。

6.5.1 常用的渐开线齿轮加工方法

常用的切削法加工齿轮时，按切削原理不同，可分为仿形法和展成法两大类。

6.5.1.1 仿形法

用与齿槽的渐开线齿廓完全相同的成形铣刀在普通铣床上直接铣出轮齿齿廓的加工方法称为仿形法，如图 6-25 所示。仿形法加工齿轮分为切削与分度两个环节。模数小于 8mm 的齿轮常用盘式铣刀进行加工，如图 6-26 所示；当模数大于等于 8mm 时用指状铣刀加工齿轮，如图 6-27 所示。

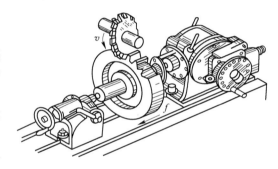

图 6-25 仿形法加工齿轮

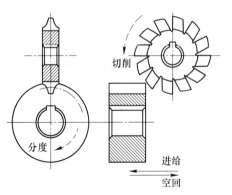

图 6-26 盘式铣刀加工齿轮

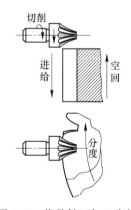

图 6-27 指状铣刀加工齿轮

齿轮齿廓渐开线的形状由基圆大小决定（$d_b = mz\cos\alpha$），基圆与模数、齿数、分度圆上的压力角三个参数相关，分度圆上的压力角国标规定为 20°。理论上，模数和齿数任一

参数发生变化，都应配备一把渐开线齿形准确的刀具。显然刀具数量庞大，经济性差还增加了刀具管理的难度。工程实践中，同一模数 m，只配 8 把或 15 把刀具，每把铣刀只有加工最小齿数时为准确齿形，加工其余齿数时则为近似齿形，见表 6-3。

表 6-3　圆盘铣刀加工齿数的范围

刀号	1	2	3	4	5	6	7	8
加工齿数范围	12~13	14~16	17~20	21~25	26~34	35~54	55~134	135 以上

仿形法加工具有成本低、生产效率低、齿形不准确的特点，适用于不高于 9 级精度、单件小批量或修配的齿轮生产。

6.5.1.2　展成法

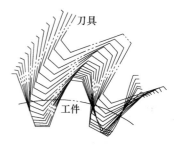

图 6-28　展成法加工原理

展成法是利用一对齿轮互相啮合时其齿廓互为包络线的原理来切齿的，如图 6-28 所示。一对啮合的齿轮，如果把其中一个齿轮做成刀具，刀具材质的力学性能明显优于工件材质，在啮合过程中，与刀具干涉的工件部分就被切削，工件成为了与刀具能正确啮合的齿轮。同一把刀具，可以加工相同模数、相同压力角、不同齿数的齿轮。

展成法加工的刀具经历了齿轮插刀、齿条插刀、齿轮滚刀的更新迭代，图 6-29 所示。本节以齿轮插刀为例说明展成法加工齿轮时刀具需要完成的运动。如图 6-30 所示，加工齿轮时，齿轮插刀与毛坯件需要完成转动、刀具凑近毛坯件至标准中心距的展成运动；齿轮轴向有一定的宽度，齿轮插刀需要完成插齿运动，保证毛坯件轴向全宽度切削；为了保护工件已切削表面，齿轮插刀需要完成让刀、回复的让刀运动。齿轮插刀复杂的运动方式，需要专用机床插齿机来完成。

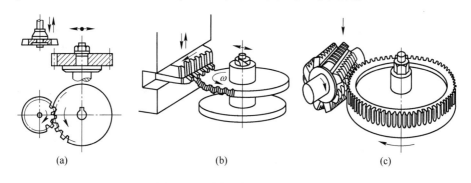

(a)　　　　　　　　　　(b)　　　　　　　　　　(c)

图 6-29　展成法加工的更新迭代

（a）齿轮插刀切制齿轮；（b）齿条插刀切制齿轮；（c）齿轮滚刀切制齿轮

展成法加工具有成本高、生产效率高、齿形准确的特点，适用于高于 9 级精度、批量生产的齿轮生产。

展成法加工时，如果刀具与毛坯件不是凑成标准中心距切制获得的齿轮，就是非标准齿轮、变位齿轮。

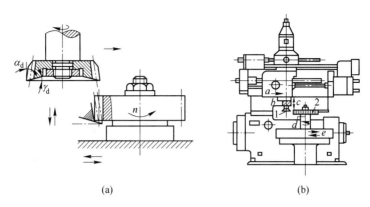

图 6-30   插齿机的运动方式

（a）插齿运动；（b）插齿机示意图

6.5.2   渐开线齿廓的根切

用展成法加工齿轮时，当实际极限啮合点超过理论极限啮合点时，如图 6-31 所示，刀具顶部切入齿轮的根部，将齿根部的渐开线切去一部分，如图 6-32 所示，这种现象称为根切。

根切削弱了轮齿的抗弯强度，减少了齿廓工作部分的长度，减小了齿轮传动的重合度，影响了齿轮传动的平稳性。因此，在设计制造齿轮时应力求避免发生根切。

用标准的齿条型刀具加工齿轮，避免根切的措施：实际极限啮合点不超过理论极限啮合点，如图 6-33 所示。

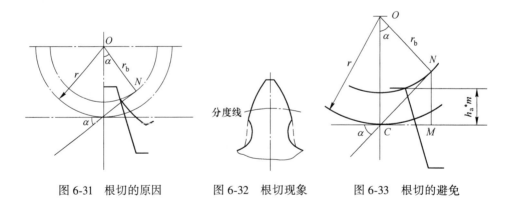

图 6-31   根切的原因   图 6-32   根切现象   图 6-33   根切的避免

即

$$h_a^* m \leqslant \overline{NM}$$

$\triangle CNM$ 中：

$$\overline{NM} = \overline{CN} \sin\alpha$$

$\triangle CNN$ 中：

$$\overline{CN} = \overline{OC} \sin\alpha = r \sin\alpha$$

故

$$\overline{NM} = r \sin^2\alpha = \frac{mz}{2} \sin^2\alpha$$

$$h_a^* m \leqslant \frac{mz}{2}\sin^2\alpha$$

$$z \geqslant \frac{2h_a^*}{\sin^2\alpha} \tag{6-15}$$

即 $z_{\min} = \dfrac{2h_a^*}{\sin^2\alpha}$，简称不发生根切的最小齿数。

对于正常齿制的标准直齿圆柱齿轮 $\alpha = 20°$，$h_a^* = 1$，即其不发生根切的最小齿数 $z_{\min} = 17$。

6.6　齿轮传动的失效形式与设计准则

设计齿轮传动要先知道齿轮传动的失效形式，分析产生失效的原因，建立齿轮传动的强度安全条件，利用强度安全条件来约束齿轮传动不发生对应的失效形式。

6.6.1　齿轮传动的失效形式

相互啮合的两轮齿接触时，齿面间产生脉动循环变化的应力。实践中，齿轮传动的失效主要发生在齿轮的轮齿部分。齿轮常见的失效形式有齿面疲劳点蚀、轮齿根部折断、齿面磨损、齿面胶合及齿面塑性变形 5 种形式。

6.6.1.1　齿面疲劳点蚀

在交变应力作用下，齿面上节线靠近根部附近出现微小的裂纹，封闭在裂纹中的润滑油在交变应力作用下，挤压扩展裂纹，当裂纹形成圈状后，从轮齿表面剥落，形成麻点，这种现象称为齿面的疲劳点蚀，如图 6-34 所示。齿轮轮齿发生齿面疲劳点蚀后，轮齿啮合精度和稳定性下降，引起冲击和噪声，导致齿轮传动失效。实验表明齿轮齿面疲劳点蚀易发生在齿根表面靠近节线处。

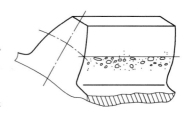

图 6-34　齿面疲劳点蚀

齿面疲劳点蚀常发生于润滑状态良好、齿面硬度不大于 350HBW 的闭式齿轮传动中。

6.6.1.2　轮齿根部折断

齿轮轮齿的力学模型，可以简化为悬臂梁，轮齿齿根处产生的弯曲应力最大，齿根处易出现折断现象。当轮齿受到冲击载荷或过载时，容易使轮齿从齿根处断裂，称为轮齿的过载折断。轮齿折断更普遍的原因，是轮齿在交变载荷作用下，齿根弯曲应力超过了齿根弯曲疲劳极限，裂纹先产生于齿根圆角处有微刀痕或微缺陷处，随着交变应力的施加次数增多，轮齿的裂纹逐渐延展，导致轮齿疲劳折断，如图 6-35 所示。轮齿根部疲劳折断常发生于润滑状态良好、齿面硬度大于 350HBW 的闭式齿轮传动中。

6.6.1.3　齿面磨粒磨损

齿面磨粒磨损是粉尘、金属微粒等进入啮合齿面间或者两齿轮间滑动摩擦导致划伤而

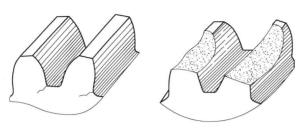

图 6-35　轮齿根部疲劳折断

引起的磨损。磨粒磨损将使轮齿失去正确的齿形，甚至齿厚磨薄最终导致轮齿折断，如图 6-36 所示。

6.6.1.4 齿面胶合

高速或低速重载传动时，啮合处不易形成油膜，使啮合处局部出现了高压、高温，两轮齿表面金属出现了相互粘结与撕裂，这种现象称为齿面胶合，齿轮失效，如图 6-37 所示。

6.6.1.5 齿面塑性变形

在低速重载、起动频繁、过载传动情况下，如果齿面较软，主、从动齿轮轮齿表层材料就会沿摩擦力方向产生塑性流动，在节线附近形成凹槽和凸脊，导致齿轮失效，如图 6-38 所示。

图 6-36　齿面磨粒磨损　　　　图 6-37　齿面胶合　　　　图 6-38　齿面塑性变形

6.6.2 齿轮传动的设计准则

闭式钢制齿轮分软齿面（齿面硬度不大于 350HBW）齿轮和硬齿面（齿面硬度大于 350HBW）齿轮两类。齿轮正常维护的情况下，闭式软齿面齿轮容易出现齿面疲劳点蚀失效，闭式硬齿面齿轮容易出现轮齿根部疲劳折断失效；在齿轮的简化设计中，用齿轮齿面接触疲劳强度约束齿轮不出现齿面疲劳点蚀失效，用齿轮齿根弯曲疲劳强度约束齿轮不出现轮齿根部疲劳折断失效。

因此，闭式渐开线圆柱齿轮传动的设计准则为：闭式软齿面齿轮按齿面接触疲劳强度进行设计，按齿根弯曲疲劳强度进行校核；闭式硬齿面齿轮按齿根弯曲疲劳强度进行设计，按齿面接触疲劳强度进行校核。

6.7　齿轮的材料及许用应力

6.7.1　齿轮的材料

选择齿轮材料的基本要求：（1）齿面有足够的硬度，抵抗齿面疲劳点蚀、齿面磨粒磨损、齿面胶合及齿面塑性变形等；（2）齿芯有足够的强度和较好的韧性，抵抗轮齿根部疲劳折断和冲击载荷；（3）良好的加工及热处理工艺性能。

常用的齿轮材料有锻钢、铸钢、铸铁，有时也用非金属材料。

（1）锻钢。锻钢具有强度高、韧性好、耐冲击、易热处理的特性，是制造齿轮的首选材料。

1）软齿面齿轮。软齿面齿轮，常用中碳钢和中碳合金钢，如45、50、40Cr、35SiMn等材料，进行调质或正火处理，用于强度与精度要求不高的传动中。一般小齿轮的齿面硬度比大齿轮的齿面硬度高 30~50HBW。

2）硬齿面齿轮。硬齿面齿轮，常用的材料为中碳钢或中碳合金钢，如45、40Cr、20Cr、20CrMnTi 等。硬齿面齿轮经表面热处理，可提高齿面硬度。一般用于高速、重载、精密的传动中。

（2）铸钢。当齿轮的尺寸较大（齿顶圆直径 d_a 大于 400mm）而不便于锻造时，可用铸造方法制成铸钢齿坯，再进行正火处理以细化晶粒。

（3）铸铁。低速、轻载场合的齿轮可以使用铸铁齿坯。

（4）非金属材料。一般用于高速、轻载和要求低噪声场合的齿轮传动。

齿轮常用材料及其力学性能见表6-4。

表 6-4　齿轮常用材料及其力学性能

类　别	材料牌号	热处理方法	抗拉强度 R_m/MPa	屈服强度 R_{eL} 或 $R_{p0.2}$/MPa	硬度
优质碳素钢	35	正火	500	270	150~180HBS
		调质	550	294	190~230HBS
	45	正火	588	294	169~217HBS
		调质	647	373	229~286HBS
		表面淬火			40~50HRC
	50	正火	628	373	180~220HBS
合金结构钢	40Cr	调质	700	500	240~258HBS
		表面淬火			48~55HRC
	35SiMn	调质	750	450	217~269HBS
		表面淬火			45~55HRC
	40MnB	调质	735	490	241~286HBS
		表面淬火			45~55HRC

类　别	材料牌号	热处理方法	抗拉强度 R_m/MPa	屈服强度 R_{eL} 或 $R_{p0.2}$/MPa	硬度
合金结构钢	20Cr	渗碳淬火后回火	637	392	56~62HRC
	20CrMnTi		1079	834	56~62HRC
	38CrMnAlA	渗氮	980	834	>850HV
铸　钢	ZG45	正火	580	320	156~217HBS
	ZG55		650	350	169~229HBS
灰铸钢	HT300		300		185~278HBS
	HT350		350		202~304HBS
球墨铸铁	QT600-3		600	370	190~270HBS
	Qt700-2		700	420	225~305HBS
非金属	夹布胶木		100		25~35HBS

6.7.2　许用应力

齿轮的许用应力 $[\sigma]$ 是试验齿轮在特定的实验条件下测得的齿轮的疲劳极限应力的修正值，其与材质及热处理、应力循环次数、安全系数相关。

齿面接触疲劳许用应力 $[\sigma_H]$（MPa）为

$$[\sigma_H] = \frac{\sigma_{Hlim} Z_N}{S_H} \qquad (6-16)$$

式中　σ_{Hlim}——齿面接触疲劳极限，MPa，如图 6-39 所示；

　　　Z_N——齿面接触疲劳寿命系数，如图 6-40 所示；

　　　S_H——齿面接触疲劳强度安全系数，见表 6-5。

齿根弯曲疲劳许用应力 $[\sigma_F]$（MPa）为

$$[\sigma_F] = \frac{\sigma_{Flim} Y_N}{S_F} \qquad (6-17)$$

式中　σ_{Flim}——齿根弯曲疲劳极限，MPa，如图 6-41 所示；

　　　Y_N——齿根弯曲疲劳寿命系数，如图 6-42 所示；

　　　S_F——齿根弯曲疲劳强度安全系数，见表 6-5。

齿面接触疲劳寿命系数 Z_N、齿根弯曲疲劳寿命系数 Y_N 与材料、应力循环次数 N 有关。应力循环次数 N 的计算公式为

$$N = 60njt_h \qquad (6-18)$$

式中　n——齿轮转速，r/min；

　　　j——齿轮每转一周，同侧齿面的啮合次数；

　　　t_h——齿轮的设计寿命，h。

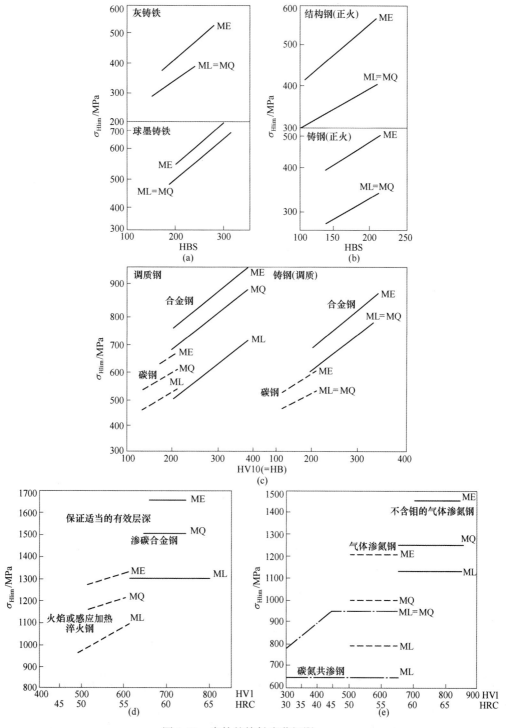

图 6-39 齿轮的接触疲劳极限 σ_{Hlim}

(σ_{Hlim}是指失效概率为1%，经持久疲劳试验确定试验齿轮的接触疲劳极限应力。图中 ME、MQ、ML 分别表示齿轮材料质量和热处理质量达到很高要求、中等要求、最低要求时的疲劳极限取值线。受材料成分、性能、热处理的影响，应力值不是定值。一般情况下，取 MQ 线的中间值)

(a) 铸铁；(b) 正火处理的结构钢和铸钢；(c) 调质处理的碳钢、合金钢及铸钢；
(d) 渗碳钢和表面硬化（火焰或感应加热淬火）钢；(e) 渗氮钢和碳氮共渗钢

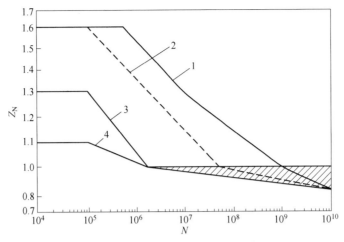

图 6-40　齿轮接触疲劳寿命系数 Z_N

1—允许一定点蚀时的结构钢，调质钢，球墨铸铁（珠光体、贝氏体），珠光体可锻铸铁，渗碳钢；2—结构钢，
调质钢，渗碳钢，火焰或感应加热淬火的钢，球墨铸铁（珠光体、贝氏体），珠光体可锻铸铁；
3—灰铸铁，球墨铸铁（铁素体），渗氮钢，调质钢，渗碳钢；4—碳氮共渗的调质钢和渗碳钢

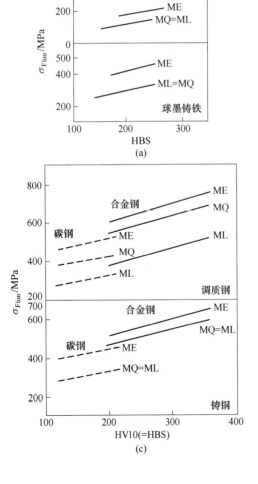

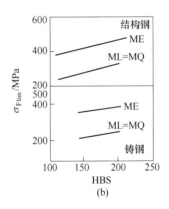

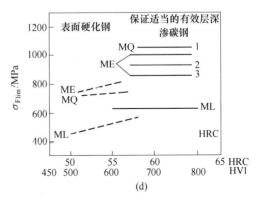

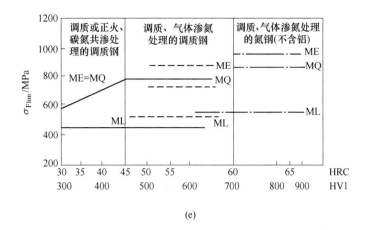

(e)

图 6-41 齿根弯曲疲劳极限 σ_{Flim}

（同 σ_{Hlim}，一般情况下，σ_{Flim} 取 MQ 线的中间值。对于受双向弯曲的轮齿，σ_{Flim} 应取图示值的 70%）

（a）铸铁；（b）正火处理的结构钢和铸钢；（c）调质处理的碳钢、合金钢及铸钢；

（d）渗碳钢和表面硬化（火焰或感应加热淬火）钢；（e）渗氮钢和碳氮共渗钢

1—芯部硬度大于 30HRC；2—芯部硬度大于 25HRC，淬透性 $J=12\text{mm}$ 时，芯部硬度大于 28HRC；

3—芯部硬度大于 25HRC，淬透性 $J=12\text{mm}$ 时，芯部硬度小于 28HRC

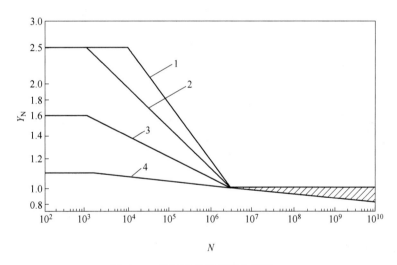

图 6-42 齿根弯曲疲劳寿命系数 Y_{N}

1—调质钢，珠光体、贝氏体球墨铸铁，珠光体可锻铸铁；2—渗碳淬火的渗碳钢，全齿廓火焰或感应加热淬火
的钢，球墨铸铁；3—渗氮钢，球墨铸铁（铁素体），结构钢，灰铸铁；4—碳氮共渗的调质钢、渗碳钢

表 6-5　齿轮传动的最小安全系数

安全系数	齿面类型		
	软齿面（齿面硬 不大于 350HBW）	硬齿面（齿面硬 大于 350HBW）	重要传动
S_{Hmin}	1.0~1.1	1.1~1.2	1.3~1.6
S_{Fmin}	1.2~1.4	1.4~1.6	1.6~2.2

6.8　直齿圆柱齿轮的传动设计

6.8.1　受力分析

对轮齿进行受力分析，可为齿轮传动的强度计算及支承齿轮的轴和轴承的计算提供数据。图 6-43 所示为一对标准直齿圆柱齿轮啮合传动时的受力情况。

齿轮啮合传动时，若忽略轮齿间的摩擦，则轮齿间存在着沿着法线方向的作用力，称为法向压力，用 F_n 表示。F_n 可以分解为两个力：切于圆周的切向力 F_t 和沿半径方向并指向轮心的径向力 F_r。

切向力，与 n_1 相反：

$$F_{t1} = \frac{2T_1}{d_1} \qquad (6-19)$$

径向力，指向轮心：

$$O_1: \ F_{r1} = F_{t1}\tan\alpha \qquad (6-20)$$

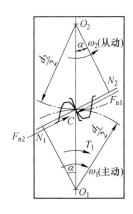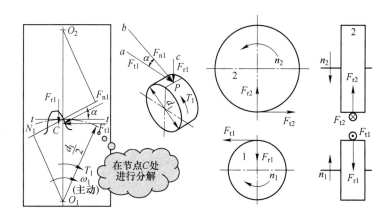

图 6-43　直齿圆柱齿轮传动的受力分析

根据作用力与反作用力原理，
切向力，与 n_2 相同：

$$F_{t2} = F_{t1} = \frac{2T_1}{d_1} \qquad (6-21)$$

径向力，指向轮心 O_2：

$$F_{r2} = F_{r1} = F_{t1} \cdot \tan\alpha \qquad (6-22)$$

式中　T_1——主动齿轮传递的转矩，N·mm，$T_1 = 9.55\times10^6 P_1/n_1$，主动齿轮传递的功率 P_1，kW，主动轮转速 n_1，r/min；

　　　d_1——主动齿轮的分度圆直径，mm；

　　　α——齿轮分度圆压力角，(°)。

6.8.2 计算载荷

计算齿轮强度时，考虑实际工况中轴和轴承的变形、齿轮机构中各零件的制造误差和安装误差导致的载荷不均匀、附加动载荷的影响，通常用计算载荷 F_c 代替理论载荷 F_n。

$$F_c = KF_n \tag{6-23}$$

式中　K——载荷系数，见表6-6；

　　　F_n——齿轮受到的理论载荷，法向压力，N。

表6-6　齿轮传动的载荷系数 K

载荷状态	工作机举例	电动机	多缸机
平稳轻微冲击	均匀加料的输送机、发电机、压缩机、机床辅助传动	1.0~1.2	1.2~1.6
中等冲击	不均匀加料的输送机、重型卷扬机、球磨机	1.2~1.6	1.6~1.8
较大冲击	冲床、剪床、钻机、挖掘机、破碎机	1.6~1.8	1.9~2.1

注：斜齿、圆周速度低、传动精度高、齿宽系数小时取小值，直齿、圆周速度高、传动精度低时取大值。齿轮在轴承间不对称布置时取大值。

6.8.3 直齿圆柱齿轮传动的强度计算

6.8.3.1 齿面接触疲劳强度计算

A　校核公式

钢制标准直齿圆柱齿轮齿面接触疲劳强度的校核公式为

$$\sigma_H = 671\sqrt{\frac{KT_1}{\psi_d d_1^3} \cdot \frac{u \pm 1}{u}} \leqslant [\sigma_H] \tag{6-24}$$

式中　σ_H——齿面接触疲劳应力，MPa；

　　　K——载荷系数，查表6-6；

　　　T_1——主动齿轮的转矩，N·mm；

　　　u——齿数比，$u = z_2/z_1$，"+"用于外啮合齿轮，"－"用于内啮合齿轮；

　　　ψ_d——齿宽系数，$\psi_d = b/d_1$，查表6-7，b 为齿轮的宽度，mm；

　　　d_1——主动齿轮分度圆直径，mm；

　　　$[\sigma_H]$——齿面接触疲劳许用应力，MPa。

B　设计公式

$$d_1 \geqslant \sqrt[3]{\left(\frac{671}{[\sigma_H]}\right)^2 \frac{KT_1}{\psi_d} \cdot \frac{u \pm 1}{u}} \tag{6-25}$$

C　注意事项

(1) 齿面接触疲劳强度设计公式和校核公式中的常数671，仅适用于钢对钢的情况。若是钢对灰铁，常数为671×0.85；灰铁对灰铁，常数为671×0.76。

(2) 一对齿轮啮合时，两齿面的接触应力是相等的，即 $\sigma_{H1} = \sigma_{H2}$；因两轮的材料或热处理不同，其许用接触应力不相等，即 $[\sigma_{H1}] \neq [\sigma_{H2}]$，在进行齿面接触疲劳强度

计算时应将 $[\sigma_{H1}]$、$[\sigma_{H2}]$ 中的较小值代入公式计算。

（3）d_1、T_1 为主动齿轮的数据。

6.8.3.2　齿根弯曲疲劳强度计算

A　校核公式

$$\sigma_{F1} = \frac{2KT_1}{bmd_1}Y_{FS1} = \frac{2KT_1}{\psi_d z_1^2 m^3}Y_{FS1} \leqslant [\sigma_{F1}] \tag{6-26}$$

$$\sigma_{F2} = \sigma_{F1}\frac{Y_{FS2}}{Y_{FS1}} \leqslant [\sigma_{F2}] \tag{6-27}$$

式中　σ_F——齿根弯曲疲劳应力，MPa；

　　　　z_1——主动齿轮的齿数；

　　　　m——齿轮的模数，mm；

　　　　Y_{FS}——齿轮的齿形系数，查表 6-7；

　　　　$[\sigma_F]$——齿根弯曲疲劳许用应力，MPa。

表 6-7　齿形系数 Y_{FS}

$z(z_v)$	17	18	19	20	21	22	23	24	25	26	27	28	29
Y_{FS}	4.51	4.45	4.41	4.36	4.33	4.30	4.27	4.24	4.21	4.19	4.17	4.15	4.13
$z(z_v)$	30	35	40	45	50	60	70	80	90	100	150	200	∞
Y_{FS}	4.12	4.06	4.04	4.02	4.01	4.00	3.99	3.98	3.97	3.96	4.00	4.03	4.06

注：1. 对斜齿圆柱齿轮和直齿锥齿轮，按当量齿数 z_v 查表。

　　2. 对表中未列出的齿数的齿形系数，可以用插值法求出其所对应的齿形系数。

B　设计公式

$$m \geqslant \sqrt[3]{\frac{2KT_1}{z_1^2 \psi_d} \cdot \frac{Y_{FS}}{[\sigma_F]}} \tag{6-28}$$

C　注意事项

（1）计算两齿轮 σ_F 时，z、T 都为小轮的参数，只变换齿形系数 Y_{FS}。

（2）齿根弯曲疲劳强度校核公式中的齿宽 b，为齿轮接触的有效宽度，为 b_2。

（3）一对齿轮相啮合时，大、小齿轮的齿数不同，两齿轮的齿形系数 Y_{FS} 也不同，$Y_{FS1} \neq Y_{FS2}$，所以两齿轮的齿根弯曲疲劳应力不同，$\sigma_{F1} \neq \sigma_{F2}$；一般两齿轮材质与热处理有差异，两齿轮的 $[\sigma_F]$ 也不同。校核齿根弯曲疲劳强度时，应该两齿轮分开计算，同时满足强度条件。

（4）设计计算时，为减少计算量，可将 $\dfrac{Y_{FS}}{[\sigma_F]}$ 较大者代入公式计算。

6.8.4　齿轮传动参数的选择

6.8.4.1　齿数

闭式软齿面齿轮传动，主要保证齿面接触疲劳强度。增加齿数可以增大齿轮传动的重合度，同时降低了模数、齿高，减小了齿轮重量，降低了加工成本，有利于提高轮齿齿面接触疲劳强度，可取 $z_1 = 20 \sim 40$。

闭式硬齿面齿轮传动，主要保证齿根的弯曲疲劳强度。选取较少的齿数，增大模数，有利于提高齿轮齿根的弯曲疲劳强度，考虑需要避免发生根切，一般取 $z_1 = 17 \sim 20$。

6.8.4.2 模数

在满足轮齿弯曲疲劳强度的条件下，宜取大齿数 z 和小模数 m。但模数 m 的减小，会导致轮齿抗弯强度降低，所以对传递动力的齿轮，为防止意外断齿，应保证模数 $m \geqslant 2mm$。

6.8.4.3 齿宽系数

当齿宽一定时，增大齿宽系数可减小齿轮直径和传动中心距，降低齿轮的圆周速度。但当齿轮直径一定时，齿宽系数越大，齿宽就越大，导致载荷沿齿宽分布更加不均匀。对于一般机械，可按表 6-8 选取。

表 6-8 齿宽系数 ψ_d

齿轮相对于轴承的位置	齿 面 硬 度	
	软齿面（齿面硬度不大于 350HBW）	硬齿面（齿面硬度大于 350HBW）
对称布置	0.8 ~ 1.4	0.4 ~ 0.9
非对称布置	0.6 ~ 1.2	0.3 ~ 0.6
悬臂布置	0.3 ~ 0.4	0.2 ~ 0.25

注：大齿轮的齿宽 $b_2 = \psi_d d_1$，加以圆整。为防止两轮因装配后轴向错位而减少啮合宽度，小齿轮齿宽 b_1 应在大齿轮齿宽 b_2 的基础上增大 $5 \sim 10mm$，即 $b_1 = b_2 + (5 \sim 10) mm$。

6.8.5 齿轮传动的设计步骤

齿轮传动的设计步骤如下：

（1）选择齿轮材料及热处理方法。

（2）设计计算。运用齿轮传动的设计准则，计算选择齿轮传动的主参数。

1）对于闭式软齿面齿轮传动，其主要失效形式为齿面疲劳点蚀，所以按齿面接触疲劳强度确定小齿轮的分度圆直径 d_1，选择齿数 z，再校核齿根弯曲疲劳强度。

2）对于闭式硬齿面齿轮传动，其主要失效形式为轮齿的弯曲疲劳折断，所以按齿根弯曲疲劳强度确定模数 m 与齿数 z，再校核齿面接触疲劳强度。

（3）计算齿轮的几何尺寸。

（4）确定齿轮的结构形式和结构尺寸。

（5）绘制齿轮工作图。

6.9 平行轴斜齿圆柱齿轮

6.9.1 平行轴斜齿圆柱齿轮齿面的形成及啮合特点

渐开线直齿圆柱齿轮的齿廓曲面是发生面与基圆圆柱相切于基圆圆柱母线，当发生面沿基圆圆柱做纯滚动时，发生面上与基圆圆柱母线平行的直线 KK 在空间走过的渐开线曲面。渐开线直齿圆柱齿轮啮合时，齿面的接触线总是沿着全齿宽同时进入啮合或同时退出啮合的，轮齿上的载荷沿齿宽也是突然加载和突然卸载的，所以直齿圆柱齿轮传动的平稳性较差，一般不适用于高速、重载的传动，如图 6-44 所示。

平行轴渐开线斜齿圆柱齿轮的齿廓曲面是发生面与基圆圆柱相切，当发生面沿基圆圆柱做纯滚动时，与基圆圆柱母线的夹角为 β_b 斜直线 KK 在空间走过的渐开线曲面。夹角 β_b 称为斜齿圆柱齿轮在基圆柱上的螺旋角。平行轴渐开线斜齿圆柱齿轮啮合时，齿面的接触线是逐渐进入，逐渐增长，逐渐缩短，逐渐脱离啮合的，因此传动比较平稳，如图 6-45 所示。

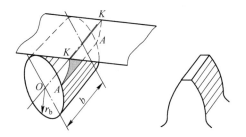

图 6-44　直齿圆柱齿轮渐开线齿面的形成

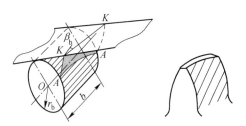

图 6-45　斜齿圆柱齿轮渐开线齿面的形成

6.9.2　斜齿圆柱齿轮的主要参数

斜齿轮的轮齿齿廓为渐开线螺旋面，在垂直于齿轮轴线的端面上和垂直于齿廓螺旋面的法面上有不同的参数，所有的端面参数下标为 t，所有的法面参数下标为 n。斜齿轮的端面是标准的渐开线，但仿形法加工时刀具的选择、受力分析时，都是在法面上选择参数，所以平行轴斜齿圆柱齿轮以法面参数为标准值，设计、加工时，也以法面参数为基准。

（1）齿数 z。

（2）螺旋角 β。

在分度圆柱上，螺旋线与轴线的夹角 β 称为分度圆柱面上的螺旋角，常用它来表示斜齿轮轮齿的倾斜程度。如图 6-46 所示为斜齿圆柱齿轮分度圆柱面展开图，螺旋线展开成一直线。由

$$\left.\begin{array}{l} \tan\beta = \dfrac{\pi d}{p_z} \\[3mm] \tan\beta_b = \dfrac{\pi d_b}{p_z} \end{array}\right\}$$

推出公式

$$\tan\beta_b = \tan\beta \cdot \cos\alpha_t \qquad\qquad (6\text{-}29)$$

螺旋角 β 通常在设计时取 $\beta = 8° \sim 25°$。齿轮按其齿廓渐开螺旋面的旋向，可分为右旋和左旋两种。

（3）法面模数 m_n 和端面模数 m_t。

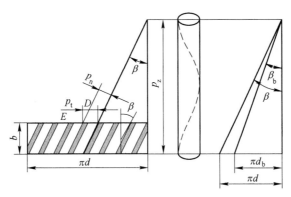

图 6-46　斜齿轮螺旋角 β 与基圆螺旋角 β_b 的关系

图 6-47 所示为斜齿圆柱齿轮的分度圆柱面的展开图，法向齿距 p_n 和端面齿距 p_t 之间的关系为

$$p_n = p_t \cos\beta \qquad (6-30)$$

因 $p = \pi m$，法向齿距和端面齿距与模数的关系分别为 $p_n = \pi m_n$，$p_t = \pi m_t$，代入式 (6-30)，法向模数 m_n 和端面模数 m_t 之间的关系为

$$m_n = m_t \cos\beta \qquad (6-31)$$

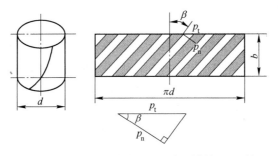

图 6-47　斜齿轮法面模数 m_n 和端面模数 m_t 的关系

（4）法面压力角 α_n 和端面压力角 α_t。

斜齿条齿廓为平面，齿条齿廓的法面压力角各处相等，端面压力角各处相等，所以将斜齿圆柱齿轮简化为斜齿条，得到法面压力角 α_n 和端面压力角 α_t 的关系，如图 6-48 所示。

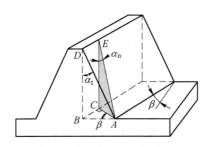

图 6-48　斜齿条法面压力角 α_n 和端面压力角 α_t 的关系

在图 6-48 所示的斜齿条中，平面 ABD 在端面上，平面 ACE 在法面上，$\angle ACB = 90°$。在直角 $\triangle ABD$、$\triangle ACE$ 及 $\triangle ABC$ 中，

$$\tan\alpha_t = \frac{AB}{BD} \tag{6-32}$$

$$\tan\alpha_n = \frac{AC}{CE} \tag{6-33}$$

$$AC = AB\cos\beta \tag{6-34}$$

$$BD = CE \tag{6-35}$$

式（6-32）~式（6-35）联立，有

$$\tan\alpha_n = \tan\alpha_t \cdot \cos\beta \tag{6-36}$$

（5）齿顶高系数、顶隙系数在法面与端面的换算关系。

无论从法向或从端面来看，轮齿的齿顶高都是相同的，顶隙也是相同的，即

$$h_{an}^* m_n = h_{at}^* m_t \tag{6-37}$$

$$c_n^* m_n = c_t^* m_t \tag{6-38}$$

将 $m_n = m_t\cos\beta$ 代入式（6-37）和式（6-38），即可得到

$$h_{at}^* = h_{an}^* \cos\beta \tag{6-39}$$

$$c_t^* = c_n^* \cos\beta \tag{6-40}$$

6.9.3　平行轴斜齿圆柱齿轮的当量齿数

仿形法加工、受力分析计算相关的环节需要按斜齿圆柱齿轮法面相关的参数来分析计算，这就需要找出一个与斜齿圆柱齿轮法面齿形相当的直齿圆柱齿轮，用相对完善的直齿圆柱齿轮相关的参数进行相关的分析计算，这个假想的直齿圆柱齿轮即斜齿圆柱齿轮的当量齿轮，其齿数称为斜齿圆柱齿轮的当量齿数。

如图 6-49 所示，斜齿圆柱齿轮的分度圆柱被过任意齿厚中点 C 的法向平面 n-n 剖开后，得到一个椭圆。以该椭圆 C 点的曲率半径 ρ 为半径作假想直齿圆柱齿轮的分度圆，以斜齿圆柱齿轮法向齿形假想直齿圆柱齿轮。此假想的直齿圆柱齿轮的齿数即为当量齿数，用 z_v 表示。当量齿数 z_v 与斜齿圆柱齿轮的齿数 z 之间的关系为

$$z_v = \frac{z}{\cos^3\beta} \tag{6-41}$$

$\cos^3\beta < 1$，当量齿数 z_v 必定大于斜齿圆柱齿轮的实际齿数 z，所以采用斜齿圆柱齿轮可以得到更紧凑的传动结构。当量齿数 z_v 是计算值，不需要圆整。

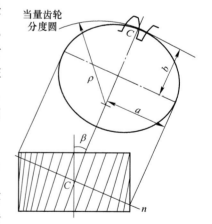

图 6-49　斜齿圆柱齿轮的
当量齿数推导

当用仿形法加工斜齿圆柱齿轮时，需要用当量齿数选择刀具；做斜齿圆柱齿轮的强度计算时，需要用当量齿数选择齿形系数；计算斜齿圆柱齿轮不发生根切的最小齿数时，需要用当量齿数确定不发生根切的最小齿数。

6.9.4 平行轴斜齿圆柱齿轮能正确啮合的条件

一对平行轴渐开线斜齿圆柱齿轮传动的正确啮合条件为：

（1）两斜齿圆柱齿轮的法面模数相等；

（2）两斜齿圆柱齿轮的法面压力角相等；

（3）两斜齿圆柱齿轮的螺旋角大小相等，外啮合时旋向相反（"–"号），内啮合时旋向相同（"+"号），如图6-50所示。

$$\left.\begin{array}{l} m_{n1} = m_{n2} = m_n \\ \alpha_{n1} = \alpha_{n2} = \alpha_n \\ \beta_1 = \pm\beta_2 \end{array}\right\} \qquad (6\text{-}42)$$

右旋　　左旋

图6-50　一对正确外啮合的斜齿圆柱齿轮

6.9.5 平行轴斜齿圆柱齿轮传动的重合度

如图6-51所示，因为斜齿圆柱齿轮轮齿的走向与齿轮轴线不平行，斜齿圆柱齿轮传动的重合度 ε 由两部分组成，端面重合度和纵向重合度，因此斜齿齿轮比同等条件下的直齿圆柱齿轮天然地多出由 ΔL 产生的纵向重合度。斜齿圆柱齿轮传动的重合度 ε 随齿宽 b 和螺旋角 β 的增大而增大，因此斜齿圆柱齿轮传动比直齿圆柱齿轮传动更平稳、承载能力更高。

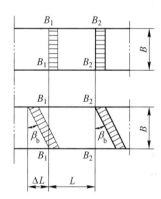

6.9.6 斜齿轮的几何尺寸计算

斜齿圆柱齿轮的啮合在端面上，相当于一对直齿圆柱齿轮的啮合。在端面上

图6-51　斜齿圆柱齿轮的重合度大

$$d = m_t z = \frac{m_n}{\cos\beta}z \qquad (6\text{-}43)$$

斜齿轮的几何尺寸计算，见表6-9。

表6-9　标准斜齿圆柱齿轮的几何尺寸计算公式（$h_{an}^* = 1$，$c_n^* = 0.25$）

名称	代号	计 算 公 式
法面模数	m_n	与直齿圆柱齿轮 m 相同。由强度计算决定
螺旋角	β	$\beta_1 = -\beta_2$，一般 $\beta = 8° \sim 25°$
端面模数	m_t	$m_t = \dfrac{m_n}{\cos\beta}$
端面压力角	α_t	$\tan\alpha_t = \dfrac{\tan\alpha_n}{\cos\beta}$
分度圆直径	d	$d = \dfrac{m_n}{\cos\beta}z$

名称	代号	计　算　公　式
法面齿距	p_n	$p_n = \pi n_n$
齿顶高	h_a	$h_a = m_n$
齿根高	h_f	$h_f = 1.25 m_n$
全齿高	h	$h = h_a + h_f$
齿顶圆直径	d_a	$d_a = d + 2h_a = m_n \left(\dfrac{z}{\cos\beta} + 2 \right)$
齿根圆直径	d_f	$d_f = d - 2h_f = m_n \left(\dfrac{z}{\cos\beta} - 2.5 \right)$
中心距	a	$a = \dfrac{1}{2}(d_1 + d_2) = \dfrac{m_n}{2\cos\beta}(z_1 + z_2)$

6.10　直齿锥齿轮传动

　　锥齿轮的轮齿均匀分布在截圆锥体上，齿形从大端到小端逐渐收缩。锥齿轮有直齿、斜齿、曲线齿之分，直齿最常用，斜齿渐被曲线齿取代。和圆柱齿轮相比，制造精度低，传动时噪声大，平稳性差，不适于高速。

　　锥齿轮轴交角可以为任意角度，最常用的为 90°。本节讨论轴交角为 90° 的直齿锥齿轮传动，如图 6-52 所示。常用于轴系转换方向。

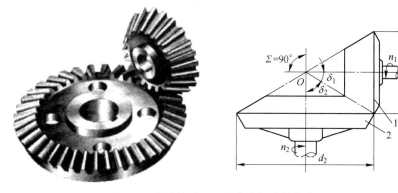

图 6-52　轴交角为 90° 的直齿锥齿轮传动
1—主动齿轮；2—从动齿轮

6.10.1　直齿锥齿轮的渐开线齿廓曲面的形成

　　直齿锥齿轮齿廓曲面的形成与圆柱齿轮类似。如图 6-53 所示，发生平面与基圆圆锥相切并做纯滚动，该平面上过锥顶点 O 的任一直线 OR 的轨迹即为渐开锥面。渐开锥面与以 O 为球心锥长 R 为半径的球面的交线 AB 即为球面渐开线，是锥齿轮的大端的渐开线齿廓曲线。球面无法展开成为平面，因此产生了一种代替球面渐开线的近似方法，用球面渐开线在背锥上投影得到的齿形，作为圆锥齿轮的实际齿廓。所谓圆锥齿轮的背锥就是在齿轮的分度圆处与球面渐开线所在的球面相切的圆锥，如图 6-54 所示。

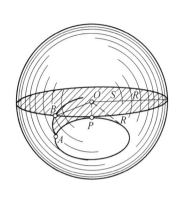

图 6-53 球面渐开线的形成

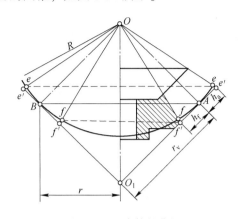

图 6-54 锥齿轮的背锥

6.10.2 直齿锥齿轮传动的主要参数

直齿圆锥齿轮的几何参数与直齿圆柱齿轮类似，但变成了圆锥：分度圆锥、齿顶圆锥、齿根圆锥、基圆锥，如图 6-55 所示。

为便于制造和测量，也便于确定机构的外廓尺寸，直齿圆锥齿轮取大端参数为标准参数，几何尺寸计算也以大端为基准。其基本参数有锥距 R、锥角 δ、齿数 z、大端模数 m、大端压力角 $\alpha = 20°$，齿顶高系数 $h_a^* = 1$；$c^* = 0.25$（当 $m \leqslant 1\text{mm}$ 时），$c^* = 0.2$（当 $m > 1\text{mm}$ 时）。锥齿轮模数见表 6-10。

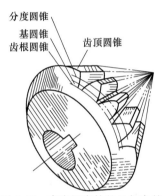

图 6-55 直齿锥齿轮的几何参数

表 6-10 锥齿轮模数 （mm）

0.1	0.35	0.9	1.75	3.25	5.5	10	20	36
0.12	0.4	1	2	3.5	6	11	22	40
0.15	0.5	1.125	2.25	3.75	6.5	12	25	45
0.2	0.6	1.25	2.5	4	7	14	28	50
0.25	0.7	1.375	2.75	4.5	8	16	30	—
0.3	0.8	1.5	3	5	9	18	32	—

注：本表摘自《锥齿轮模数》（GB/T 12368—1990）。

6.10.3 直齿锥齿轮的当量齿数

如图 6-56 所示，背锥 O_1AC 和背锥 O_2BC 啮合可以近似地替代球面上两锥齿轮大端的渐开线齿廓啮合，将两背锥展开成平面扇形不完全齿轮，补全成圆形齿轮，这样得到的平面渐开线齿轮称为对应锥齿轮的当量圆柱齿轮，其齿数称为当量齿数 z_v。当量齿数 z_v 与锥齿轮齿数的关系是

$$z_v = \frac{z}{\cos\delta} \tag{6-44}$$

锥齿轮当量齿数的用法与用途与斜齿圆柱齿轮的当量齿数相似。

6.10.4 直齿锥齿轮正确啮合条件

一对直齿锥齿轮的正确啮合条件为：

（1）两直齿锥齿轮的大端模数相等；

（2）两直齿锥齿轮的大端压力角相等；

（3）保证两个齿轮的锥距相等（锥顶重合）。

即

$$\left.\begin{array}{l} m_1 = m_2(大端) \\ \alpha_1 = \alpha_2(大端) \\ R_1 = R_2 \end{array}\right\} \tag{6-45}$$

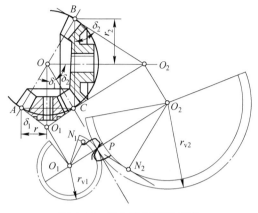

图 6-56 锥齿轮的当量齿轮

6.10.5 直齿锥齿轮的几何尺寸计算

直齿锥齿轮按顶隙不同，可分为不等顶隙收缩齿制和等顶隙收缩齿制，如图 6-57 所示。不等顶隙收缩齿制两齿轮啮合时，顶隙由大端到小端逐渐减小；等顶隙收缩齿制两齿轮啮合时，顶隙由大端到小端保持不变。等顶隙收缩齿制的直齿锥齿轮的齿顶圆锥与分度圆锥的锥顶隙不重合，可以避免锥齿轮小端齿顶过尖，提高了锥齿轮小端的强度；而且两齿轮啮合时小端顶隙较大，可以改善润滑条件，因此等顶隙收缩齿制的锥齿轮传动被广泛使用。

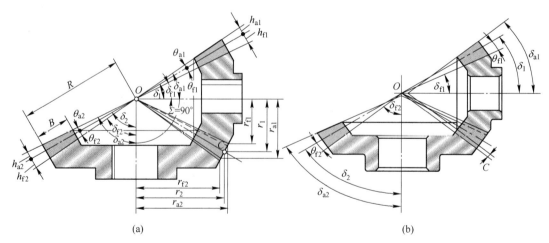

(a)   (b)

图 6-57 锥齿轮的几何尺寸

（a）不等顶隙收缩齿制；（b）等顶隙收缩齿制

轴交角 $\Sigma = 90°$ 的标准直齿锥齿轮机构中，传动比：

$$i = \frac{\omega_1}{\omega_2} = \frac{z_2}{z_1} = \frac{d_2}{d_1} = \frac{\sin\delta_2}{\sin\delta_1} = \tan\delta_2 = \cot\delta_1 \tag{6-46}$$

标准直齿锥齿轮各部分名称及几何尺寸计算公式，见表 6-11。

表 6-11 标准直齿锥齿轮传动的几何参数及尺寸（$\Sigma = 90°$）

名　　称	代号	计算公式	
		小齿轮	大齿轮
分锥角	δ	$\delta_1 = \arctan(z_1/z_2)$	$\delta_2 = 90° - \delta_1$
齿顶高	h_a	$h_a = h_a^* m = m$	
齿根高	h_f	$h_f = (h_a^* + c^*)m = 1.2m$	
分度圆直径	d	$d_1 = mz_1$	$d_2 = mz_2$
齿顶圆直径	d_a	$d_{a1} = d_1 + 2h_a\cos\delta_1$	$d_{a2} = d_2 + 2h_a\cos\delta_2$
齿根圆直径	d_f	$d_{f1} = d_1 - 2h_f\cos\delta_1$	$d_{f2} = d_2 - 2h_f\cos\delta_2$
锥距	R	$R = \dfrac{m}{2}\sqrt{z_1^2 + z_2^2}$	
齿根角	θ_f	$\tan\theta_f = h_f/R$	
顶锥角	δ_a	$\delta_{a1} = \delta_1 + \theta_f$	$\delta_{a2} = \delta_2 + \theta_f$
根锥角	δ_f	$\delta_{f1} = \delta_1 - \theta_f$	$\delta_{f2} = \delta_2 - \theta_f$
顶隙	c	$c = c^* m$（一般取 $c^* = 0.2$）	
分度圆齿厚	s	$s = \pi m/2$	
当量齿数	z_v	$z_{v1} = z_1/\cos\delta_1$	$z_{v2} = z_2/\cos\delta_2$
齿宽	B	$B \leqslant R/3$（取整）	

注：当 $m \leqslant 1\text{mm}$ 时，$c^* = 0.25$，$h_f = 1.25m$。

6.11 齿轮的结构设计

齿轮的结构和结构尺寸主要是根据工艺和结构要求，按经验公式确定的。常用的齿轮结构形式有齿轮轴、实体式齿轮、腹板式齿轮和轮辐式齿轮。

6.11.1 齿轮轴

如图 6-58 所示，当齿轮径向厚度最薄处，圆柱齿轮的齿根圆至键槽顶部的径向距离 $e \leqslant (2\sim2.5)m_n$，或当锥齿轮小端的齿根圆至键槽顶部的径向距离 $e \leqslant (1.6\sim2)m$ 时，为使啮合时齿轮强度足够，应将齿轮与轴设计成一体，称为齿轮轴，如图 6-59 所示。

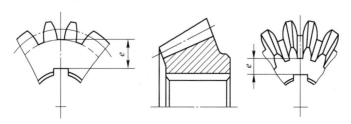

图 6-58 齿轮径向最薄处 e

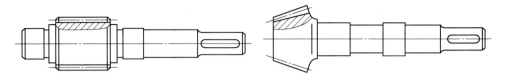

图 6-59   齿轮轴

6.11.2   实体式齿轮

如图 6-60 所示，当齿轮齿顶圆直径 $d_a \leqslant$ 200mm 时，齿轮与轴分别制造，制成锻造实体齿轮。

6.11.3   腹板式齿轮

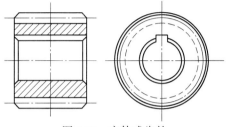

图 6-60   实体式齿轮

当齿轮的齿顶圆直径 $d_a = 200 \sim 500$mm 时，为了减轻重量和节省材料，可采用腹板式锻钢制造结构，如图 6-61 所示。

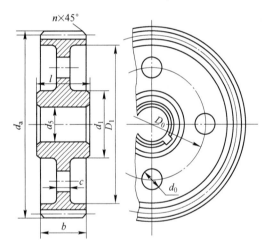

$d_1 = 1.6 d_a$（d_a 为轴径）

$D_0 = \dfrac{1}{2}(D_1 + d_1)$

$D_1 = d_a - (10 \sim 12) m_n$

$d_0 = 0.25(D_1 - d_1)$

$c = 0.3b$

$l = (1.2 \sim 1.3) d_a \geqslant b$

$n = 0.5m$

(a)

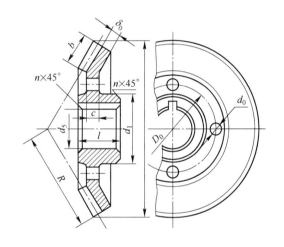

$d_1 = 1.6 d_a$（铸钢）

$d_1 = 1.8 d_a$（铸铁）

$l = (1 \sim 1.2) d_a$

$c = (0.1 \sim 0.17) l > 10$mm

$\delta_0 = (3 \sim 4) m > 10$mm

D_0 和 d_0 根据结构确定

(b)

图 6-61   腹板式齿轮

6.11.4 轮辐式齿轮

当齿轮齿顶圆直径 $d_a > 500mm$ 时，可制成轮辐式铸钢或铸铁结构，如图6-62所示。

$d_1 = 1.6d_a$(铸钢)
$d_1 = 1.8d_a$(铸铁)
$D_1 = d_a - (10 \sim 12)m_n$
$h = 0.8d_a$
$h_1 = 0.8h$
$c = 0.2h$
$s = \dfrac{h}{6}$ (不小于10mm)
$l = (1.2 \sim 1.5)d_a$
$n = 0.5m_n$

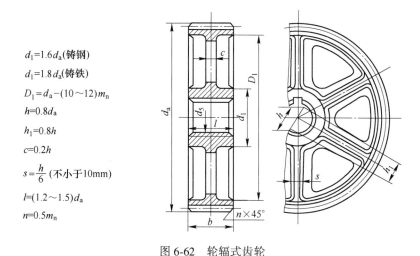

图6-62 轮辐式齿轮

6.12 齿轮传动的润滑

润滑有减少摩擦和磨损、降低噪声、帮助散热、减少锈蚀等功能。

闭式齿轮传动的润滑方式有浸油润滑和喷油润滑两种，一般根据齿轮的圆周速度确定润滑方式。

6.12.1 浸油润滑

当齿轮的分度圆圆周速度 $v < 12m/s$ 时，通常将大齿轮浸入油池中进行润滑，称为浸油润滑或油浴润滑。大齿轮转动时把润滑油带到齿轮啮合区域，同时也将润滑油甩到箱壁上散热。为保证润滑充分且搅油损耗低，当 v 较大（$v > 0.5m/s$）时，齿轮浸入油中的深度一般为一个齿高，至少为10mm。在多级齿轮传动中，可采用带油轮将油带到未浸入油池内的齿轮的齿面上，如图6-63所示。

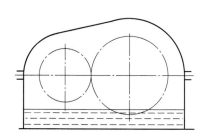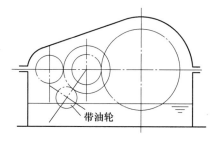

带油轮

图6-63 浸油润滑

6.12.2　喷油润滑

当齿轮的圆周速度 $v > 12\text{m/s}$ 时，应采用喷油润滑，如图 6-64 所示。

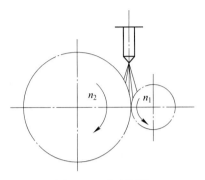

图 6-64　喷油润滑

思 考 题

6-1　齿轮传动的特点是什么？齿轮传动的传动比计算公式是什么？

6-2　直齿圆柱齿轮的参数有哪些？正确啮合条件是什么？

6-3　什么是斜齿圆柱齿轮的当量齿轮？当量齿轮有何作用？

6-4　渐开线直齿圆柱齿轮的设计步骤是什么？

6-5　已知一对标准齿制的标准渐开线直齿圆柱齿轮，$m = 2\text{mm}$、$z_1 = 24$、$z_2 = 40$、$\alpha = 20°$。

    求：

    （1）两齿轮的分度圆半径、齿根圆半径、齿顶圆半径和基圆半径；

    （2）该对齿轮传动的中心距。

7 轴

轴是机器的重要组成部分。轴的主要功能是支承传动零件并与之一起回转以传递运动和扭矩（见图7-1）。轴的工作状态直接影响机器的性能和质量。

图 7-1 轴

7.1 轴的分类及设计

7.1.1 轴的分类

7.1.1.1 按承受载荷的不同分类

根据轴工作时承受载荷的不同，轴分为心轴、转轴和传动轴3类。

A 心轴

只承受弯矩而不传递扭矩的轴称为心轴，心轴用来支承传动零件。它又可分为固定心轴和转动心轴。

（1）固定心轴：工作时不转动，轴上承受的弯曲应力是不变的（为静应力状态）。如自行车的前轮轴（见图7-2）。

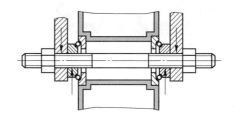

图 7-2 自行车前轴-固定心轴

（2）转动心轴：工作时随工件一起转动，轴上承受的弯曲应力按对称循环的规律变化。如火车车厢的支承轴（见图 7-3）。

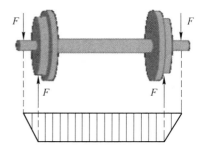

图 7-3　火车轮轴-转动心轴

B　转　轴

转轴既传递扭矩，又承受弯矩，是机器中常用的一种轴。如齿轮减速器的输出轴（见图 7-4）。

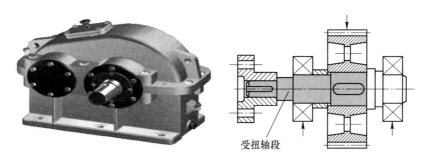

受扭轴段

图 7-4　齿轮减速器的转轴

C　传　动　轴

传动轴以传递扭矩为主，不承受弯矩或承受很小的弯矩，仅起传递动力的作用。如汽车的传动轴（见图 7-5）。

图 7-5　汽车的传动轴

7.1.1.2　按轴线形状不同分类

根据轴线形状不同，轴分为直轴、曲轴和软轴 3 类。其中，直轴应用最广。

A 直轴

直轴根据外形不同，可分为光轴和阶梯轴两种。

光轴：形状简单，加工容易，应力集中源少，主要用作传动轴（见图7-6）。

阶梯轴：阶梯轴各截面的直径不等，这种设计使各轴段的强度相近，而且便于轴上零件的装拆和固定，因此阶梯轴在机器中应用最为广泛（见图7-7）。

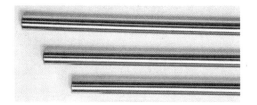

图7-6 光轴

图7-7 阶梯轴

另外，直轴又可分为实心轴和空心轴。空心轴往往是大直径轴，设计成空心轴可以减轻轴的质量，且在相同质量下，空心轴比实心轴的刚度高，同时空心轴的内孔中还可以输送液体或装电线、装工件。如动车组的 M 车轴(见图7-8)就是空心轴，其内孔中充满润滑油。

图7-8 动车组的空心轴

B 曲轴

曲轴用于活塞式发动机、空气压缩机等机械中，能把活塞的往复运动变为曲轴的旋转运动，或把曲轴的旋转运动变为活塞的往复运动（见图7-9）。

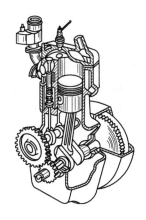

图7-9 发动机曲轴

C　软轴

软轴又称挠性轴，用于在两个物体之间彼此不固定地传递旋转运动和扭矩（见图7-10）。

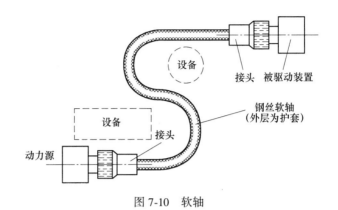

图 7-10　软轴

钢丝挠性轴通常是由几层紧贴在一起的钢丝层构成的（见图 7-11），可以把扭矩和运动灵活地传递到任何位置。

万向轴节式挠性轴由许多轴节连成，可适应轴的弯曲，节数越多则挠性越大（见图7-12）。

钢丝软轴的绕制

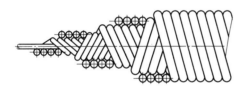

图 7-11　钢丝软轴

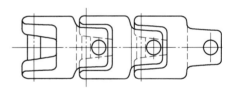

图 7-12　万向轴节式挠性轴

弹簧式软轴为一长圆柱螺旋弹簧，一头装有各种工具，以进行不同的作业（见图 7-13）。

7.1.2　轴的材料及选择

轴的主要失效形式为疲劳断裂，轴的材料应具有较好的强度、韧性和耐磨性。

图 7-13　弹簧式软轴

轴的材料主要是碳钢和合金钢（见表 7-1）。轴的毛坯一般采用碾压件和锻件，很少采用铸件。由于碳素钢比合金钢成本低，且对于应力集中敏感度较低，同时也可以通过热处理提高其耐磨性和抗疲劳强度，因此碳素钢得到广泛应用。

7.1.2.1　碳素钢

碳素钢对应力集中的敏感性小、价格较便宜，应用广泛。

表 7-1 轴的常用材料及其力学性能

材料牌号	热处理类型	毛坯直径 d/mm	硬度 (HBW)	力学性能/MPa			应用说明
				抗拉强度 R_m	屈服强度 R_{eL}	弯曲疲劳强度 γ_m	
Q235A		≤20		440	235	200	受载较小或不重要的轴
Q275		≤40		580	275	230	
35	正火	≤100	143~187	530	315	210	一般轴
45	正火	≤100	170~217	600	355	275	要求强度高、韧性中等的轴。用途最广
45	调质	≤200	217~255	650	360	300	
20Cr	渗碳→淬火→回火	≤60	表面 56~62HRC	650	400	280	要求强度和韧性均较高的轴
35SiMn 42SiMn	调质	≤100	229~286	785	510	350	代替 40Cr，用作中小型轴
		>100~300	217~269	736	441	318	
40CrMnMo	调质	≤100	229~286	736	588	358	用于重载的轴
		>100~300	217~269	686	539	331	
40Cr	调质	≤100	241~286	736	539	344	用于载荷大且无很大冲击的重要轴
QT400-15			156~197	400	380	180	制造形状复杂的轴
QT600-3			197~269	600	420	215	

常用的碳素钢有 30 钢、40 钢、45 钢，其中最常用的是 45 钢。为保证轴材料的力学性能，一般进行调质或正火处理。

轴受载荷较小或用于不重要场合时，可用普通碳素结构钢（如 Q235A、Q275 等）作为轴的材料。

7.1.2.2 合金钢

对于承受较大载荷、要求强度高、结构紧凑或耐磨性较好的轴，可采用合金钢。

中碳合金钢，如 35SiMn、42SiMn、40CrMnMo、40Cr，其中多用 40Cr，一般要进行调质处理。

低碳合金钢，如 20Cr，热处理工艺一般是渗碳→淬火→回火。

应当指出，当尺寸相同时，在常温下采用合金钢不能提高轴的刚度，因为在一般情况下各种钢的弹性模量相差不多，用合金钢代替碳素钢不能提高轴的刚度；而合金钢对应力集中的敏感性较高，价格较贵。

7.1.2.3 铸铁

轴也可以采用合金铸铁和球墨铸铁制造，其毛坯是铸造成型的，所以易于得到更合理的形状。合金铸铁和球墨铸铁的吸振性高，可用热处理方法提高材料的耐磨性，材料对应力集中的敏感性也较低，可用于制造外形复杂的轴，如内燃机中的曲轴。但铸造品质不易控制，韧性差，可靠性较差。

7.1.3　轴的设计要求与设计方法

7.1.3.1　轴设计应满足的要求

轴设计应满足如下要求：

（1）应具有足够的强度和足够的刚度，保证轴能正常工作。

（2）应具有合理的结构和良好的工艺性，以便于轴上零件的定位和装拆，便于轴的制造。

（3）应具有良好的振动稳定性和耐磨性。

（4）成本最低。

7.1.3.2　轴的设计

通常现场对于一般轴的设计方法有类比法和设计计算法两种。

A　类比法

类比法是根据轴的工作条件，选择与其相似的轴进行类比及结构设计，画出轴的零件图。用类比法设计轴一般不进行强度计算。由于完全依靠现有资料及设计者的经验进行轴的设计，设计结果比较可靠、稳妥，同时又可加快设计进程，因此类比法较为常用，但有时这种方法也会带有一定的盲目性。

B　设计计算法

用设计计算法设计轴的一般步骤为：

（1）根据轴的工作条件选择材料，确定许用应力。

（2）按扭转强度估算出轴的最小直径。

（3）设计轴的结构，绘制出轴的结构草图。具体内容包括以下几点：

1）根据工作要求确定轴上零件的位置和固定方式；

2）确定各轴段的直径；

3）确定各轴段的长度；

4）根据有关设计手册确定轴的结构细节，如圆角、倒角、退刀槽等的尺寸。

（4）按弯扭合成进行轴的强度校核。一般在轴上选取 2~3 个危险截面进行强度校核。若危险截面强度不够或强度裕度太大，则必须重新修改轴的结构。

（5）修改轴的结构后再进行校核计算。这样反复交替地进行校核和修改，直至设计出较为合理的轴的结构。

（6）绘制轴的零件图。

需要指出的是：1）一般情况下设计轴时不必进行轴的刚度、振动、稳定性等校核。如需进行轴的刚度校核时，也只做轴的弯曲刚度校核。2）对用于重要场合的轴、高速转动的轴应采用疲劳强度校核计算方法进行轴的强度校核。具体内容可查阅《机械设计手册》的有关资料。

7.2 轴的结构设计

7.2.1 最小轴径的估算

由于设计时，往往轴上零件的位置、轴的支点位置尚未确定，无法求出弯矩。因此，一般先按扭矩 T 来估算最小轴径，估算时将许用扭转切应力 $[\tau]$ 降低，以考虑弯矩的影响。轴的结构设计完成后，再根据实际弯矩和扭矩进行校核。轴的扭转切应力为

$$\tau = \frac{T}{W} = \frac{9.55 \times 10^6 P}{0.2 d^3 n} \leqslant [\tau] \tag{7-1}$$

式中　τ——轴的扭转切应力，MPa；

T——轴传递的扭矩，N·mm；

W——抗扭截面模量，mm^3，对于圆轴 $W = 0.2 d^3$；

P——轴传递的功率，kW；

d——轴径，mm；

n——轴的转速，r/min；

$[\tau]$——轴的许用扭转切应力，MPa。

对于转轴，估算最小轴径时应考虑弯矩对轴强度的影响，因此轴的许用扭转切应力 $[\tau]$ 应适当降低。由式（7-1）可得设计公式为

$$d \geqslant \sqrt[3]{\frac{9.55 \times 10^6}{0.2 [\tau]}} \sqrt[3]{\frac{P}{n}} = C \sqrt[3]{\frac{P}{n}} \tag{7-2}$$

式中，C 值为由材料和承载情况决定的常数（见表 7-2）。

表 7-2　常用材料的 $[\tau]$ 和 C 值

轴的材料	Q235, Q275, 20	35	45	40Cr, 35SiMn, 40CrMnMo, 20CrMnTi
$[\tau]$/MPa	12~20	20~30	30~40	40~52
C	135~160	118~135	107~118	98~107

注：1. 轴上所受弯矩较小或只受扭矩时，C 取较小值，否则取较大值。

2. 用 Q235、Q275、35SiMn 材料时，C 取较大值。

3. 轴上开一个键槽时，C 值增大 4%~5%；开两个键槽时，C 值增大 7%~10%。

最小轴径确定时，可结合整体设计将式（7-2）所得直径圆整为标准直径或与相配合零件（如联轴器、带轮等）的孔径相吻合的数值。

7.2.2 轴的结构设计

7.2.2.1 轴的结构设计要求

图 7-14 为一阶梯转轴的结构简图。通常，把轴与传动部件配合的轴段称为轴头；把轴与轴承配合的轴段称为轴颈，其余段称为轴身。轴肩与轴环为阶梯轴上截面尺寸变化的

部位，其中一个尺寸变化最大称为轴环（见图7-14）。

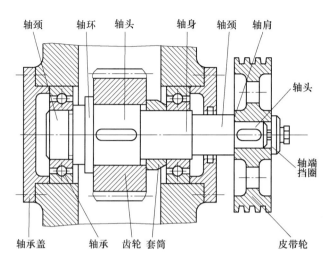

图 7-14   阶梯转轴的结构简图

轴的结构没有标准的形式，应视具体情况设计，但都应满足如下要求：

（1）轴和轴上零件要有准确的工作位置（轴向和周向定位与固定）；

（2）轴上零件要便于拆装和调整；

（3）合理布局轴的受力位置，提高轴的刚度和强度；

（4）轴应有良好的加工工艺性。

7.2.2.2 轴的结构设计步骤

轴的结构设计步骤如下。

（1）拟订轴上零件的装配方案。

轴上零件的装配方案不同，则轴的结构形状也不相同。设计时可拟订几种装配方案，进行分析与选择。在满足设计要求的情况下，轴的结构应力求简单。

以下是带式输送机一级直齿圆柱齿轮减速器中高速轴的三个装配方案及分析。

图 7-15 轴承采用机油飞溅润滑，齿轮与轴分开制造，齿轮与带轮均从轴的左端装入，轴段⑤最粗。该方案较常采用。如果轴承采用脂润滑，齿轮两侧轴段④和⑥可以直接设计成挡油环结构。

图 7-16 齿轮与轴分开制造，齿轮从轴的右端装入，带轮从轴的左端装入，轴段⑤最粗。该方案也有采用。

图 7-17 齿轮与轴一体，结构简单，强度和刚度高，但工艺性较差，轴与齿轮同时失效。适用于轴的直径接近齿根圆直径的情况。

（2）轴上零件的定位和固定。

（3）各轴段直径和长度的确定。

（4）轴的其他结构细节。

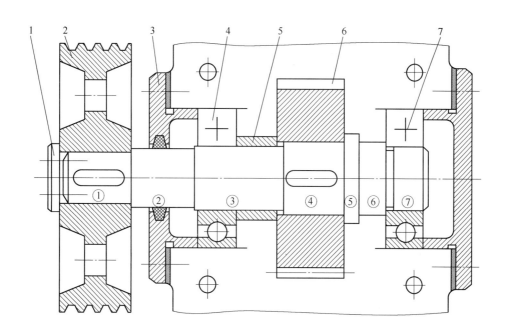

图 7-15　装配方案一

1—挡圈；2—带轮；3—透盖；4,7—轴承；5—轴套；6—齿轮

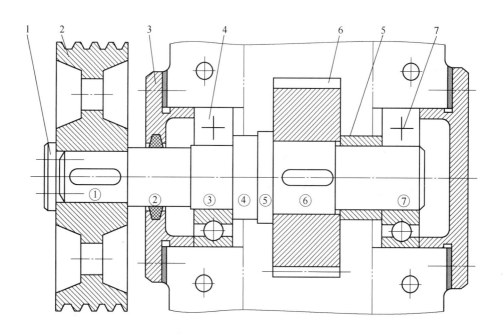

图 7-16　装配方案二

1—挡圈；2—带轮；3—透盖；4,7—轴承；5—轴套；6—齿轮

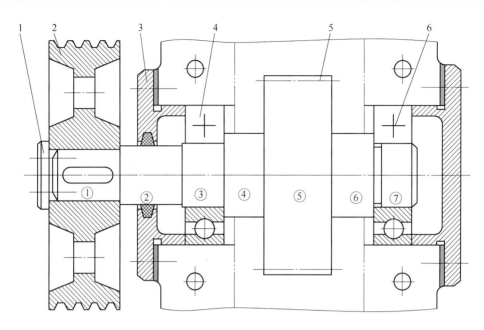

图 7-17　装配方案三

1—挡圈；2—带轮；3—透盖；4，6—轴承；5—齿轮

7.2.3　轴上零件的定位与固定

　　轴上零件的定位与固定是两个不同的概念。定位是为了保证传动零件在轴上有准确的安装位置，如对于锥齿轮传动，安装时，要求相互啮合的两个锥齿轮的锥顶要重合，因此轴的结构要保证锥齿轮能够准确地定位在合适的轴向位置上。而固定则是为了保证轴上零件在运转中保持原位不变，承受轴上零件施加的载荷。但定位与固定这两者之间又有联系。设计轴的结构时，通常使轴的同一部位既起定位作用，又起固定作用。按轴上零件定位与固定的方向不同，可分为轴向定位与固定、周向定位与固定。

7.2.3.1　轴上零件的周向定位与固定

　　周向定位的目的是限制轴上零部件相对于轴的转动，以传递运动和扭矩。通常采用键、花键、过盈配合、成形联接等。轴上零部件常用的周向定位与固定方法见表7-3。

表 7-3　轴上零部件常见的周向定位与固定方法

定位与固定方法	简　　图	特点与应用
键	>1:100	平键对中性好，可用于较高精度、高转速及冲击或变载荷作用的场合。楔键不适于要求严格对中、有冲击载荷及高速回转的场合，但能承受单向轴向力

定位与 固定方法	简　图	特点与应用
花键		承载能力高，对中性和导向性好，但制造困难，成本高
过盈配合		结构简单，对中性好，承载能力高，同时起轴向固定作用，不适于经常拆卸的场合。常与平键联合使用，以承受大的循环、振动和冲击载荷
非圆成形面		成形联接，可承受大载荷，对中性好，但制造困难；方形联接，多用于轴端和手动机构中，对中性差
胀套		对中性好，压紧力可以调整，多次拆卸仍能保持良好的配合性质，但结构复杂

7.2.3.2　轴上零件的轴向定位与固定

轴向定位的目的是限制轴上零件相对于轴的轴向移动，使其准确可靠地处在正确的位置上，以保证机器正常工作。轴上零件常用的轴向定位方法有：轴肩、套筒、轴端挡圈、圆螺母、轴承端盖等。

（1）轴肩和轴环定位（见图 7-18）。结构简单，方便可靠，可承受较大轴向力，最为常用。为了准确定位，轴肩根部圆角应小于轴上零件孔端圆角或倒角尺寸，轴肩高度则应大于轴上零件孔端圆角或倒角尺寸，可取 $h = (0.07 \sim 0.1)d$，d 为配合处轴的直径，一般定位轴肩的高度大于 2mm 即可实现定位与固定。

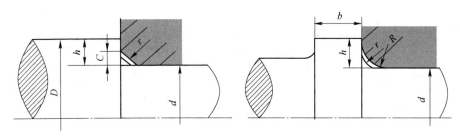

图 7-18　轴肩和轴环定位

（2）套筒定位（见图7-19）。多用于轴上两个零件之间距离不大或不便于加工出轴肩的地方。此时，应保证套筒与被定位零件可靠接触。

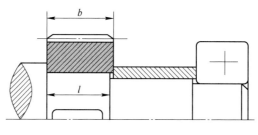

图 7-19　套筒定位

（3）弹性挡圈定位（见图7-20）。结构简单，适用于无轴向力或轴向力较小的情况。轴上的沟槽会引起应力集中，削弱轴的强度。挡圈是国家标准件，可查阅《机械设计手册》选取。

（4）圆螺母定位（见图7-21）。能承受较大的轴向力，但轴上须加工螺纹，适用于轴向力较大或两零件间距离较大时的定位。圆螺母与止动垫圈是国家标准件，可查阅《机械设计手册》选取。

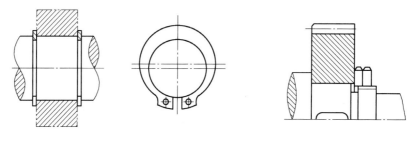

图 7-20　弹性挡圈定位　　　　　　　　　图 7-21　圆螺母定位

（5）圆锥形轴端与压板定位（见图7-22）。定位可靠，装拆方便，适用于经常装拆或有冲击的场合。

（6）圆柱形轴端与轴端挡圈定位（见图7-23）。定位可靠，方便，常用。

（7）紧定螺钉定位（见图7-24）。承受的轴向力较小，不适用于高速。

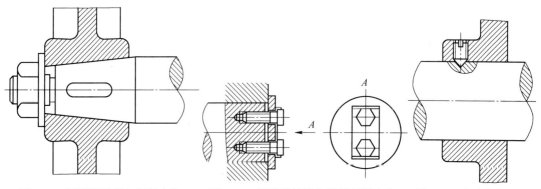

图 7-22　圆锥形轴端与压板定位　　　图 7-23　圆柱形轴端与轴端挡圈定位　　　图 7-24　紧定螺钉定位

7.2.4　轴的工艺性

进行轴的结构设计时，不仅要使轴的各部分具有合理的形状和尺寸，同时还应使轴的结构形式便于加工、便于轴上零件的装卸与维修。其主要要求是：

（1）为了便于装配零件并去掉毛刺，轴端应制出45°的倒角。

（2）需要切制螺纹的轴段，应留有退刀槽（见图7-25）。

（3）需要磨削加工的轴段，应留有砂轮越程槽（见图7-26）。

（4）为了减少装夹工件的时间，当轴上有两个以上的键槽时，键槽的宽度应尽可能一致，并布置在同一母线上。

（5）为了减少加工刀具种类和提高劳动生产率，轴上直径相近处的圆角、倒角、键槽宽度、砂轮越程槽宽度和退刀槽宽度等应尽可能采用相同的尺寸。

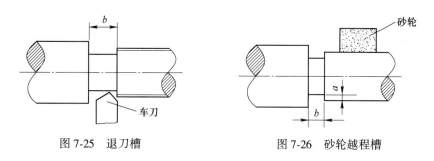

图7-25　退刀槽　　　　　　　　　图7-26　砂轮越程槽

7.2.5　提高轴的强度的常用措施

提高轴的强度的常用措施如下。

（1）合理布置轴上传动零部件的位置，以减小轴的载荷。

（2）合理设计轴上零部件的结构，以减小轴的载荷。图7-27为起重机卷筒两种布置方案。图7-27（a）中大齿轮和卷筒联成一体，扭矩经大齿轮直接传递给卷筒，故卷筒轴只受弯矩而不传递扭矩。图7-27（b）中轴同时受弯矩和扭矩作用。故载荷相同时，图7-27（a）结构轴的直径要小。

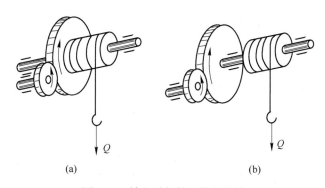

(a)　　　　　　　　　　　　　　(b)

图7-27　轴上零部件的结构设计

（a）大齿轮与卷筒一体；（b）大齿轮与卷筒分体

（3）减小轴上的应力集中。轴径突变处尽量采用大的过渡圆角，若轴肩为定位轴肩，且不允许大的圆角过渡时，可采用过渡肩环或内凹圆角。

（4）改进轴的表面质量。降低表面粗糙度值，采取表面强化措施。

7.3   轴的强度计算

当完成轴的结构设计后，应根据轴的具体结构和载荷分布情况对轴的强度和刚度进行校核计算。

7.3.1   轴的受力简化模型

摒弃与轴的强度、刚度校核无关的因素，对轴的结构和载荷进行简化，建立轴的受力简化模型，将轴简化为简支梁、外伸梁或悬臂梁（见图 7-28）。轴和轴上零件的自重可忽略不计。作用于轴上的力简化为集中力，作用于传动部件轮毂中点与轴承宽度的中点（见图 7-29）。支座反力的作用点随轴承类型、布置方式不同而不同，作轴的受力分析时，先近似简化至轴承宽度中点（见图 7-30）。

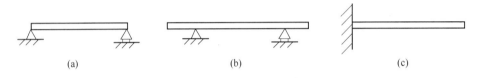

（a）   （b）   （c）

图 7-28   轴的受力简化模型

（a）简支梁；（b）外伸梁；（c）悬臂梁

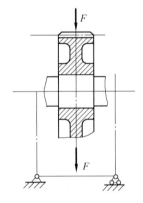

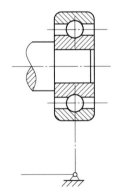

图 7-29   传动零部件受力简化   图 7-30   支承零部件受力简化

7.3.2   轴的强度计算准则

轴的强度计算准则：转轴按弯扭合成进行强度计算；心轴按弯曲强度进行计算；传动轴按扭转强度进行计算。

7.3.3 轴的强度计算

机器中最为常见的轴为转轴,以转轴为例,说明轴的强度计算;心轴与传动轴不赘述。转轴具体的计算步骤如下:

(1) 画出轴的空间受力图。将受力图分解为水平面受力图与垂直面受力图,并求出各支点的支点反力。

(2) 求关键点的弯矩,分别作出水平面上的弯矩图和垂直面上的弯矩图。

(3) 计算关键点的合成弯矩 $M = \sqrt{M_H^2 + M_V^2}$,作出合成弯矩图。

(4) 作出扭矩图。

(5) 根据第三强度理论,计算关键点当量弯矩 $M_e = \sqrt{M^2 + (\alpha T)^2}$,作出当量弯矩图。式 $M_e = \sqrt{M^2 + (\alpha T)^2}$ 中 α 为考虑弯曲正应力与扭矩切应力循环特性而引入的修正系数。通常弯曲正应力为对称循环变化的应力。扭转切应力随工况的变化而变化。

对于不变的扭矩, $\alpha = \dfrac{[\sigma_{-1b}]}{[\sigma_{+1b}]} \approx 0.3$;对于脉动循环扭矩, $\alpha = \dfrac{[\sigma_{-1b}]}{[\sigma_{0b}]} \approx 0.6$;对于对称循环扭矩,如频繁正反转的轴, $\alpha = 1$ 。不能确切地知道扭转切应力的循环特性时,按脉动循环处理。

$[\sigma_{-1b}]$ 、 $[\sigma_{0b}]$ 、 $[\sigma_{+1b}]$ 分别为对称循环、脉动循环与静应力下轴的许用弯曲应力,其值列于表 7-4。

表 7-4 轴的许用弯曲应力 (MPa)

材料	抗拉强度 R_m	许用弯曲静应力 $[\sigma_{+1b}]$	脉动循环许用弯曲应力 $[\sigma_{0b}]$	对称循环许用弯曲应力 $[\sigma_{-1b}]$
碳素钢	400	130	70	40
	500	170	75	45
	600	200	95	55
	700	230	110	65
合金钢	800	270	130	75
	900	300	140	80
	1000	330	150	90
	1200	400	180	110
铸钢	400	100	50	30
	500	120	70	40

(6) 确定轴的危险截面,校核危险截面强度。其公式为

$$\sigma_e = \frac{M_e}{W} = \frac{1}{W}\sqrt{M^2 + (\alpha T)^2} = \frac{10\sqrt{M^2 + (\alpha T)^2}}{d^3} \leq [\sigma_{-1b}] \qquad (7-3)$$

式中　σ_e——当量弯曲应力，MPa；

　　　W——轴的抗弯截面系数，mm^3；

　　　M_e——当量弯矩，N·mm；

　　　M——弯矩，N·mm；

　　　T——扭矩，N·mm；

　　　α——应力循环特征修正系数，无量纲；

　　　d——所求应力处横截面的轴径，mm；

　　$[\sigma_{-1b}]$——许用弯曲应力，MPa。

7.3.4　轴的刚度计算

当轴的刚度不够时，轴会产生过大的变形而影响轴系的正常工作，因此对于有刚度要求的轴要进行轴的刚度校核。轴的弯曲变形以挠度 y 和偏转角 θ 来度量，轴的扭转变形以扭转角 ψ 来度量，具体计算内容可查阅《机械设计手册》的有关资料。

7.4　轴的设计实例

例 7-1　设计带式输送机传动方案（见图 7-31）中一级直齿圆柱齿轮减速器的从动轴 Ⅱ 轴。

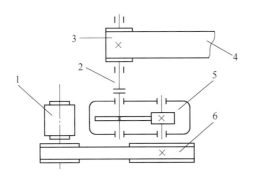

图 7-31　带式输送机的传动方案

1—电动机；2—联轴器；3—滚筒；4—输送带；5—一级直齿圆柱齿轮减速器；6—带传动

分析：

从设计实例计算中，已知齿轮轴 Ⅰ 轴 $T_1 = 335358$N·mm，$d_1 = 95$mm；从动轴 Ⅱ 轴传递功率 $P_2 = 10.05$kW；从动齿轮转速 $n_2 = 76.59$r/min；分度圆直径 $d_1 = 84$mm，$d_2 = 340$mm；齿轮轮毂宽度 $b_1 = 100$mm，$b_2 = 95$mm，工作时单向运转，轴承为深沟球轴承（类比法，根据经验规定轴承宽度 B 为 20mm，机箱轴承座孔的长度 L 为 60mm）。

分析确定从动轴 Ⅱ 轴的结构设计方案（见图 7-32）。

由一级直齿圆柱齿轮减速器的装拆实验中，看到从动轴 Ⅱ 轴需要完成两大功能：同从动齿轮、联轴器装配完成动力的输入与输出；同对深沟球轴承装配完成轴系在机箱上的支撑。滚动轴承的润滑方式为脂润滑，为防止齿轮油浴润滑时飞溅的高温油液冲刷、稀释润滑脂，需要在滚动轴承内侧设置挡油环。

从动轴Ⅱ轴的结构需要能完成与齿轮、半个联轴器、一对滚动轴承、一对挡油环的安装与拆卸配合，和这些装配部件的定位与固定。

从动轴Ⅱ轴直径从小至大，分别是 d_{21}、d_{22}、d_{23}、d_{24}、d_{25}、d_{23} 段，对应的轴长分别为 l 加直径角标。

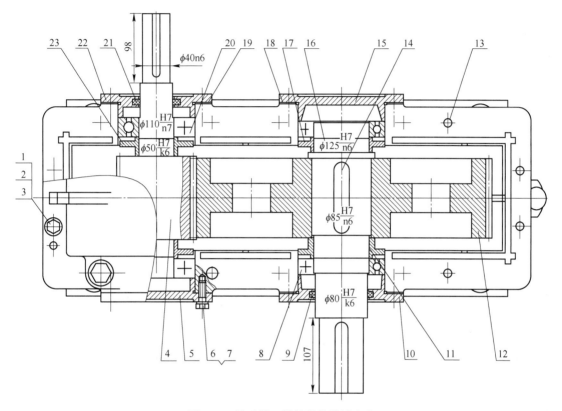

图 7-32 从动轴Ⅱ轴的结构设计方案

1—螺栓 M12×35；2—垫圈 12；3—螺母 M12；4—高速齿轮轴Ⅰ轴；5—Ⅰ轴堵盖；6—螺栓 M10×10；7—垫圈 10；8—滚动轴承 6016；9—毡圈 75；10—Ⅱ轴透盖；11—Ⅱ轴挡油环；12—低速齿轮；13—销 10×30；14—键 22×14×100；15—Ⅱ轴堵盖；16—低速轴Ⅱ轴；17—Ⅱ轴挡油环；18—Ⅱ轴调整垫片；19—Ⅰ轴调整垫片；20—滚动轴承 6310；21—毡圈 50；22—Ⅰ轴透盖；23—Ⅰ轴挡油环

解：

1. 选材

一级直齿圆柱齿轮减速器为中小功率的通用机械，查表 7-1，使用应用广泛的 45 钢调质，保证轴的力学性能。

2. 轴径初估

查式（7-2）可知

$$d'_{21} \geq C \sqrt[3]{\frac{P_2}{n_2}} \qquad (7\text{-}4)$$

查表 7-2，$C = 107 \sim 118$，取 $C = 110$；

代入式（7-4），有

$$d'_{21} \geqslant 110 \times \sqrt[3]{\frac{10.05}{76.59}}$$

$$= 55.90\text{mm}$$

考虑轴上装配齿轮、联轴器，应有两个键槽，考虑键槽对轴的有效横截面积的削弱，轴径扩大 7% ~ 10%，有

$$d''_{21} = d'_{21} \times (1.07 \sim 1.1)$$

$$= 55.90 \times (1.07 \sim 1.1)$$

$$= 59.81 \sim 61.49\text{mm}$$

减速器低速轴 II 轴与工作机之间连接用的联轴器，转速低，扭矩大，工作机有振动冲击，为了减小振动，缓和冲击，选用弹性柱销联轴器。查《机械设计手册》，圆整轴的直径与联轴器轴孔直径匹配，取 $d_{21} = 63\text{mm}$，与联轴器匹配的轴的长度 $l_{d_{21}} = 106\text{mm}$。

3. 轴的结构设计

从动轴 II 直径从小至大，分别是 d_{21}、d_{22}、d_{23}、d_{24}、d_{25}、d_{23} 段。

初估跨度：

$$L_{11} = \frac{b_1}{2} + 15 + 12 + \frac{B}{2}$$

$$= \frac{100}{2} + 15 + 12 + \frac{20}{2}$$

$$= 87\text{mm}$$

$$L_{22} = \frac{l_{d_{21}}}{2} + 35 + 60 + 15 + \frac{b_1}{2}$$

$$= \frac{106}{2} + 35 + 60 + 15 + \frac{100}{2}$$

$$= 213\text{mm}$$

定位轴肩 $h = (0.07 \sim 0.1)d$，确定各段轴径。

$$d_{21} = 63\text{mm}$$

$$h_{21} = (0.07 \sim 0.1)d_{21}$$

$$= (0.07 \sim 0.1) \times 63$$

$$= 4.41 \sim 6.3\text{mm}$$

$$d'_{22} = d_{21} + 2h_{21}$$

$$= 63 + 2 \times (4.41 \sim 6.3)$$

$$= 71.82 \sim 75.6\text{mm}$$

$$取 d_{22} = 75\text{mm}$$

$$d_{23} = 80\text{mm}(5 的倍数)$$

$$d_{24} = 85\text{mm}$$

$$h_{24} = (0.07 \sim 0.1)d_{24}$$
$$= (0.07 \sim 0.1) \times 85$$
$$= 5.95 \sim 8.5 \text{mm}$$
$$d'_{25} = d_{24} + 2h_{24}$$
$$= 85 + 2 \times (5.95 \sim 8.5)$$
$$= 90.95 \sim 93.5 \text{mm}$$

取 $d_{25} = 95$mm。

4. 轴的强度校核

从动轴 Ⅱ 轴的内力图如图 7-33 所示。

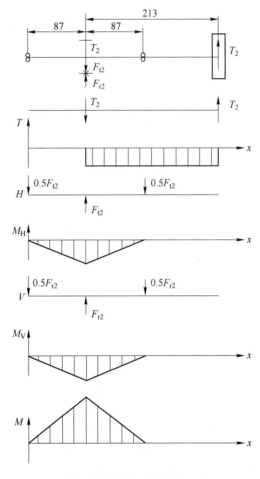

图 7-33　从动轴 Ⅱ 轴的内力图

$$F_{t1} = \frac{2T_1}{d_1}$$
$$= \frac{2 \times 335358}{95}$$
$$= 7060.17 \text{N}$$

$$F_{r1} = F_{t1}\tan\alpha$$
$$= 7060.17 \times \tan20°$$
$$= 2569.69\text{N}$$
$$F_{t2} = F_{t1} = 7060.17\text{N}$$
$$F_{r2} = F_{r1} = 2569.69\text{N}$$

分析 1、2 截面有可能是危险截面（见图 7-34）。

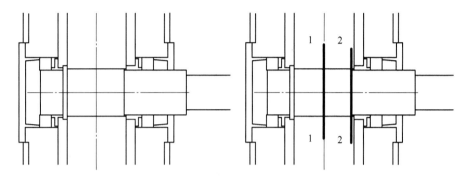

图 7-34　从动轴 II 轴危险截面的判定

截面 1-1 处：

$$M_{2H1} = \frac{F_{t2}}{2} \times L_{21}$$

$$= \frac{7060.17}{2} \times 87$$

$$= 307117.40\text{N} \cdot \text{mm}$$

$$M_{2V1} = \frac{F_{r2}}{2} \times L_{21}$$

$$= \frac{2569.69}{2} \times 87$$

$$= 111781.52\text{N} \cdot \text{mm}$$

$$M_{21} = \sqrt{M_{2H1}^2 + M_{2V1}^2}$$

$$= \sqrt{307117^2 + 111782^2}$$

$$= 326827\text{N} \cdot \text{mm}$$

$$T_2 = 9550\frac{P_2}{n_2}$$

$$= 9550 \times \frac{10.05}{76.59}$$

$$= 1253.13\text{N} \cdot \text{m}$$

$$= 1253130\text{N} \cdot \text{mm}$$

$$\sigma_{21} = \frac{10 \times \sqrt{M_{21}^2 + (\alpha T_2)^2}}{d_{24}^3}$$

$$= \frac{10 \times \sqrt{326827^2 + (0.6 \times 1253130)^2}}{85^3}$$

$$= 13.35\text{MPa}$$

截面 2-2 处：

$$M_{2\text{H2}} = \frac{F_{t2}}{2} \times \left(L_{21} - \frac{b_2}{2} \right)$$

$$= \frac{7060.17}{2} \times \left(87 - \frac{95}{2} \right)$$

$$= 139438\text{N} \cdot \text{mm}$$

$$M_{2\text{V2}} = \frac{F_{r2}}{2} \times \left(L_{21} - \frac{b_2}{2} \right)$$

$$= \frac{2569.69}{2} \times \left(87 - \frac{95}{2} \right)$$

$$= 50751\text{N} \cdot \text{mm}$$

$$M_{22} = \sqrt{M_{2\text{H2}}^2 + M_{2\text{V2}}^2}$$

$$= \sqrt{139438^2 + 50751^2}$$

$$= 148387\text{N} \cdot \text{mm}$$

$$\sigma_{22} = \frac{10 \times \sqrt{M_{22}^2 + (\alpha T_2)^2}}{d_{23}^3}$$

$$= \frac{10 \times \sqrt{148387^2 + (0.6 \times 1253130)^2}}{80^3}$$

$$= 14.97\text{MPa}$$

查《机械设计手册》，45 钢调质，$\sigma_b = 650\text{MPa}$，查表 7-4，插值

$$[\sigma_{-1}]_1$$

$$= [\sigma_{-1}]_2$$

$$= 55 + \frac{650 - 600}{700 - 600} \times (65 - 55)$$

$$= 60\text{MPa}$$

$$\sigma_{2\text{max}} = \sigma_{22} = 14.97\text{MPa}。$$

因为 $\sigma_{2\text{max}} < [\sigma_{-1}]_2$，所以从动轴 II 轴强度够用，安全。

5. 绘制轴的零件图

轴与轴上零部件、机箱的设计息息相关，边设计，便修改，才能完成轴的设计。轴的零件图参考图 7-35。

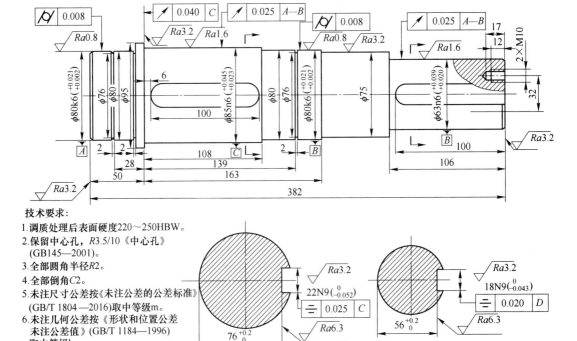

技术要求：
1. 调质处理后表面硬度220～250HBW。
2. 保留中心孔，R3.5/10《中心孔》
　 (GB145—2001)。
3. 全部圆角半径R2。
4. 全部倒角C2。
5. 未注尺寸公差按《未注公差的公差标准》
　 (GB/T 1804—2016)取中等级m。
6. 未注几何公差按《形状和位置公差
　 未注公差值》(GB/T 1184—1996)
　 取中等级k。

图 7-35　从动轴Ⅱ轴零件图

思 考 题

7-1　轴的分类有哪些？举例说明。

7-2　轴的结构设计应从哪几方面考虑？

7-3　轴上零件的轴向固定有哪些方法？有何特点？

7-4　常用提高轴的强度和刚度的措施有哪些？

7-5　指出图 7-36 中轴的结构设计中不合理的地方，并画出改进后的轴的结构图。

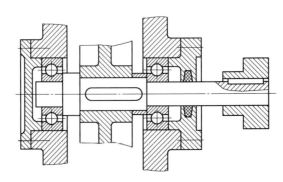

图 7-36　题 7-5 插图

8 轴 承

8.1 滚动轴承概述

滚动轴承是现代机器中广泛应用的部件之一。在机械设计中，根据滚动轴承的使用条件和工作状况，选择合适的轴承类型和型号，并做好轴承的组合设计。

8.1.1 滚动轴承的构造

滚动轴承一般由外圈 1、内圈 2、滚动体 3 和保持架 4 四部分组成，如图 8-1 所示。外圈 1：装在轴承座孔中，有内滚道。内圈 2：与轴颈装配，有外滚道。滚动体 3：在内、外滚道间滚动，实现滚动摩擦，有球形和滚子两大类。保持架 4：将滚动体均匀地隔开，以减少摩擦与磨损，并改善轴承内部的载荷分配。

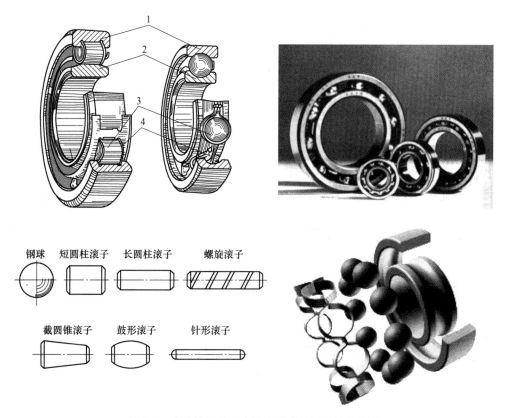

图 8-1 滚动轴承的基本组成及常见滚动体的形状

8.1.2　滚动轴承的类型和特点

8.1.2.1　按滚动体的形状分类

滚动轴承按其滚动体形状的不同，可分为球轴承和滚子轴承两大类。球形滚动体与内、外滚道是点接触，转动时摩擦损耗小，承载能力和抗冲击能力弱；滚子滚动体与内、外滚道是线接触，承载能力和抗冲击能力强，但转动时摩擦损耗大。

8.1.2.2　按能承受载荷的方向分类

滚动轴承按其承受载荷的方向或公称接触角的不同，可分为向心轴承和推力轴承两大类。

向心轴承（$0° \leqslant \alpha \leqslant 45°$）：只能承受或主要承受径向载荷。接触角 $\alpha = 0°$ 的轴承称为径向接触轴承，只能承受径向载荷。接触角 $0° < \alpha \leqslant 45°$ 的轴承称为向心角接触轴承，主要承受径向载荷，随 α 的增大承受轴向载荷的能力也增大。

推力轴承（$45° < \alpha \leqslant 90°$）：只能承受或主要承受轴向载荷。接触角 $\alpha = 90°$ 的轴承称为轴向接触轴承，只能承受轴向载荷。接触角 $45° < \alpha < 90°$ 的轴承称为推力角接触轴承，主要承受轴向载荷，随着 α 的减小，承受径向载荷的能力也相应增大。

8.1.2.3　常用滚动轴承的特性

A　调心球轴承

调心球轴承（代号1000）主要承受径向载荷，同时可承受少量的双向轴向载荷。极限转速中等。外圈滚道是以轴承中心为球心的球面，故能调心，允许角偏差 $\theta = 2° \sim 3°$。调心球轴承如图8-2所示。

B　调心滚子轴承

调心滚子轴承（代号2000）能承受很大的径向载荷，同时可承受少量的双向轴向载荷。极限转速低。滚动体为鼓形，外圈滚道为球面，故能调心，允许角偏差 $\theta = 0.5° \sim 2°$。调心滚子轴承如图8-3所示。

C　圆锥滚子轴承

圆锥滚子轴承（代号3000）能同时承受较大的径向、轴向联合载荷，因为是线接触，承载能力大于角接触球轴承。内、外圈可分离，装拆方便。极限转速中允许偏位角 $2'$。圆锥滚子轴承如图8-4所示。

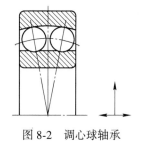　　　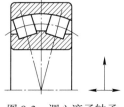　　　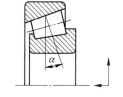

图8-2　调心球轴承　　　　图8-3　调心滚子轴承　　　　图8-4　圆锥滚子轴承

D 推力球轴承

推力球轴承（代号 5000）只能承受单向或双向轴向载荷，且载荷作用线必须与轴线重合，不允许有角偏差；高速时，因滚动体离心力大，球与保持架摩擦发热严重，寿命降低，故适用于轴向载荷大、转速不高之处。推力球轴承如图 8-5 所示。

E 深沟球轴承

深沟球轴承（代号 6000）主要承受径向载荷，同时可承受少量的双向轴向载荷，极限转速高，允许角偏差 $\theta = 8' \sim 16'$。在高转速且载荷不大时，可替代推力球轴承承受纯轴向载荷。深沟球轴承价格最低，应用最广。深沟球轴承如图 8-6 所示。

图 8-5 推力球轴承   图 8-6 深沟球轴承

F 角接触球轴承

角接触球轴承（代号 7000）能同时承受较大的径向载荷和单向轴向载荷。角接触球轴承极限转速较高，允许的角偏差 $\theta = 2' \sim 10'$。公称接触角有 15°、25°、40° 3 种，须成对使用。角接触球轴承如图 8-7 所示。

G 推力圆柱滚子轴承

推力圆柱滚子轴承（代号 8000）只能承受单向轴向载荷（可很大），且载荷作用线必须与轴线重合。推力圆柱滚子轴承极限转速低，不允许角偏差。推力圆柱滚子轴承如图 8-8 所示。

图 8-7 角接触球轴承   图 8-8 推力圆柱滚子轴承

H 圆柱滚子轴承

圆柱滚子轴承（代号 N000）只能或主要承受较大的径向载荷，不能承受轴向载荷。圆柱滚子轴承极限转速较高，允许角偏差 $\theta = 2' \sim 4'$，内外圈可分离。圆柱滚子轴承如图 8-9 所示。

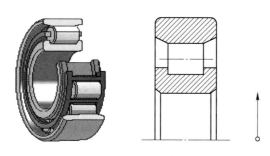

图 8-9　圆柱滚子轴承

Ⅰ　滚针轴承

滚针轴承（代号 NA）只能承受径向载荷，承载能力大，径向尺寸很小，一般不带保持架，内外圈可分离。滚针间有摩擦，极限转速低，不允许角偏差。滚针轴承如图 8-10 所示。

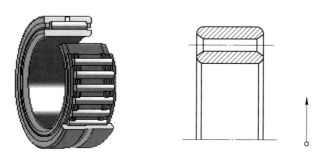

图 8-10　滚针轴承

8.1.3　滚动轴承的代号

为了便于组织轴承的生产和选用，《滚动轴承　代号方法》（GB/T 272—2013）规定了轴承代号及表示方法，用于表征轴承的结构、尺寸、类型、精度等。滚动轴承代号由基本代号、前置代号和后置代号组成（见表 8-1），用字母和数字等表示。

表 8-1　滚动轴承代号的构成

前置代号	基本代号					后置代号							
	五	四	三	二	一								
		尺寸系列代号											
轴承分部件代号	类型代号	宽度高度系列代号	直径系列代号	内径代号		内部结构代号	密封与防尘结构代号	保持架及其材料代号	特殊轴承材料代号	公差等级代号	游隙代号	多轴承配置代号	其他代号

注：基本代号下面的一至五表示代号自右向左的位置序数。

（1）前置代号：前置代号是由字母表示成套轴承的分部件的特点。如用 L 表示可分离轴承的可分离套圈，K 表示轴承的滚动体与保持架组件等。

（2）基本代号：基本代号用来表示滚动轴承的类型、尺寸系列和内径，最多为五位数。

（3）后置代号：后置代号是用字母和数字表示的对轴承在结构、公差和材料等方面的特殊要求。它置于基本代号的右边，并与基本代号空半个汉字距或用符号"—""/"分隔。当具有多组后置代号时，按从左至右排列顺序为：1）内部结构代号；2）密封与防尘结构代号；3）保持架及其材料代号；4）特殊轴承材料代号；5）公差等级代号；6）游隙代号；7）多轴承配置代号；8）其他代号。

8.2 滚动轴承的选择与应用

8.2.1 滚动轴承的失效形式及计算准则

8.2.1.1 滚动轴承的失效形式

滚动轴承的失效形式（见图8-11）如下。

（1）疲劳点蚀：滚动体与套圈滚道在交变接触应力的作用下，会发生表面接触疲劳点蚀，这是滚动轴承的主要失效形式。点蚀使轴承在运转中产生振动和噪声，回转精度降低且工作温度升高，使轴承丧失正常的工作能力。

（2）塑性变形：在静载荷或冲击波载荷作用下，滚动体和套圈滚道可能产生塑性变形，出现凹坑，这是轴承静强度不够而造成的损坏。

（3）磨损：轴承在多尘或密封不可靠、润滑不良的条件下工作时，滚动体或套圈滚道易产生磨粒磨损，导致内、外圈与滚动体间的间隙增大，从而使旋转精度降低而报废。

此外，由于配合不当、拆装维护不合理等可能引起轴承内外圈破裂、锈蚀、化学腐蚀等。因此，应合理地选择、计算滚动轴承的尺寸，采用正确的润滑方式和密封形式，以保证安装和调整正确。

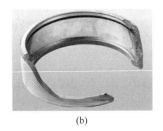

(a)   (b)   (c)

图8-11 滚动轴承失效形式
（a）疲劳点蚀；（b）塑性变形；（c）磨损

8.2.1.2 滚动轴承的计算准则

在确定滚动轴承尺寸时，应针对其主要失效形式进行必要的计算。对于一般运转的滚动轴承，其滚动体与滚道发生疲劳点蚀是其主要失效形式，因而主要是进行寿命计算，必要时再进行静强度校核。对于不转动、低速或摆动的滚动轴承，局部塑性变形是其主要失效形式，因而主要进行静强度计算。对于高速轴承，主要失效形式是由于发热而引起的磨损和烧伤；对于润滑不良的滚动轴承，磨损也是主要的失效形式，所以除需要进行寿命计算外，还应验算极限转速。

8.2.2 滚动轴承的尺寸选择

8.2.2.1 滚动轴承的寿命计算

滚动轴承的寿命计算包括以下几点。

（1）轴承寿命：轴承的滚动体或套圈首次出现点蚀之前，轴承的转数 L 或相应的运转小时数 L_h。一批相同的轴承，即使在完全相同的条件下运转，由于材料、热处理及工艺等不同，其寿命是不同的，其基本额定寿命如图 8-12 所示。

（2）基本额定寿命 L：同一型号的轴承，在相同的条件下运转，其中 90% 的轴承不发生疲劳点蚀所能达到的寿命。基本额定寿命是一种统计寿命，选择轴承时应以它为标准。同一型号的轴承，其基本额定寿命随载荷的不同而变化。通过实验所得的载荷-寿命曲线如图 8-13 所示。

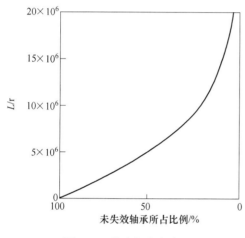

图 8-12 基本额定寿命

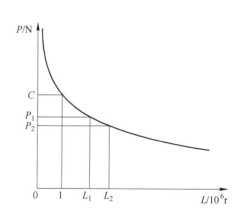

图 8-13 轴承载荷-寿命曲线

（3）基本额定动载荷 C：使轴承的基本额定寿命恰好为 10^6 r 时，轴承所能承受的载荷值，用 C 表示。基本额定动载荷表征了轴承的承载能力。对于向心轴承其指纯径向载荷，用 C_r 表示；对于推力轴承其指纯轴向载荷，用 C_a 表示。C 值可查《轴承手册》确定。

（4）当量动载荷 P：轴承的基本额定动载荷 C 是在向心轴承只承受径向载荷、推力轴承只承受轴向载荷的特定条件下确定的。实际中，轴承往往承受径向载荷和轴向载荷的联合作用，如斜齿轮就存在轴向力，所以，在计算轴承寿命时，必须将轴承受到的实际载荷等效转化为与基本额定动载荷 C 相当的载荷，即当量动载荷，用 P 表示。在该载荷的作用下，轴承有与实际载荷作用下相同的寿命。其计算公式如下：

1）对于能同时承受径向力和轴向力的轴承：

$$P = XF_r + YF_a \tag{8-1}$$

式中 F_r——轴承受到的径向载荷，kN；

  F_a——轴承受到的轴向载荷，kN；

  X——径向载荷系数；

Y——轴向载荷系数。

2）对于只能承受径向力的向心轴承：

$$P = F_r \tag{8-2}$$

3）对于只能承受轴向力的推力轴承：

$$P = F_a \tag{8-3}$$

（5）轴承寿命计算。根据轴承载荷-寿命曲线，寿命计算如下。

在实际应用中，基本额定寿命常用给定转速下运转的小时数 L_h 表示。

$$L_h = \frac{10^6}{60n} \left(\frac{f_t C}{f_p P} \right)^{\varepsilon} \tag{8-4}$$

式中　L_h——轴承寿命，h；

　　　ε——寿命指数，对于球轴承 $\varepsilon = 3$，滚子轴承 $\varepsilon = 10/3$；

　　　C——基本额定动载荷，kN；

　　　P——当量动载荷，kN；

　　　n——轴承转速，r/min；

　　　f_t——温度修正系数；

　　　f_p——载荷修正系数。

8.2.2.2　滚动轴承的静载荷计算

对于低速转动（$n < 10$ r/min）、缓慢摆动或基本不旋转的轴承，其失效形式不是疲劳点蚀，而是因接触应力过大而产生的表面塑性变形。高速转动的轴承，如果受到很大的冲击载荷作用，也可能发生塑性变形。此类轴承均应进行静强度计算。

基本额定静载荷 C_0：轴承标准中规定，滚动轴承中受载最大的滚动体与滚道接触中心处引起的计算接触应力达到一定值（如对于滚子轴承为 4GPa）时的载荷，称为轴承的基本额定静载荷，用 C_0 表示，它表征了轴承承受静载荷的能力。

为了限制滚动轴承中的塑性变形量，应校核轴承承受静载荷的能力。滚动轴承的静强度校核公式为

$$C_0 \geqslant S_0 P_0 \tag{8-5}$$

式中　C_0——基本额定静载荷，kN。

　　　S_0——安全系数，其值可查有关《机械设计手册》。

　　　P_0——当量静载荷，kN。

当量静载荷 P_0 是一个假想的静载荷，在该载荷的作用下，承载最大的滚动体与滚道接触处的塑性变形量之和与实际复合载荷作用下所产生的塑性变形量之和相等。当量静载荷的计算公式为

$$P_0 = X_0 F_r + Y_0 F_a \tag{8-6}$$

式中　P_0——当量静载荷，其含义类同于当量动载荷；

　　　X_0，Y_0——当量静载荷的径向载荷系数和轴向载荷系数，可由《机械设计手册》查取。

8.2.3　滚动轴承的组合设计

滚动轴承组合设计的目的就是解决滚动轴承的固定、调整、配合、拆装，以及润滑与

密封等问题。

8.2.3.1 滚动轴承组合的轴向固定

滚动轴承的内圈和外圈都需要进行轴向定位，使轴上零件在工作时不致发生轴向窜动。图 8-14 为轴承内圈常用的 4 种轴向固定方法：图 8-14（a）为利用轴肩做单向固定，它能承受大的单向轴向力；图 8-14（b）为利用轴肩和轴用弹性挡圈做双向固定，挡圈能承受的轴向力不大；图 8-14（c）为利用轴肩和轴端挡圈做双向固定，挡圈能承受中等的轴向力；图 8-14（d）为利用轴肩和圆螺母、止动垫圈做双向固定，能承受大的轴向力。

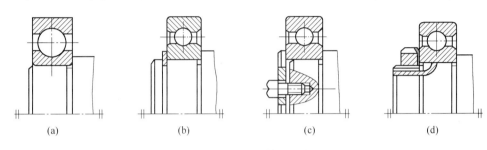

图 8-14   轴承内圈的轴向固定方法
（a）轴肩固定；（b）轴肩、轴用挡圈固定；（c）轴肩、轴端挡圈固定；（d）轴肩和圆螺母、止动垫圈固定

如图 8-15 所示轴承的外圈固定常采用的方法有：图 8-15（a）利用轴承端盖做单向固定，能承受大的轴向力；图 8-15（b）利用孔用弹性挡圈和孔内凸肩做双向固定，挡圈能承受的轴向力不大；图 8-15（c）利用止动环做单向固定，能承受大的轴向力。

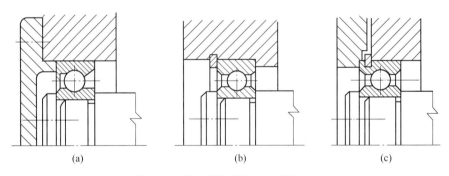

图 8-15   轴承外圈的轴向固定方法
（a）轴承端盖固定；（b）孔用挡圈固定；（c）止动环固定

8.2.3.2 滚动轴承支承的结构形式

通常，一根轴需要两个支点，每个支点由一个或两个轴承组成。轴承支承结构应使轴具有确定的工作位置，避免轴受力时窜动，同时能适应轴系的热胀冷缩变形，以防轴承顶死。滚动轴承常用的支承结构有 3 种基本形式。

A 两端固定

如图 8-16（a）所示，轴的两个支点分别限制轴的不同方向的单向移动，两个支点合起来便可限制轴的双向移动，这种固定方式称为两端固定。它适用于工作温度变化不大的短轴。为了补偿轴受热伸长，对于深沟球轴承（6 类），可在轴承外圈与轴承盖之间，留出热补偿间隙 $c = 0.2 \sim 0.4$ mm（见图 8-16（b）），间隙量常用垫片或调整螺钉调节。对于内部间隙可以调整的角接触轴承，在此处可以不留间隙，而是将间隙留在轴承内部。

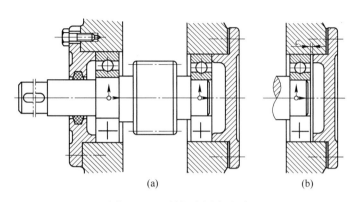

(a)   (b)

图 8-16　两端组合固定方式

B　一端固定一端游动

如图 8-17 所示，轴的两个支点中只有一个支点（左端）限制轴的双向移动，另一个支点则可作轴向移动，这种固定方式称为一端固定一端移动。可作轴向移动的轴承称为游动轴承，常采用 N、6 类轴承。它适用于温度变化较大或轴承的支承跨度较大的轴。

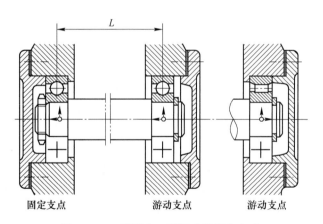

固定支点　　　　　　游动支点　　　　　游动支点

图 8-17　一端固定一端游动的组合方式

C　两端游动

要求能左右双向游动的轴，可采用两端游动的轴系结构。如图 8-18 所示，人字齿轮传动的高速主动轴，为了自动补偿轮齿两侧螺旋角的误差，使轮齿受力均匀，采用允许轴系左右少量轴向游动的结构，故两端都选用圆柱滚子轴承。与其相啮合的低速齿轮轴系则必须两端固定，以便两轴都得到轴向定位。

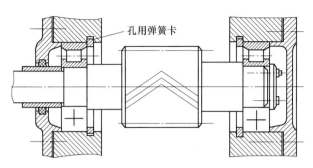

图 8-18 两端游动的组合方式

8.2.3.3 滚动轴承的预紧

为提高轴承的旋转精度，减小振动，在装配机器时，应使轴承受到轴向压力的作用，以消除游隙，并在滚动体和套圈接触处产生弹性预变形，提高轴承的刚性。预紧后的轴承，受到工作载荷时，其内、外圈的两端游动支承径向和轴向相对移动量比未预紧的轴承大大减少。常用的预紧方法有：

（1）夹紧一对正装的圆锥滚子轴承的外圈来预紧，预紧力可用螺塞旋进程度来控制，如图 8-19（a）所示。

（2）夹紧一对磨窄了的外圈来预紧，预紧力可用外圈被磨程度来控制，如图 8-19（b）所示。

（3）在一对轴承内、外圈之间分别放置长度不等的套筒来预紧，预紧力可由两套筒的长度差来控制，如图 8-19（c）所示。

（4）用弹簧预紧，可以得到稳定的预紧力，如图 8-19（d）所示。

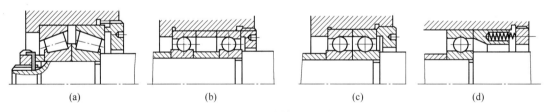

（a）   （b）   （c）   （d）

图 8-19 滚动轴承的预紧

（a）夹紧外圈；（b）夹紧磨窄后的外圈；（c）采用长短套筒后夹紧外圈；（d）用弹簧夹紧外圈

8.2.3.4 滚动轴承的配合

滚动轴承是标准件，为了便于互换及适应大量生产，轴承内圈与轴的配合采用基孔制，轴承外圈与轴承座孔的配合则采用基轴制。

选择配合时，应考虑载荷的方向、大小和性质，以及轴承类型、转速和使用条件等因素。当外载荷方向不变时，转动套圈应比固定套圈的配合紧一些，一般情况下是内圈随轴一起转动，外圈固定不转，故内圈与轴常取具有过盈的过渡配合，如轴的公差采用 k6、m6；外圈与座孔常取较松的过渡配合，如座孔的公差采用 H7、J7。当轴承作游动支承时，外圈与座孔应取保证有间隙的配合，如座孔公差采用G7。

8.2.3.5 滚动轴承的装拆

装拆轴承时，装拆力应沿轴承套圈圆周均匀地直接施加在被装拆的套圈端面上，装拆力不可通过滚动体，以免损坏滚道和滚动体。当内圈与轴颈为过盈配合时，可采用压力机将内圈压入，或将轴承在油中加热至80~120℃后进行热装。

轴承内圈的拆卸常采用拆卸器（又名三抓、拉出器）进行，如图8-20所示，外圈拆卸则用套筒或螺钉顶出。为便于拆卸，轴肩或孔肩的高度应低于定位套圈的高度，见图8-21（a）预留高度拆卸空间、图8-21（b）预留高度及轴向拆卸空间和图8-21（c）预留螺孔进行拆卸。

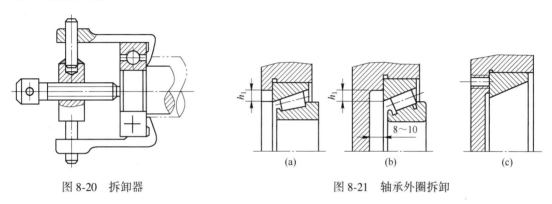

图8-20　拆卸器　　　　　　　　图8-21　轴承外圈拆卸

8.2.4 滚动轴承的润滑与密封

8.2.4.1 滚动轴承的润滑

润滑的主要目的是减小摩擦与减轻磨损，滚动接触部位如能形成油膜，还有吸收振动、降低工作温度和噪声等作用。

滚动轴承的润滑剂可以是润滑脂、润滑油或固体润滑剂。一般情况下，滚动轴承采用润滑脂润滑，具体选择可按速度因数d_n值来定。当$d_n < (1.5~2) \times 10^5$ mm·r/min时，一般滚动轴承可采用润滑脂润滑，超过这一范围宜采用润滑油润滑。

如图8-22所示，润滑油的黏度可按轴承的速度因数d_n和工作温度t来确定。油量不宜过大。当采用浸油润滑时，要注意油面高度不要超过轴承中最低滚动体的中心，否则搅油损失大，轴承温升较高。高速时则应采用滴油或油雾润滑。在润滑油的选择上，原则是：轴承载荷大，温度高，转速较低时选用黏度高的油，反之选用黏度低的油。

8.2.4.2 滚动轴承的密封

轴承的密封是为了防止外部尘埃、水分及其他杂物进入轴承，并防止轴承内润滑剂流失。轴承的密封方法很多，通常可归纳为接触式密封、非接触式密封及组合式密封三大类。

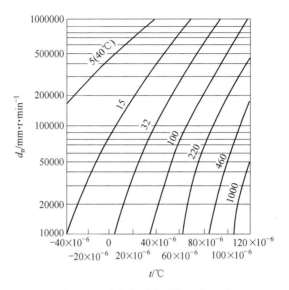

图 8-22　油润滑黏度选择/$m^2 \cdot s^{-1}$

（1）接触式密封。

1）毛毡圈密封（见图 8-23），适用脂润滑，环境清洁，滑动速度低于 4~5m/s，温度低于 90℃ 的场合。

2）唇形密封圈密封（见图 8-24）。密封圈为标准件，材料为皮革、塑料或耐油橡胶。分有金属骨架和无骨架、单唇和多唇等形式。适用脂或油润滑，滑动速度低于 7m/s，温度在 -40~100℃ 的场合。

　　　　　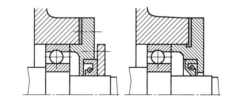

　　图 8-23　毛毡圈密封　　　　　　　图 8-24　密封圈密封

（2）非接触式密封。

1）间隙密封（见图 8-25）。靠轴与盖间的细小间隙密封，间隙越小越长，效果越好，$\delta = 0.1~0.3$mm。适用脂或油润滑、干燥清洁的环境。

2）迷宫式密封（见图 8-26）。旋转件与静止件间的间隙为迷宫（曲路）形式，并在曲路中填充润滑脂以加强密封效果。迷宫式密封分为径向和轴向两种，径向间隙 δ 不大于 0.1~0.2mm；考虑到轴的热膨胀，轴向间隙应取大些，$\delta = 1.5~2$mm。

3）组合密封。几种密封组合使用（见图 8-27）。

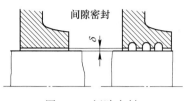

图 8-25 间隙密封

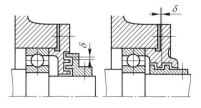

图 8-26 迷宫式密封

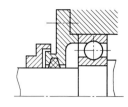

图 8-27 组合密封

8.3 滑动轴承概述

滑动轴承具有工作平稳、无噪声、耐冲击、回转精度高和承载能力大等特点，广泛应用在汽轮机、精密机床和重型机械中。

8.3.1 滑动轴承的结构

8.3.1.1 径向滑动轴承的结构

A 整体式

整体式滑动轴承由轴承座 1、轴套 2 组成，如图 8-28 所示。轴承座与轴套之间为过盈配合，轴承座顶部设有装油杯的螺纹孔，轴套上设有进油孔，并在内表面上开有油沟，以分配润滑油。通常用螺栓将轴承座与机座连接；也有一体式结构，如发动机连杆小头轴承，轴套直接压入连杆小头轴承座孔中。轴套常用减摩材料制成，如发动机连杆小头采用铜轴套。这种轴承的特点是结构简单、成本低廉。

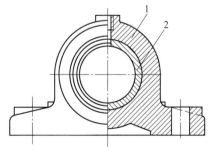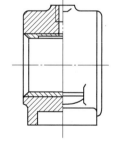

图 8-28 整体式滑动轴承

1—轴承座；2—轴套

B 剖分式

剖分式滑动轴承由螺柱 1、轴承盖 2、轴承座 3、上轴瓦 4 和下轴瓦 5 组成，如图 8-29 所示。为了轴承座、轴承盖很好地对中，在剖分面上通常加工有阶梯形榫口。

C 自动调心式径向滑动轴承

当轴颈较长，轴颈的长径比 $B/d > 1.5 \sim 1.75$ 时（B 为轴颈工作长度，d 为轴颈直径），或轴的刚性较小，或两轴承不是安装在同一刚性机架上，安装精度难以保证时，都会导致

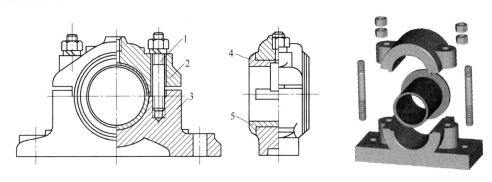

图 8-29　水平剖分式径向滑动轴承

1—螺柱；2—轴承盖；3—轴承座；4—上轴瓦；5—下轴瓦

轴与轴瓦端部的边缘摩擦（见图 8-30），使轴瓦边缘严重磨损。因此，可采用自动调心式滑动轴承，如图 8-31 所示。这种轴承的特点是轴瓦与轴承座为球面接触，可自动适应轴的变形。

8.3.1.2　推力滑动轴承

推力滑动轴承用来承受轴向载荷，其典型结构如图 8-32 所示。它由轴承座、衬套、出油孔、向心轴瓦和球面推力轴瓦组成。为了便于对中保证工作表面受力均匀，推力轴瓦底部制成球面，销钉用来防止推力轴瓦随轴转动。润滑油从下部油管注入，从上部油管导出。推力滑动轴承主要承受轴向载荷，也可以借助向心轴瓦承受较小的径向载荷。

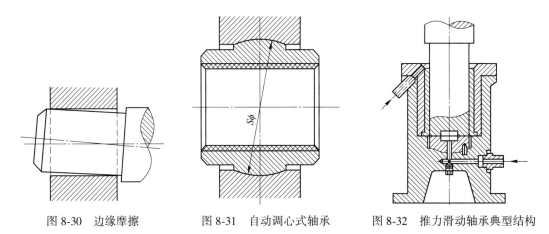

图 8-30　边缘摩擦　　　图 8-31　自动调心式轴承　　　图 8-32　推力滑动轴承典型结构

8.3.2　轴瓦结构

整体式轴瓦如图 8-33 所示，也称轴套，用于整体式轴承，需从轴端安装和拆卸，可修复性差；剖分式轴瓦如图 8-34 所示，用于剖分式轴承，可以直接从轴的中部安装和拆卸，可修复。

轴瓦内表面上的沟槽如图 8-35 所示，其两端的凸肩用来防止轴瓦的轴向窜动，并能承受一定的轴向力。为了提高其抗磨损、抗胶合性能，常在其内表面上贴附一层很薄的轴衬。

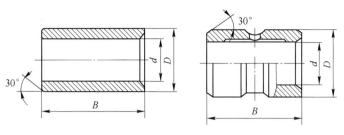

图 8-33 整体式轴瓦

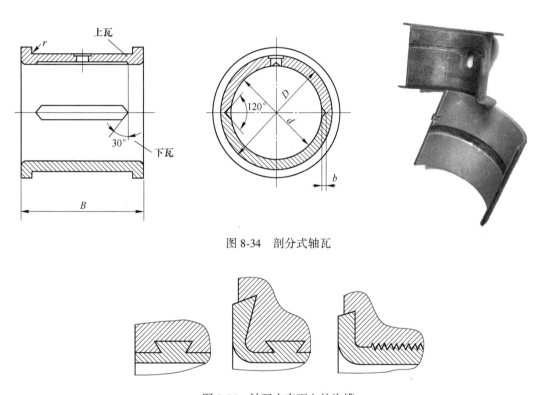

图 8-34 剖分式轴瓦

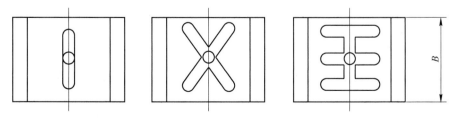

图 8-35 轴瓦内表面上的沟槽

为了使润滑油能均匀地流到轴瓦的整个工作面上,轴瓦上要开出油孔和内表面油沟。一般油孔和油沟只开在非承载区,以保证承载区油膜的连续性,以防降低承载能力。油沟在轴向不应开通,以免润滑油从轴瓦两端溢出,一般取沟长为轴瓦长的 0.8 倍。常见的油沟形式如图 8-36 所示。

图 8-36 常见的油沟形式

8.3.3　轴承的材料

轴瓦和轴承衬的材料统称为轴承材料。滑动轴承的主要失效形式：磨损、胶合和疲劳破坏。对轴承材料的要求：良好的减摩性、耐磨性和抗胶合性；良好的顺应性、嵌入性和磨合性；足够的强度和必要的塑性；良好的耐腐性、热化学性能和对油的吸附能力；良好的工艺性和经济性。常用轴瓦和轴承衬材料的牌号和性能见表 8-2。

表 8-2　常用轴瓦和轴承衬材料的牌号和性能

轴承材料		最大许用值[1]			最高工作温度/℃	硬度[2]（HBW）	应用场合
		$[p]$/MPa	$[v]$/m·s^{-1}	$[pv]$/MPa·m·s^{-1}			
锡基轴承合金	ZSnSb11Cu6	25（40）	平稳载荷		150	$\dfrac{150}{20\sim30}$	用于高速、重载下工作的重要轴承。变载荷下易疲劳、价高
			80	20（100）			
	ZSnSb8Cu4	20	冲击载荷				
			60	15			
铅基轴承合金	ZPbSb16Sn16Cu	12	12	10（50）	150	$\dfrac{150}{50\sim100}$	用于中速、中载的轴承。不宜受显著的冲击载荷作用
	ZPbSb15SnCu3	5	8	5			
铸锡青铜	ZCuSn10Pb1	15	10	15（25）	280	$\dfrac{300}{40\sim280}$	用于中速、中载条件下的轴承
	ZCuSn5Pb5Zn5	8	3	15			
铸铝青铜	ZCuAl19Fe4Ni4Mn2	15（30）	4（10）	12（60）	280	$\dfrac{200}{80\sim150}$	用于润滑充分的低速、重载的轴承
	ZCuAl10Fe3Mn2	20	5	15			
铸铁	HT150，HT200，HT250	2~4	0.5~1	1~4	150	$\dfrac{150}{20\sim30}$	用于低速、轻载、不重要的轴承

①括号内为极限值，其余为一般值（润滑良好）。

②分子为最小轴颈硬度，分母为合金硬度。

8.4　滚动轴承与滑动轴承的性能比较

轴承被广泛应用于现代机械中，轴承的类型很多且各有特点。设计机器时应根据具体的工作情况，结合各类轴承的特点和性能进行对比分析（见表 8-3），选择一种既满足工作要求又经济实用的轴承。

表 8-3　滚动轴承和滑动轴承性能的比较

性　　能	滑动轴承		滚动轴承
	非液体摩擦轴承	液体摩擦轴承	
摩擦特性	边界摩擦或混合摩擦	液体摩擦	滚动摩擦
一对轴承的效率 η	$\eta\approx0.97$	$\eta\approx0.995$	$\eta\approx0.99$

续表 8-3

性　能		滑动轴承		滚动轴承
		非液体摩擦轴承	液体摩擦轴承	
承载能力与转速的关系		随转速增高而降低	在一定转速下，随转速增高而增大	一般无关，但极高转速时承载能力降低
适应转速		低速	中、高速	低、中速
承受冲击载荷能力		较高	高	不高
功率损失		较大	较小	较小
起动阻力		大	大	小
噪声		较小	极小	高速时较大
旋转精度		一般	较高	较高，预紧后更高
安装精度要求		剖分结构，容易装拆		安装精度要求高
		安装精度要求不高	安装精度要求高	
外廓尺寸	径向	小	小	大
	轴向	较大	较大	中
润滑剂		油、脂或固体	润滑油	润滑油或润滑脂
润滑剂用量		较少	较多	中
维护		较简单	较复杂，油质要洁净	维护方便，润滑较简单
经济性		批量生产价格低	造价高	中

思 考 题

8-1 简述滚动轴承的构造。

8-2 滚动轴承失效的主要形式有哪些？计算准则是什么？

8-3 滑动轴承有哪几种类型？各有什么特点？

8-4 齿轮减速器中的 7204C 轴承，受的轴向力 $F_a = 800\text{N}$，径向力 $F_r = 2000\text{N}$，载荷修正系数 $f_p = 1.2$，温度正常，温度系数 $f_t = 1$，工作转速 $n = 700\text{r/min}$。求该轴承的寿命。

8-5 某齿轮轴由一对 30212/P6X 轴承支承，其径向载荷分别为 $F_{r1} = 5200\text{N}$，$F_{r2} = 3800\text{N}$，方向如图 8-37 所示，取载荷系数 $f_p = 1.2$，试计算：两轴承的当量动负荷 P_1、P_2。

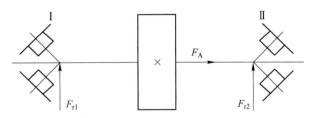

图 8-37　题 8-5 插图

9 螺纹连接与螺旋传动

9.1 螺纹的形成、主要参数与分类

9.1.1 螺纹的形成

把一锐角为 ψ、底边长为 πd_2 的直角三角形 abc 绕到一直径为 d_2 的圆柱体表面上，绕时底边与圆柱底边重合，则三角形斜边 amc 在圆柱体表面上形成一条空间螺旋线 am_1c_1。

在圆柱体表面上，用不同形状的刀具沿着螺旋线切制出来沟槽，相邻沟槽间的凸起部分称为螺纹。螺纹的形成如图 9-1 所示。

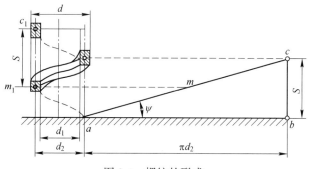

图 9-1　螺纹的形成

在圆柱内、外表面上分别形成内螺纹和外螺纹，它们共同组成螺旋副。螺纹按螺旋线方向可分为右旋螺纹和左旋螺纹，常用右旋螺纹；若按螺旋线数又可分为单线螺纹和多线螺纹，如图 9-2 所示。

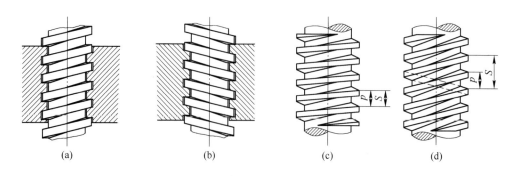

图 9-2　螺纹的旋向和线数
（a）右旋螺纹；（b）左旋螺纹；（c）单线螺纹；（d）多线螺纹

9.1.2　螺纹的主要参数

按照母体形状，螺纹分为圆柱螺纹和圆锥螺纹，下面以普通圆柱螺纹为例说明螺纹的主要几何参数（见图 9-3）。

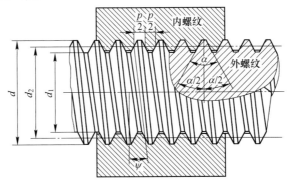

图 9-3　螺纹的主要参数

（1）大径 $d(D)$。螺纹的最大直径，在标准中规定为螺纹公称直径，螺纹标注时用大径。外螺纹的大径记为 d，内螺纹的大径记为 D。

（2）小径 $d_1(D_1)$。螺纹的最小直径。计算螺杆强度时，螺纹小径即为危险截面的直径。外螺纹小径为 d_1，内螺纹小径记为 D_1。

（3）中径 $d_2(D_2)$。它是一个假想圆柱的直径，在该圆柱母线上的螺纹牙厚等于牙间宽。近似等于螺纹的平均直径。

外螺纹：
$$d_2 \approx 0.5(d + d_1)。 \tag{9-1}$$

内螺纹：
$$D_2 \approx 0.5(D + D_1)。 \tag{9-2}$$

外螺纹中径记为 d_2，内螺纹中径记为 D_2。

（4）螺距 p。相邻两牙在中径圆柱面的母线上对应两点间的轴向距离。

（5）导程 (L)。同一螺旋线上相邻两牙在中径圆柱面的母线上的对应两点间的轴向距离。

（6）线数 n。螺纹螺旋线数目。沿一条螺旋线形成的螺纹称为单线螺纹，沿 n 条等距螺旋线形成的螺纹称为 n 线螺纹。一般为便于制造，取 $n \leq 4$。

螺距、导程、线数之间关系：
$$L = np \tag{9-3}$$

（7）螺旋升角 ψ。中径圆柱上，螺旋线的切线与垂直于螺纹轴线的平面的夹角，用来表示螺旋线倾斜的程度，且有
$$\psi = \arctan \frac{L}{\pi d_2} = \arctan \frac{np}{\pi d_2} \tag{9-4}$$

（8）牙型角 α。在轴向剖面内，螺纹牙两侧边的夹角。三角形螺纹的牙型角 $\alpha = 60°$。根据螺纹轴向剖面的形状，常用的螺纹牙型有三角形、矩形、梯形和锯齿形等。

9.1.3　几种常用螺纹的特点及应用

按照螺纹牙型的不同，常用的螺纹类型有普通螺纹、管螺纹、矩形螺纹、梯形螺纹、

锯齿形螺纹等，如图 9-4 所示。普通螺纹和管螺纹主要用于连接，而矩形螺纹、梯形螺纹和锯齿形螺纹主要用于传动。除矩形螺纹外，其余螺纹都已标准化。

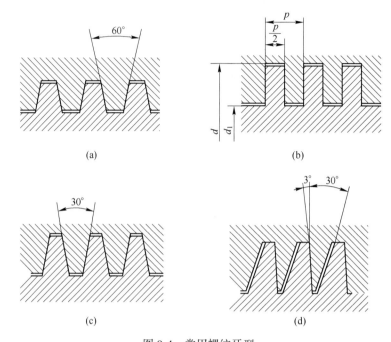

图 9-4　常用螺纹牙型

（a）三角形螺纹；（b）矩形螺纹；（c）梯形螺纹；（d）锯齿形螺纹

（1）三角形螺纹（普通螺纹）。牙型角为 60°，可以分为粗牙螺纹和细牙螺纹。粗牙螺纹用于一般连接，粗牙螺纹代号用 M 及公称直径表示几个常用粗牙普通螺纹的基本尺寸见表 9-1。与粗牙螺纹相比，细牙螺纹由于在相同公称直径时，螺距小（一般用单线），螺纹深度浅，螺距和升角也小，自锁性能好，宜用于薄壁零件和微调装置。细牙螺纹代号用 M 及公称直径×螺距表示。当螺纹为左旋时，在螺纹代号之后加注"LH"。例如：

M24　表示公称直径为 24mm 的粗牙普通螺纹。

M24×1.5　表示公称直径为 24mm、螺距为 1.5mm 的细牙普通螺纹。

M24×1.5LH　表示公称直径为 24mm、螺距为 1.5mm、方向为左旋的细牙普通螺纹。

表 9-1　几个常用粗牙普通螺纹的基本尺寸

公称直径 d	螺距 p	中径 d_2	小径 d_1	公称直径 d	螺距 p	中径 d_2	小径 d_1
6	1	5.350	4.917	12	1.75	10.863	10.106
8	1.25	7.188	6.647	16	2	14.701	13.835
10	1.5	9.026	8.376	20	2.5	18.376	17.294

注：本表摘自《普通螺纹基本尺寸》（GB/T 196—2003）。

（2）管螺纹。多用于有紧密性要求的管件连接。牙型角为 55°，公称直径近似于管内径（用英寸表示），分非螺纹密封的管螺纹（GB/T 7307—2001）和螺纹密封的管螺纹（GB/T 7306.2—2000）。还有一种牙型角为 60°的圆锥管螺纹（GB/T 12716—2011）。

（3）梯形螺纹。牙型角为 30°，牙根强度高，工艺性好，螺纹副对中性好，有自洁性能，是应用最为广泛的传动螺纹，传动效率略低于矩形螺纹。

（4）锯齿型螺纹。两侧牙型角分别为3°和30°，牙的工作面倾斜3°，可得到较高效率；30°一侧用来增加牙根强度。传动效率和强度都比梯形螺纹高，适用于单向受载的传动螺纹。

（5）矩形螺纹。牙型为矩形（牙型角为0°），传动效率高于其他螺纹，适于作传动螺纹，但精确制造困难，对中精度低。

9.2 螺纹连接的主要类型和使用

9.2.1 螺纹连接的主要类型

螺纹连接由连接件和被连接件组成。螺纹连接主要类型有螺栓连接、双头螺柱连接、螺钉连接和紧定螺钉连接等。

（1）螺栓连接。当被连接件不太厚时，被连接件加工出通孔，不带螺纹，螺杆穿过通孔与螺母配合使用。这种连接结构简单、装拆方便、应用广泛。根据连接的要求不同，螺栓连接分为普通螺栓连接和铰制孔螺栓连接。

1）普通螺栓连接，螺栓杆与被连接件通孔壁之间有间隙，主要用于螺栓承受拉伸载荷，如图9-5（a）所示。

2）铰制孔螺栓连接，装配后无间隙，主要用于承受横向载荷，也可作定位用，用基孔制配合的铰制孔螺栓连接，如图9-5（b）所示。

（2）双头螺柱连接。双头螺柱连接，用于被连接件之一较厚而不宜制成通孔，且需要经常拆卸的场合。螺杆两端均有螺纹，装配时一端旋入被连接件，另一端配以螺母。拆装时只需拆螺母，而不必从螺纹孔中拧出螺柱即可将被连接件分开，如图9-6所示。

（3）螺钉连接。如图9-7所示，这种连接是螺钉直接拧入被连接件的螺纹孔，不用螺母，在结构上比双头螺柱连接简单、紧凑，用途上与双头螺柱连接相似，常用于受力不大或不需经常装拆的场合。

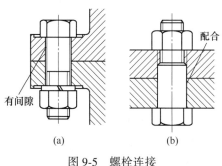

图9-5 螺栓连接

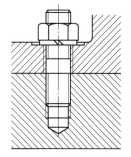

图9-6 双头螺柱连接

（4）紧定螺钉连接。紧定螺钉连接是利用拧入零件螺纹孔中的螺钉末端顶住另一零件的表面，如图9-8（a）所示，或顶入相应的凹坑中，如图9-8（b）所示，以固定两个零件的相对位置，并可传递不大的力或转矩。

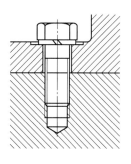

图9-7　螺钉连接

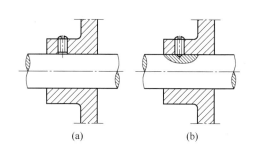

图9-8　紧定螺钉连接

9.2.2　常用标准螺纹连接件

在机械制造中常用的螺纹连接件有螺栓、双头螺柱、螺钉、螺母和垫圈等，这些零件都已标准化。设计时只要确定螺纹的公称直径 d，再在螺纹连接件的标准中即可查出其他尺寸。

（1）螺栓。螺栓的头部形状有很多形式，最常用的螺栓头部是六角形，螺栓杆部分可制出一段螺纹或全螺纹（见图9-9）。六角头螺栓的产品等级分为 A、B、C 三级，A 级最精确，C 级最不精确。C 级主要用在金属结构及其他不重要的连接中，而 A、B 级属精制普通螺栓，在机械中应用较广。A 级用于螺栓公称直径 $d \leqslant 24$mm 的螺栓，B 级用于 $d >$ 24mm 的螺栓。几个常用螺栓主要尺寸见表9-2。

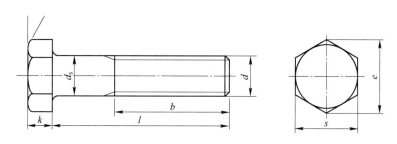

图9-9　六角头螺栓

六角头螺栓——A 和 B 级（GB/T 5782—2016）。

六角头螺栓—全螺纹——A 和 B 级（GB/T 5783—2016）。

标记示例：螺纹规格 d=M12，公称长度 l=80mm，性能等级为 9.8 级，表面氧化，A 级的六角头螺栓：

螺栓　　　GB/T 5782—2016　M12×80

标记示例：螺纹规格 d=M12，公称长度 l=80mm，性能等级为 9.8 级，表面氧化，全螺纹，A 级的六角头螺栓：

螺栓　　　GB/T 5783—2016　M12×80

表 9-2　几个常用螺栓主要尺寸　　　　　　（mm）

螺纹规格 d		M6	M8	M10	M12	(M14)	M16	(M18)	M20
螺栓头厚 k（公称）		4	5.3	6.4	7.5	8.8	10	11.5	12.5
扳手口对应的头部六方平行边距离 S		10	13	16	18	21	24	27	30
螺栓六角对角长度 e_{min}	A	11.05	14.38	17.77	20.03	23.36	26.75	30.14	33.53
	B	10.89	14.20	17.59	19.85	22.78	26.17	29.56	32.95
螺杆长度 l 范围 《六角头螺栓》（GB/T 5782—2016）		30~ 60	35~ 80	40~ 100	45~ 120	50~ 140	55~ 160	60~ 180	65~ 200
螺杆长度 l 范围（全螺纹） 《六角头螺栓　全螺纹》 （GB/T 5783—2016）		12~ 60	16~ 80	20~ 100	25~ 100	30~ 140	35~ 100	35~ 180	40~ 100
l 系列		6, 8, 10, 12, 16, 20~70（5 进位），80~160（10 进位）							

（2）双头螺柱。双头螺柱两端都有螺纹，两端螺纹可相同或不同，旋入被连接件孔的一端称为座端，另一端为螺母端。图 9-10（a）为等长双头螺柱，使用时不分座端和螺母端。图 9-10（b）所示双头螺柱较为常用，b_m 为座端螺纹长度。双头螺柱材料与螺栓相同，性能等级由标准确定。

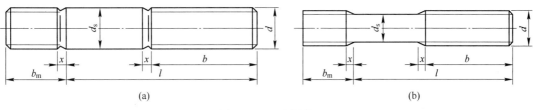

图 9-10　双头螺柱

（a）A 型；（b）B 型

（3）螺钉。螺钉通常分为连接螺钉、紧定螺钉及特殊螺钉（如吊环螺钉等）。

螺钉的结构形状与螺栓类似，但头部形状更多，以适应不同的要求。内六角圆柱头螺钉可施加较大的拧紧力矩，连接强度高，可代替六角头螺栓，用于要求结构紧凑的场合。

紧定螺钉头部有各种不同形状［见图 9-11（a）］，以适应不同拧紧程度的要求。螺钉尾部（末端）要顶住被连接件之一的表面或相应的凹坑中，所以尾部也有各种形状［（见图 9-11（b）］，一般要求有足够的硬度。

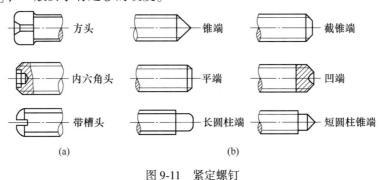

图 9-11　紧定螺钉

（4）螺母。螺母的类型很多，但以六角螺母应用最普遍。六角螺母有厚薄之分，常用六角螺母 ［见图9-12（a）］基本尺寸见表9-3，扁螺母 ［见图9-12（b）］用于轴向尺寸受到限制的地方。

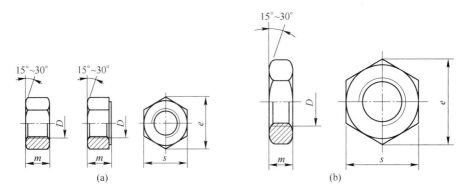

图9-12　六角螺母

Ⅰ型六角螺母（GB/T 6170—2015）。

六角薄螺母（GB/T 6172—2016）。

标记示例：螺纹规格 D = M12，性能等级为 10 级，不经表面处理，A 级的Ⅰ型六角螺母：

　　　螺母　　　GB/T 6170—2015 M12

标记示例：螺纹规格 D = M12，性能等级为 04 级，不经表面处理，A 级的六角薄螺母：

　　　螺母　　　GB/T 6172—2016　M12

表9-3　几个常用螺母主要尺寸　　　　　　　　　　　　　　　（mm）

螺纹规格 D		M6	M8	M10	M12	（M14）	M16	（M18）	M20
扳手口对应的六方平行边距离 S		10	13	16	18	21	24	27	30
螺母六角对角长度 e_{min}		11.05	14.38	17.77	20.03	23.36	26.75	29.56	32.95
螺母厚度 m_{max}	六角螺母	5.2	6.8	8.4	10.8	12.8	14.8	15.8	18
	六角薄螺母	3.2	4	5	6	7	8	9	10

（5）垫圈。垫圈放在螺母与被连接件之间，其作用是增加被连接件的支撑面积以减少接触处的压强，避免拧紧螺母时擦伤被连接件表面。常用的多为平垫圈，它分为 A 级、C 级两种，与相同级的螺栓、螺母配合使用。有的垫圈还可起到防松的作用，如弹簧垫圈，其基本尺寸见表9-4。

1）弹簧垫圈，如图9-13（a）所示，有标准型弹簧垫圈（GB/T 93—1987），轻型弹簧垫圈（GB/T 859—1987）。

标记示例：规格 16mm，材料为 65Mn，表面氧化的标准型弹簧垫圈：

　　　　　垫圈 16　GB/T 93—1987

标记示例：规格 16mm，材料为 65Mn，表面氧化的轻型弹簧垫圈：

垫圈 16　GB/T 859—1987

注意：弹簧垫圈相当于一圈左旋弹簧，画图时，应注意缺口方向也是左旋的。弹簧垫圈起防松作用。

表 9-4　几个常用弹簧垫圈主要尺寸　　　　（mm）

规格（螺纹大径）		6	8	10	12	(14)	16	(18)	20
GB/T 93 —1987	轴向宽 S	1.6	2.1	2.6	3.1	3.6	4.1	4.5	5.0
	径向厚 b	1.6	2.1	2.6	3.1	3.6	4.1	4.5	5.0
GB/T 859 —1987	轴向宽 S	1.3	1.6	2	2.5	3	3.2	3.6	4
	径向厚 b	2	2.5	3	3.5	4	4.5	5	5.5

注：1. 括号内的规格尽可能不采用。

　　2. 标准型弹簧垫圈主要尺寸摘自《标准型弹簧垫圈》（GB/T 93—1987）。

　　3. 轻型弹簧垫圈主要尺寸摘自《轻型弹簧垫圈》（GB/T 859—1987）。

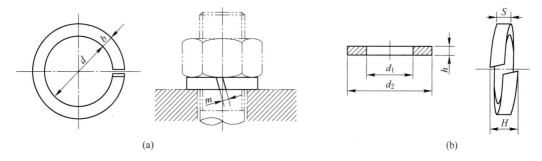

（a）　　　　　　　　　　　　　　　　（b）

图 9-13　垫圈
（a）弹簧垫圈；（b）平垫圈

2）平垫圈，如图 9-13（b）所示。标准型平垫圈 A 级（GB/T 97.1—2002）和小垫圈 A 级（GB/T 848—2002）。

标记示例：公称直径 $d=8$mm，100HV 级（硬度 HV≥100），不经表面处理钢标准平垫圈标记：

　　　　垫圈 8—100HV　　　GB/T 97.1—2002

　　　　公称直径 $d=8$mm，140HV 级（硬度 HV≥140），不经表面处理钢小系列平垫圈标记：

　　　　垫圈 8—140HV　　　GB/T 848—2002

平垫圈放在弹簧垫圈与被连接件之间，以防止弹簧垫圈（淬火钢）划伤被连接件的表面。

几个常用标准平垫圈主要尺寸见表 9-5，几个常用小垫圈主要尺寸见表 9-6。

表 9-5　几个常用标准平垫圈主要尺寸　　　　（mm）

公称直径	垫圈内径 d	垫圈外径 d_c	垫圈厚（公称）h
6	6.4～6.62	11.57～12	1.6
8	8.4～8.62	15.57～16	1.6

公称直径	垫圈内径 d	垫圈外径 d_c	垫圈厚（公称）h
10	10.5~10.77	19.48~20	2
12	13~13.27	23.48~24	2.5
14	15~15.27	27.48~28	2.5
16	17~17.27	29.48~30	3
18	19~19.38	33.38~34	3
20	21~21.33	36.38~37	3

注：本表摘自《平垫圈 A 级》（GB/T 97.1—2002）。

表 9-6　几个常用小垫圈主要尺寸　　　　　　　　　　　（mm）

公称直径	垫圈内径 d	垫圈外径 d_c	垫圈厚（公称）h
6	6.4~6.62	10.57~11	1.6
8	8.4~8.62	14.57~15	1.6
10	10.5~10.77	17.57~18	1.6
12	13~13.27	19.48~20	2
14	15~15.27	23.48~24	2.5
16	17~17.27	27.48~28	2.5
18	19~19.33	29.48~30	3
20	21~21.33	33.38~34	3

注：本表摘自《小垫圈 A 级》（GB/T 848—2002）。

9.3　螺纹连接的预紧和防松

9.3.1　螺纹连接的预紧

在零件未受工作载荷前需要将螺母拧紧，使组成连接的所有零件都产生一定的弹性变形（螺栓伸长、被连接件压缩），从而可以有效地保证连接的可靠性。这样，各零件在承受工作载荷前就受到了力的作用，这种方式就称为预紧，这个预加的作用力就称为预紧力。

对于重要的螺栓连接，在装配时需要控制预紧力拧紧力矩。对于 M10~M68 的粗牙普通螺纹，拧紧力矩 T 的经验公式为

$$T = 0.2F_0 d \tag{9-5}$$

式中　F_0——预紧力，N；

　　　d——螺纹公称直径，mm。

预紧力 F_0 的大小，由螺栓连接的要求决定。一般情况下，螺栓连接的预紧力规定为

合金钢螺栓：

$$F_0 \leqslant (0.5 \sim 0.6) R_{eL} A_1 \tag{9-6}$$

碳素钢螺栓：

$$F_0 \leqslant (0.6 \sim 0.7) R_{eL} A_1 \tag{9-7}$$

式中　R_{eL}——螺栓材料的屈服强度，MPa；

　　　A_1——螺栓杆最小截面（即按螺纹小径计算的截面）的面积，mm^2。

拆装维修、小批量生产时，用测力矩扳手来控制预紧力的大小；大批量生产时，常用风扳机来控制预紧力的大小，当力矩达到额定数值时，风扳机中的离合器会自动脱开。控制预紧力的扳手如图 9-14 所示。

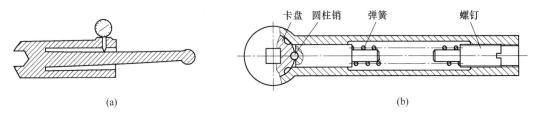

（a）　　　　　　　　　　　　　　　（b）

图 9-14　控制预紧力的扳手
（a）扭力矩扳手；（b）定力矩扳手

9.3.2　螺纹连接的防松

一般来说，螺纹的自锁性可以保证螺纹连接不会松动。但是，在具体工作条件下，可能存在冲击、振动、超载、变载等作用，螺纹副之间的摩擦力会出现瞬时消失或减小；同时在高温或温度变化比较大的场合，材料会发生蠕变和应力松弛，也会使摩擦力减小。螺纹长期在这种条件下，就会造成螺纹连接的逐渐松脱。螺纹连接一旦松动，轻者影响机器的正常运转，重者会造成事故，因此必须采取防松措施。

常用的防松方法有三种：摩擦防松、机械防松和永久防松。

9.3.2.1　摩擦防松

摩擦防松是利用螺旋副中正压力产生的摩擦阻力矩来阻止螺旋副的相对转动，摩擦防松简单、方便，一般用于防松要求不严格的场合。主要包括：

（1）弹簧垫圈防松（见图 9-15）。弹簧垫圈材料为弹簧钢 65Mn，经淬火处理，因此，弹簧垫圈相当于只有一圈的左旋弹簧，用于右旋螺纹防松。装配后垫圈被压平，其反弹力能使螺纹间保持压紧力和摩擦力，实现防松；同时，垫圈开口处的刃口也是左旋的，也起防松作用。弹簧垫圈结构简单，应用广泛。

（2）对顶螺母防松（见图 9-16）。利用螺母对顶作用使螺栓始终受到附加的拉力和附加的摩擦力。该方式结构简单。适用于平稳、低速和重载的固定装置上的连接，但要多用一个螺母，轴向尺寸大，可靠性差。

（3）自锁螺母防松（见图 9-17）。六角自锁螺母（GB/T 1337—1988）。螺母一端制成非圆形收口或开缝后径向收口。当螺母拧紧后，收口胀开，利用收口的弹力使旋合螺纹间压紧。

9.3.2.2　机械防松

机械防松是利用止动元件限制螺旋副的相对转动，这种防松可靠，但装拆麻烦。对于

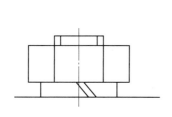

图 9-15　弹簧垫圈防松

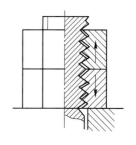

图 9-16　对顶螺母防松

防松要求较高的重要连接，特别是在机器内部不易检查的连接，应采用机械防松。主要包括：

（1）槽型螺母和开口销防松（见图 9-18）。利用 I 型六角开槽螺母—A 级和 B 级（GB 6178—1986）和开口销（GB/T 91—2000）组合实现机械防松。槽形螺母拧紧后，用开口销穿过螺栓尾部小孔和螺母上的槽，并将开口销尾部扳开，与螺母侧面贴紧，如图 9-19（a）所示。一般用于冲击、振动较大的重要连接，如汽车车轮半轴轴端采用槽形螺母紧固和开口销防松。

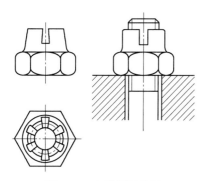

图 9-17　自锁螺母防松

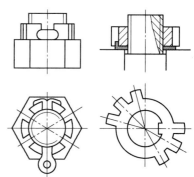

图 9-18　槽型螺母和开口销防松

（2）圆螺母和止动垫片。圆螺母（GB/T 812—1988）使用止动垫圈（GB/T 858—1988）实现机械防松。使垫圈内舌嵌入螺栓（轴）的槽内，拧紧螺母后将垫圈外舌之一褶嵌于螺母的一个槽内，如图 9-19（b）所示。

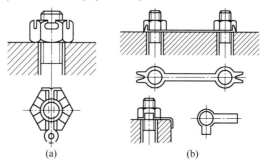

图 9-19　机械防松

（a）开口销；（b）止动垫片

9.3.2.3 不可拆防松

不可拆防松如图 9-20 所示，有：

（1）冲点法防松：螺母拧紧后，用冲头在螺纹末端冲点破坏螺纹达到防松的目的。这种防松效果很好，但此螺纹连接变成不可拆连接。

（2）黏合防松：通常采用厌氧胶黏结剂涂于螺纹旋合表面，拧紧螺母后黏结剂能够自行固化，防松效果良好，但不便于拆卸。

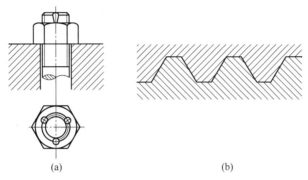

(a)   (b)

图 9-20 不可拆防松

（a）冲点；（b）黏合

9.4 螺纹连接的强度计算

螺栓的主要失效形式有：（1）螺栓杆拉断；（2）螺纹的断裂和剪断；（3）经常装拆时会因磨损而发生滑扣现象。螺栓与螺母的螺纹牙及其他各部尺寸是根据等强度原则及使用经验规定的。采用标准件时，这些部分都不需要进行强度计算。所以，螺栓连接的计算主要是确定螺纹小径 d_1，然后按照标准选定螺纹公称直径（大径）d 及螺距 P 等。

9.4.1 普通螺栓连接的强度计算

普通螺栓连接的主要失效形式是螺栓螺纹部分的塑性变形或断裂，因此其强度计算主要考虑拉伸强度。

9.4.1.1 松螺栓连接

松螺栓连接装配时不需要把螺母拧紧，在承受工作载荷前，除有关零件的自重（自重一般很小，计算强度时可略去）外，连接并不受力。图 9-21 所示为松螺栓连接应用实例。当承受轴向工作载荷 F 时，其强度条件为

$$\sigma = \frac{F}{\frac{\pi d_1^2}{4}} \leqslant [\sigma] \qquad (9-8)$$

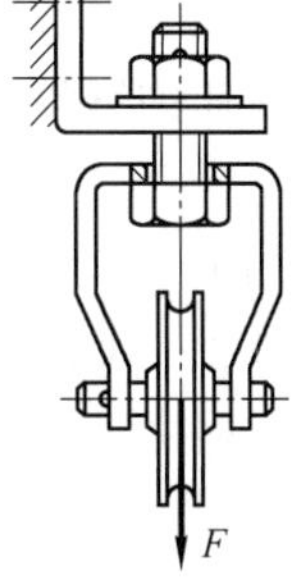

图 9-21 松螺栓连接

式中 d_1——螺纹小径，mm；

　　$[\sigma]$——许用拉应力，MPa。

9.4.1.2 紧螺栓连接

紧螺栓连接装配时需要拧紧，在工作状态下可能还需要补充拧紧。按螺栓承受工作载荷的方向分为两种情况。

A 受横向工作载荷的紧螺栓连接

如图 9-22 所示，在横向载荷 F 的作用下，被连接件结合面间有相对滑动趋势，为防止滑移，预紧力 F' 所产生的摩擦力应大于或等于横向工作载荷 F，即

$$F' \geqslant \frac{CF}{fmz} \tag{9-9}$$

式中 F'——单个螺栓所受的轴向预紧力，N；

　　C——连接的可靠系数，一般取 1.1~1.3；

　　F——连接螺栓所受横向工作载荷，N；

　　f——被连接件结合面的摩擦因数，对于干燥的钢铁件表面，f 取 0.1~0.16；

　　m——接合面的数目；

　　z——连接螺栓数。

求出 F' 后，可按式（9-10）确定螺栓的小径

$$d_1 \geqslant \sqrt{\frac{5.2F'}{\pi[\sigma]}} \tag{9-10}$$

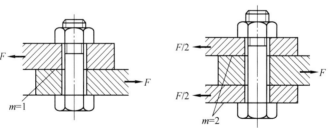

图 9-22 受横向工作载荷的紧螺栓连接

B 受轴向工作载荷的紧螺栓连接

如图 9-23 为压力容器盖螺栓连接，是受轴向载荷紧螺栓连接的典型实例。

设压力容器内的流体压力为 P，螺栓数为 z，则缸体周围每个螺栓承受的轴向工作载荷为 $F = P\pi D^2/(4z)$。连接拧紧后，螺栓受预紧力 F_p 而伸长，被连接件受压缩，其压紧力也为 F_p。当压力容器工作时，工作载荷使螺栓伸长量增加，被连接件因螺栓的伸长而略有放松，其压紧力减小为 F_p'（F_p' 称残余预紧力）。此时，螺栓所受的轴向总载荷 F_Q 为残余预紧力和工作载荷之和，即

$$F_Q = F + F_p' \tag{9-11}$$

为了保证连接的紧密性，防止连接接合面间出现间隙，残余预紧力 F_p' 必须大于零。F_p' 的大小可按连接的工作条件根据经验选定。当工作载荷 F 无变化时，可取 $F_p' = （0.2~$

0.6) F；当 F 有变化时，$F'_p = (0.6 \sim 1.0)$ F；对于特别重要的紧密连接，可取 $F'_p = (1.5 \sim 1.8)$ F。

9.4.2 铰制孔用螺栓连接的强度计算

铰制孔用螺栓连接主要承受横向载荷，如图 9-24 所示，它的失效形式一般为螺栓杆被剪断，螺栓杆或孔壁被压溃。因此，铰制孔用螺栓连接需要进行抗剪强度和挤压强度计算。

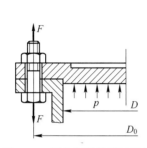

图 9-23 压力容器盖螺栓连接

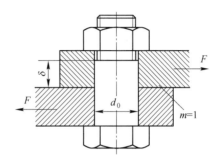

图 9-24 铰制孔用螺栓连接

螺栓杆的抗剪强度条件：

$$\tau = \frac{4F_s}{\pi d_0^2} \leqslant [\tau] \tag{9-12}$$

螺栓杆与孔壁的挤压强度条件：

$$\sigma = \frac{F_s}{d_0 \delta} \leqslant [\sigma_p] \tag{9-13}$$

式中　F_s——单个铰制孔用螺栓所受的横向载荷，N；

　　　d_0——铰制孔用螺栓剪切面直径，mm；

　　　δ——螺栓杆与孔壁挤压面的最小高度，mm；

　　$[\tau]$——螺栓许用剪切应力，MPa；

　$[\sigma_p]$——螺栓或被连接件中强度较弱材料的许用挤压应力，MPa。

9.5　提高螺纹连接强度的措施

螺栓连接承受轴向变载荷时，其损坏形式多为螺栓杆部分的疲劳断裂，通常都发生在应力集中较严重之处，即螺栓头部、螺纹尾部和螺母支承平面所在处的螺纹。本节简要说明影响螺栓强度的因素和提高强度的措施。

9.5.1 降低影响螺栓疲劳强度的应力幅

由实践可知，受轴向变载荷的紧螺栓连接，在最小应力不变的条件下，应力幅越小，则螺栓越不易发生疲劳破坏，连接的可靠性越高，但降低了连接的紧密性。因此，若要保证连接的可靠性和紧密性，在减小螺栓刚度和增大被连接件刚度的同时，在规定的范围内适当增加预紧力。采用图 9-25 所示的腰状杆螺栓和空心螺栓，适当增加螺栓的长度，可减小螺栓的刚度。为增大被连接件的刚度，可以不用垫片或采用刚度较大的垫片。如需保持紧密性，此时采用刚度较大的金属垫片或密封环较好，如图 9-26 所示。

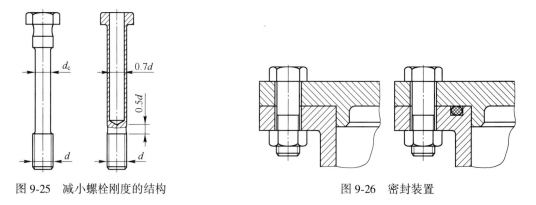

图 9-25　减小螺栓刚度的结构　　　　　　　　　图 9-26　密封装置

9.5.2　改善螺纹牙间的载荷分布

采用普通螺母时，轴向载荷在旋合螺纹各圈间的分布是不均匀的，如图 9-27（a）所示，从螺母支承面算起，第一圈受载最大，以后各圈递减。理论分析和实验证明，旋合圈数越多，载荷分布不均的程度也越显著，到第 8～10 圈以后，螺纹几乎不受载荷。所以，采用圈数多的厚螺母，并不能提高连接强度。若采用图 9-27（b）的悬置（受拉）螺母，则螺母锥形悬置段与螺栓杆均为拉伸变形，有助于减少螺母与栓杆的螺距变化差，从而使载荷分布比较均匀。图 9-27（c）为环槽螺母，其作用和悬置螺母相似。

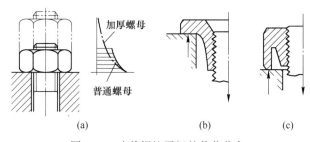

图 9-27　改善螺纹牙间的载荷分布

9.5.3　减小应力集中

螺纹的收尾部位、螺栓头和螺栓杆的过渡处及螺栓横截面面积发生变形部位等，都要产生应力集中。为了减小应力集中的程度，可以采用较大的圆角和卸载结构，如图 9-28 所示，或将螺纹收尾改为退刀槽等。此外，还可以通过保证螺栓连接的装配精度来减少应力集中。

9.5.4　避免产生附加弯曲应力

若被连接件上支承螺母或螺栓头部的支承面偏斜或未加工，则有可能使螺栓受到附加

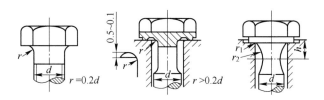

图 9-28　减少螺栓应力集中的方法

的弯曲应力［见图 9-29（a）］，这将会严重降低连接的承载能力，所以设计时必须注意支承面的平整。例如，在铸件或锻件等未加工表面上安装螺栓时，通常采用凸台或沉头座等结构，经局部加工后可获得平整的支承面［见图 9-29（b）和（c）］。

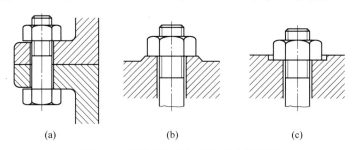

(a)　　　　　　　　　　(b)　　　　　　　　　　(c)

图 9-29　避免产生附加弯曲应力的措施
（a）支撑面不平；（b）采用凸台；（c）采用沉头座

9.5.5　采用合理的材料和合理的制造工艺

为提高螺栓连接的强度，可选用高性能等级的材料或采用合理的制造工艺。如采用冷墩螺栓头部和滚压螺纹的工艺方法，可以显著提高螺栓的疲劳强度。冷墩和滚压工艺使材料纤维未被切断，金属流线的走向合理，而且可减少应力集中。冷墩和滚压工艺具有材料利用率高、生产效率高和制造成本低等优点。此外，在工艺上采用氮化、氰化、喷丸等处理，都是提高螺纹连接件疲劳强度的有效方法。

9.6　螺　旋　传　动

9.6.1　螺旋传动的类型和特点

螺旋传动主要用于将回转运动变换为直线运动，由螺杆、螺母和机架组成。

螺旋传动按其用途可分为三种，即传力螺旋、传导螺旋和调整螺旋。

（1）传力螺旋。最典型的为螺母固定、螺杆转动并移动的形式［见图 9-30（a）］，以传递动力为主，利用传动的增力优点，主要用于低速回转，间歇工作，要求自锁的场合，如螺旋起重器、螺旋压力机等。

（2）传导螺旋。最典型的为螺杆转动、螺母移动的形式［见图 9-30（b）］，以传递运动为主，利用传动均匀、平稳、准确的优点，用于高速回转，连续工作，要求高效率、高精度的场合，如机床刀架或工作台的进给机构等。

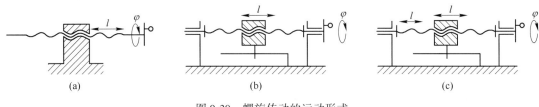

图 9-30　螺旋传动的运动形式

（a）螺母固定、螺杆转动并移动；（b）螺母移动、螺杆转动；（c）螺母移动、螺杆转动并移动

（3）调整螺旋。最典型的为螺杆转动并移动、螺母移动的形式，螺杆上两段螺纹的旋向相同而导程不同时，称为微动螺旋［见图 9-30（c）］。两导程若相差很小，螺母可实现微小移动，用于镗刀杆及螺旋测微仪等；螺杆上两段螺纹旋向相反时，称为复式螺旋，可实现快速移动，用于夹具、张紧装置。调整螺旋不经常转动，要求自锁。

9.6.2　滚动螺旋传动简介

螺旋传动按螺旋副的摩擦性质，分为滑动螺旋、滚动螺旋和静压螺旋。

滑动螺旋结构简单，制造方便，工作平稳，易于自锁。但摩擦阻力大，传动效率低，定位精度差，磨损较快，广泛用于对传动精度和效率要求不高的场合；静压螺旋是在螺旋副中注入高压油，克服了滑动螺旋的上述缺点，传动效率高，但结构复杂，无自锁性能，成本较高，仅用于要求高效率、高精度的重要传动中。

滚动螺旋可分为滚子螺旋和滚珠螺旋两类。由于滚子螺旋的制造工艺复杂，应用较少。

滚珠螺旋传动就是在具有螺旋槽的螺杆和螺母之间，连续填装滚珠作为滚动体的螺旋传动。滚动螺旋按滚道回路型式的不同，分为外循环和内循环两种（见图 9-31）。钢珠在回路过程中，其返回通道离开螺旋表面的称为外循环，不离开的称为内循环。内循环螺母上开有侧孔，孔内装有反向器将相邻两螺纹滚道联通起来，钢珠越过螺纹顶部进入相邻通道，形成一个循环回路。因此一个循环回路里只有一圈钢珠和一个反向器。一个螺母常设置 2~4 个回路。外循环螺母为了缩短回路滚道的长度，也可在一个螺母中分为两个或三个回路。

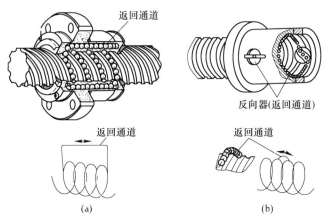

图 9-31　滚动螺旋

（a）外循环；（b）内循环

滚珠螺旋传动具有传动效率高、启动力矩小、传动灵敏平稳、工作寿命长等优点，故在机床、汽车、拖拉机、航空等制造业中应用广泛；缺点是制造工艺比较复杂，特别是长螺杆，难保证热处理及磨削工艺质量，刚性和抗震性能较差。

9.7 轴 毂 连 接

9.7.1 键连接

键是一种标准零件，通常用来实现轴与轮毂之间的周向固定以传递运动和转矩，有的还能实现轴上零件的轴向固定或轴向移动的导向。键连接，最多的是平键，此外，还有半圆键连接、楔键连接和切向键连接。

9.7.1.1 键连接的类型、标准与应用

键连接根据装配时是否需要施加外力，可分为松键连接和紧键连接。

A 松键连接

松键连接依靠键与键槽侧面的挤压来传递转矩。键的上表面与轮毂上的键槽底部之间留有间隙，键不会影响轴与轮毂的同轴度。松键连接具有结构简单、装拆方便、定心性好等优点，因而应用广泛。这种键不能实现传动件的轴向固定。松键连接包括普通平键、导向键、滑键和半圆键连接。

a 普通平键连接

普通平键有圆头（A 型）、方头（B 型）和半圆头（C 型）三种结构型式，如图 9-32 所示。几个常用平键连接尺寸见表 9-7。

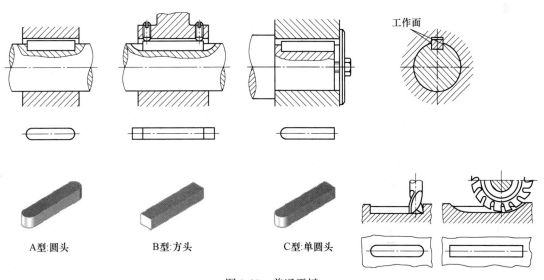

A型:圆头　　　　B型:方头　　　　C型:单圆头

图 9-32 普通平键

圆头普通平键和单圆头普通平键的轴上键槽用指形铣刀（也称键槽铣刀）在立式铣床上加工，键在槽中固定良好，应用广泛，但键槽两端的应力集中较大。方头普通平键的

轴上键槽用盘铣刀在卧式铣床上加工，键槽的应力集中较小，但键在键槽中轴向不能固定，常用螺钉紧定。圆头普通平键和方头普通平键用于轴的中部，单圆头普通平键多用于轴端。

表 9-7　几个常用平键连接尺寸　　　　　　　　　（mm）

轴	键	键槽 b						
公称直径 d	公称尺寸 $B \times h$	一般键连接槽宽公差		轴槽深 t		毂槽深 t_1		槽底圆弧半径 r
		轴 N9	毂 Js9	公称尺寸	极限偏差	公称尺寸	极限偏差	
>30~38	10×8	0 −0.036	±0.018	5.0		3.3		
>38~44	12×8			5.0		3.3		0.25~0.4
>44~50	14×9	0 −0.043	±0.0215	5.5	+0.2	3.8	+0.2	
>50~58	16×10			6.0		4.3		
>58~65	18×11			7.0		4.4		
>65~75	20×12	0 −0.052	±0.026	7.5		4.9		0.4~0.6
>75~85	22×14			9.0		5.4		
键的长度 L 系列	6, 8, 10, 12, 14, 16, 18, 20, 22, 25, 28, 32, 36, 40, 45, 50, 56, 63, 70, 80, 90, 100, 110, 125, 140, 160, 180, 200, 220, 250, 280, 320, 360							

注：1. 在工作图中，轴上键槽深用 $d-t$ 标注，表中公差为：上偏差 0，下偏差 −0.2；轮毂键槽深用 $d+t_1$ 标注，表中公差为：上偏差 +0.2，下偏差 0。

　　2. 键标记示例：键 B16×100　GB/T 1096—2003，表示普通平键 B 型，$b=16\text{mm}$，$L=100\text{mm}$。A 型键可省略字母 A。

　　3. 键连接键槽宽度公差，一般键连接轴取 N9，毂取 Js9；较松的键连接轴取 H9，毂取 D9；较紧的键连接轴和毂都取 P9。

　　4. 本标准摘自《普通型　平键》（GB/T 1096—2003）。

　　b　导向平键连接

　　导向平键与普通平键结构相似，但比较长，其长度等于轮毂宽度与轮毂轴向移动距离之和。

　　键用螺钉固定在轴上键槽中，键与轮毂键槽为间隙配合，故轮毂件可在键上作轴向滑动，此时键起导向作用。为了拆卸方便，键上制有起键螺孔，拧入螺钉即可将键顶出。

　　导向平键用于轴上零件移动量不大的场合。

　　导向平键连接如图 9-33 所示。

　　c　滑键连接

　　当零件滑移的距离较大时，因所需导向平键的长度过大，制造困难，使用不便，故宜采用滑键。滑键比较短，固定在轮毂上，而轴上的键槽比较长，键与轴上键槽为间隙配合，轮毂上零件可带键在轴上键槽中滑动。

　　滑键主要用于轮毂上零件移动量较大的场合，如车床光杠与溜板箱之间的连接。

　　滑键连接如图 9-34 所示。

　　d　半圆键连接

　　在半圆键连接中，轴上的键槽是用尺寸相同的半圆键槽铣刀铣出的，因而键在槽中能

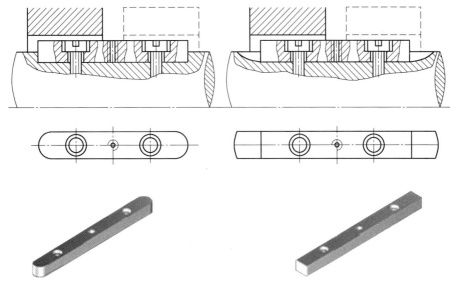

图 9-33 导向平键连接

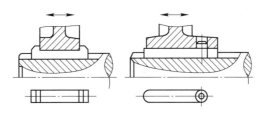

图 9-34 滑键连接

绕其几何中心摆动以适应轮毂键槽的斜度。半圆键工作时，也是靠键的侧面来传递转矩。

半圆键连接（见图 9-35）工艺性好，装配方便；但轴上槽较深对轴的强度削弱大。一般用于轻载静连接中，适用于锥形轴端的连接。

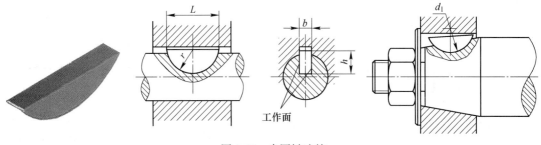

图 9-35 半圆键连接

B　紧键连接

a　楔键连接

键的上表面与轮毂键槽的底面各有 1：100 的斜度，键楔入键槽后具有自锁性，可在轴、轮毂的槽底和键的接触表面上产生很大的楔紧力，工作时靠摩擦力实现轴上零件的周向固定并传递转矩，同时可实现轴上零件的单向轴向固定，传递单方向的轴向力。

楔键连接（见图 9-36）会使轴上零件与轴的配合产生偏心，故适用于精度要求不高和转速较低的场合。常用的有普通楔键和钩头楔键。

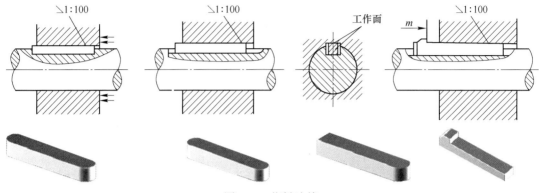

图 9-36　楔键连接

b　切向键连接

切向键由一对普通楔键组成，装配时将两键楔紧，窄面为工作面，其中与轴槽接触的窄面过轴线，工作压力沿轴的切向作用，能传递很大的转矩。一对切向键只能传递单向转矩，传递双向转矩时，需用两对切向键，互成 120°~135° 分布（图 9-37 中未画出轮毂零件）。

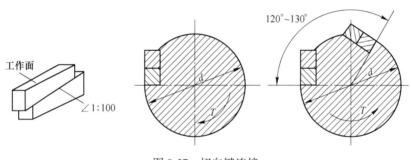

图 9-37　切向键连接

切向键对中性较差，键槽对轴的削弱大，适用于载荷很大，对中性要求不高的场合，如重型及矿山机械。

9.7.1.2　平键的选择及强度计算

A　平键的类型和尺寸选择

根据键连接的结构特点、使用要求及工作条件选择键的类型。根据轴径 d 由标准中查得键的截面尺寸 $b×h$，键的长度 L 可根据键的类型和轮毂宽度确定，对普通平键键长可略短于或等于轮毂宽度，对于导向平键应按轮毂的宽度和滑动距离确定，并符合键长标准系列。

平键连接强度计算如图9-38所示。

B 平键连接的失效形式和强度计算

普通平键连接的主要失效形式是工作面的
压溃，有时也会出现键的剪断，但一般只校核
挤压强度。

导向平键连接和滑键连接的主要失效形式
是工作面的过度磨损，通常按工作面上的压强
进行条件性计算。

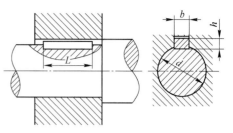

图 9-38 平键连接强度计算

平键受力分析如图9-39所示。

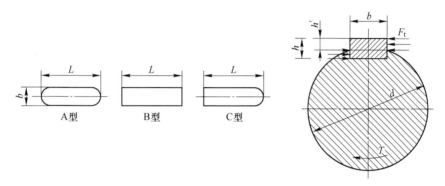

图 9-39 平键受力分析

设键连接传递的转矩为 $T(\text{N} \cdot \text{mm})$，挤压力为 $F(\text{N})$，挤压高度为 $h'(\text{mm})$，挤压长
度为 $l(\text{mm})$，则

设载荷为均匀分布，可得平键连接的挤压强度条件：
静连接（挤压强度）

$$\sigma_p = \frac{4T}{dhl} \leqslant [\sigma_p] \tag{9-14}$$

导向平键连接（动连接），应限制压强：
动连接（压强）

$$p = \frac{4T}{dhl} \leqslant [p] \tag{9-15}$$

$$l = L - b \text{（A 型平键）}$$
$$l = L \text{（B 型平键）}$$
$$l = L - b/2 \text{（C 型平键）}$$

式中 $[\sigma_p]$，$[p]$——材料的许用挤压应力与许用压强（见表9-8），MPa；

$\quad d$——轴的直径，mm；

$\quad h$——键的高度，mm；

$\quad T$——转矩，N·mm。

表 9-8 键连接的许用应力 （MPa）

许用值	连接方式	连接中薄弱零件的材料	载荷性质		
			静载荷	轻微冲击	较大冲击
$[\sigma_\mathrm{p}]$	静连接	铸铁	70~80	50~60	30~45
		钢	125~150	100~120	60~90
$[p]$	动连接	钢	50	40	30

键的材料常采用 45 精拔钢，当强度不足时，可采用以下措施：

（1）适当增加轮毂及键的长度；

（2）采用相隔 180°的双平键。考虑到两个键载荷分布的不均匀性，在强度校核中按 1.5 个键计算。

（3）可用 B 型键代替 A 型键，或与过盈连接配合使用。

例 9-1 选择并校核带轮与轴之间的平键连接。已知轴的材料为钢，直径 $d = 40\mathrm{mm}$；带轮的材料为 HT150，轮毂宽度 $B = 70\mathrm{mm}$；传递的转矩 $T = 150\mathrm{N \cdot m}$，有轻微冲击。

解： 1. 选择键连接的类型和尺寸

此连接属于静连接，故选择普通平键连接，圆头。

根据轴径 $d = 40\mathrm{mm}$ 从平键尺寸表中查得键的截面尺寸为：$b = 12\mathrm{mm}$，$h = 8\mathrm{mm}$；由轮毂的宽度 70mm 并参考键的长度系列，取键长 $L = 63\mathrm{mm}$。标记：键 $12 \times 63\mathrm{GB/T}$ 1096—2003。

2. 校核键连接的强度

键和轴的材料都是钢，带轮的材料为铸铁，由表 9-8 可查得钢的许用挤压应力。

$[\sigma_\mathrm{p}] = 110\mathrm{MPa}$；铸铁的许用挤压应力 $[\sigma_\mathrm{p}] = 55\mathrm{MPa}$。键的工作长度 $l = L - b = 63 - 12 = 51\mathrm{mm}$。由挤压应力计算公式得：

$$\sigma_\mathrm{p} = \frac{4T}{hld} = \frac{4 \times 150000}{8 \times 51 \times 40} = 36.76\mathrm{MPa} \leqslant [\sigma_\mathrm{p}] = 55\mathrm{MPa}$$

所以挤压强度足够。

9.7.2 花键连接

如图 9-40 所示，花键连接是周向均布多个大小相同的键齿的花键轴和带有相对应键槽的花键毂相配合构成的动连接。轴为外花键，孔为内花键。与平键连接相比，由于键齿与轴是一体的，故承载能力高，轴上零件和轴的对中性好、导向准确，齿根应力集中小得多，对轴的强度削弱也小。如汽车离合器输出轴与离合器从动盘轮毂之间就是花键连接，汽车半轴与差速器半轴齿轮之间也是花键连接。

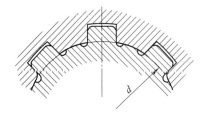

图 9-40 花键连接

花键连接已标准化，按其剖面齿形分为矩形花键和渐开线花键等。

（1）矩形花键。矩形花键连接的定心方式为小径定心，其特点是定心精度高，定心的稳定性好，能用磨削的方法消除热处理引起的变形而获得较高的精度。矩形花键的齿侧为直线，加工方便，如图 9-41 所示。

（2）渐开线花键。渐开线花键的两侧齿形为渐开线（见图 9-42），分度圆压力角有30°和45°两种。渐开线花键齿根较厚，强度高，可以用加工齿轮的方法加工渐开线花键，故工艺性好，易获得较高的加工精度，适用于重载、轴径较大的连接。

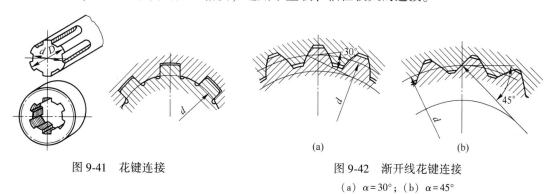

图 9-41 花键连接

图 9-42 渐开线花键连接

（a）$\alpha=30°$；（b）$\alpha=45°$

9.7.3 销连接

销是标准的连接件，按结构可分为圆柱销和圆锥销等，如图 9-43 所示。按用途可分为定位销、连接销和安全销。被连接件上的销孔一般要进行配作，并进行铰削，销与孔多为过渡配合。圆柱销配合精度高，但不宜经常装拆，否则会降低定位精度或紧固性。圆锥销有 1：50 的锥度，定位精确，装拆方便，具有自锁性，可多次装拆。销的材料常用 35钢和 45 钢，并进行淬火处理。

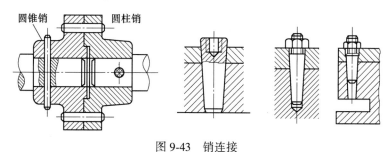

图 9-43 销连接

几个常用圆锥销尺寸见表 9-9，常用圆锥销如图 9-44 所示。

表 9-9 几个常用圆锥销尺寸

d	5	6	8	10	12
a	0.63	0.8	1	1.2	1.6
l	18～60	22～90	22～120	26～160	32～180

注：该表摘自《圆锥销》（GB/T 117—2000）。

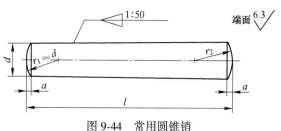

图 9-44 常用圆锥销

　　销的类型可根据工作要求选定。用于连接的销，其直径可根据连接的结构特点，按经验或规范确定，必要时再进行强度校核，一般按剪切和挤压强度条件计算。定位销通常不受载荷或只受很小的载荷，其直径可按结构确定，协调即可。安全销的直径，按过载时剪切的条件确定，为避免安全销在剪断时损坏孔壁，可在销孔内加销套。

　　销是标准零件。定位销的尺寸可根据经验从标准中选取；承载销可根据使用和结构要求选择其类型和尺寸，然后校核其强度。

　　销还有许多特殊形式，如带有内、外螺纹的圆柱销、圆锥销等，需要时可参考《机械设计手册》选用。

思 考 题

9-1　简述常见螺纹的类型及应用。

9-2　螺纹连接有哪几种类型？每种连接各有什么特点？试举例说明？

9-3　为什么大多数螺纹连接必须预紧？预紧后，螺栓和被连接件各受到什么载荷？

9-4　键连接有哪些类型？平键连接和楔键连接在结构上和使用性能上有什么不同？

9-5　图 9-45 所示刚性联轴器用螺栓连接，螺栓性能等级为 8.8。联轴器材料为铸铁（HT250），若传递载荷 $T = 500\text{N} \cdot \text{m}$，

　　（1）取 4 个 M16 的铰制孔用螺栓，受压的最小轴向长度 $\delta = 14\text{mm}$，试校核其连接强度；

　　（2）若采用 M16 的普通螺栓连接，当接合面间摩擦系数 $f = 0.15$，安装时不控制预紧力，试确定所需螺栓数（取偶数）。

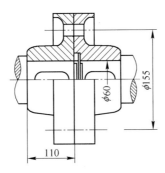

图 9-45　题 9-5 插图

下篇　机械设计实例

10 物料性能与粉碎机械选型

10.1 粉碎机械的基本概念

粉碎：是指在外力的作用下，固体物料克服自身的内聚力，将大颗粒破碎成小颗粒的过程。

10.1.1 粉碎的目的

破碎机可以粉碎物料，粉碎的目的有以下几点。

（1）均匀化。由于粉碎的进行，材料的总表面积会增加。大颗粒材料被破碎成细粉状态，因此可以混合几种不同的固体材料（主要是不同的化学组分）以获得良好的均匀效果。

（2）矿物加工（或者解离）。随着矿产资源的开发和利用，矿石的品级日益下降。此外，在矿石中选择越来越多的耐火矿石，矿石中的有用成分与杂质紧密结合，要有效地分解矿石。只有当它被完全粉碎时，在矿物加工之后，才可以将有用成分与杂质分离，并除去杂质以获得比较纯净的矿物。

由于工业的发展，矿石综合回收需要的元素越来越多，破碎矿石的要求也越来越具体，对破碎机械的要求也越来越高。

（3）粒度分级。固态原料由于其生产工艺要求，粒度要求严格，破碎机械产品必须满足它的粒度要求。

1）在冶金工业中，不同冶炼方法对矿石的粒度要求见表 10-1。

表 10-1　不同冶炼方法对矿石粒度的要求

冶炼方法	平炉	电炉	转炉
矿石粒度/mm	50~250	50~100	10~50

2）烧结用石灰石粒度要求见表 10-2。

表 10-2　烧结用石灰石的粒度要求

粒度/mm	最大粒度不得大于/mm	大于上限粒度含率不得大于/%
0~3	8	10
0~3	10	10

3）炼铁用石灰石粒度要求见表 10-3。

表 10-3　炼铁用石灰石粒度要求

粒度/mm	最大粒度不得大于/mm	大于上限粒度含率不得大于/%	小于上限粒度含率不得大于/%
0~3	80	10	10
0~3	90	10	10

4）人造砂的粒度要求见表 10-4。

表 10-4　人造砂的粒度要求

原砂组名称	粒级序号	粒度/mm
特粗砂	1	3.36~1.68
	2	1.68~0.84
粗粒砂	3	0.84~0.5
	4	0.84~0.42
	5	0.59~0.42
中粒砂	6	0.42~0.21
	7	0.297~0.149
细粒砂	8	0.21~0.105
	9	0.149~0.075
特细砂	10	0.105~0.053
	11	0.075~0.053

（4）增加材料的比表面积，指每单位质量或体积的材料表面积。粒度小，比表面积大。增加材料的比表面积增加了材料与周围介质的接触面积，也增加了反应的速度。例如，固态燃料燃烧和气化反应，材料的溶解过程，吸附和干燥过程，化学利用粉末颗粒流化床的大接触面积来增强传质及传热等。物料的比表面积随粒度变化的情况，见表 10-5。

表 10-5　比表面积随粒度的变化

立方体边长/cm	切割后的数量	比表面积/$cm^2 \cdot cm^{-3}$
1	1	6
10^{-1}	10^3	6×10
10^{-2}	10^6	6×10^2
10^{-3}	10^9	6×10^3
10^{-4}	10^{12}	6×10^4
10^{-5}	10^{15}	6×10^5
10^{-6}	10^{18}	6×10^6

（5）超细粉碎。随着现代工业的发展，新材料的开发需要材料非常精细，需满足精细陶瓷材料、电子材料、磁性材料等新兴产业的需求。目前使用的超细粉碎机械具体有高速冲击粉碎机、喷射磨机、振动磨机等。为了实现产品粒度，一些磨机（例如振动磨机）

被设计为闭环系统。

在通过颗粒的表面改性处理做进一步超细颗粒改性之后，改变颗粒的原始性质以适应该方法的需要，例如用于静电涂覆的搪瓷粉末。

10.1.2 破碎比

原料的尺寸为 D，用破碎机或粉碎机粉碎后，材料的粒径为 d，$D/d=i$ 的比例作为材料的破碎率。在用破碎机破碎物料之后，颗粒尺寸减小的倍数为平均破碎比。也就是破碎前后物料颗粒的一般比例及颗粒变化的程度，能比较好地反映粉碎机的操作。为了方便地表示和通过各种粉碎机比较这个主要特征，破碎机最大进料口的宽度和最大出料口宽度的比值也可以用作破碎机的破碎比，并称其为破碎比。破碎机的平均破碎比一般都低于公称破碎比，选择破碎机时应特别注意。

每种破碎机可以达到的破碎比不是无限的，都有一定的限制。

破碎比与单位的功耗（也就是每单位质量粉碎产品的能量消耗）是粉碎机械工作的基本技术和指标。单位功耗可以确定破碎机功耗是不是经济。不过，破碎比如果不同，那么两台破碎机的经济效果也是不同的。因此，如果要确定破碎机的工作效率，要同时考虑单位功耗和破碎比。

10.1.3 粉碎段数和粒径

10.1.3.1 粉碎段数

在工业生产应用中，破碎比通常要求很大，而且不能实现粉碎机（粉磨机）的破碎比。例如，500mm 的大固体材料被破碎成 0.5mm 以下的颗粒，总破碎比就为 1000。这种破碎过程并不是通过粉碎机或者粉磨机一次完成的，而是需要将该材料粉碎并研磨几次以获得最终的粒度。

连续使用多台破碎机的破碎过程称为多级破碎，串着连接破碎机的数量称为破碎段数。这个时候，原料的尺寸同最终破碎产品的尺寸相比所得的值称为总的破碎比。在进行多段破碎时，如果每一段的破碎比分别为 i_1、i_2、$\cdots$、i_n，那么它们的总破碎比 i_0 为

$$i_0 = i_1 \cdot i_2 \cdot \cdots \cdot i_n \tag{10-1}$$

总破碎比等于各个部分的所有破碎比的乘积。如果已知破碎机的破碎比，那可以根据总破碎比来求得所需的破碎段数。

10.1.3.2 平均粒径

固体材料的原料或产品是由尺寸不相同的块状物料或者颗粒构成，它们形状基本上是不规则的，颗粒尺寸也是不均匀的。为了研究其破碎过程，要选择适合的破碎设备，同时要控制研磨体的分级，提出了平均颗粒尺寸的概念，因此除非另有说明，否则物料直径总是由平均颗粒表示。基于每个嵌段或粒度计算平均粒度，筛选一堆不同尺寸的颗粒以计算颗粒的平均直径。当颗粒通过某个筛网表面并保留在另一个筛网表面上时，选择筛子分类颗粒的平均颗粒尺寸为 d_a（d_a 为上筛网和下筛网孔径的平均值），然后按式（10-2）计算这一堆颗粒的平均粒径：

$$D_a = d_{1a} \cdot G_1 + d_{2a} \cdot G_2 + \cdots + d_{na} \cdot G_n / (G_1 + G_2 + \cdots + G_n) \tag{10-2}$$

式中　　　　　　D_a——一堆颗粒的平均粒径，mm；

d_{1a}，d_{2a}，$\cdots$，d_{na}——各级颗粒的平均粒径，mm；

G_1，G_2，$\cdots$，G_n——各级颗粒质量，kg。

以上为算术平均直径的计算公式，用它来表示物料在工业中的平均直径。不过使用算术平均直径是有前提条件的，具体前提条件就是假设有一堆圆球形的物料和一堆尺寸不同、形状不规则的物料，它们对生产的过程具有相同的效果。如果不是此前提假定，则不能使用算术平均直径，否则会导致严重错误。

10.1.3.3　固体物料颗粒的粒度测定

由于物料颗粒的不规则形状，可以根据其形状和尺寸进行颗粒直径的测量。例如显微镜检查、沉降、筛分、离心、光散射、库尔特计数、悬浮颗粒分光光度法等。在粉末工程设计中，通过筛分法测量粒度更方便，物料颗粒分类见表10-6。

表 10-6　物料颗粒分类

分　　类	颗粒尺寸
粉末状颗粒	0.074mm 及 0.074mm 以下
细粒颗粒	0.074~3mm
粗粒颗粒	3~10mm
块状颗粒	≥12mm
不规则状颗粒	纤维状及绞索状

粒度分布是根据筛分法测定同一批固体散料中相同范围的颗粒占总体质量的百分数来表示，通常以表格的形式出现，称粒度表格。

将一定质量的物料置于一组筛孔由大而小的筛子上进行筛分，得出粒级分别为 a_1、a_2、$\cdots$、a_n 的 n 组产品，其质量为 Q_1、Q_2、$\cdots$、Q_n。也可以为各粒级的质量占总质量的质量百分数，称其为"粒级含量"，以 β 表示。习惯上使用常用的累积含量来表示颗粒组的颗粒尺寸组成，累积含量分为粗粒积累和细粒积累。表10-7 显示了材料的粒度组成。

表 10-7　某物料的粒度组成

粒级/μm	质量 G_n/g	粒级含量 β/%	细粒累积含量 β/%
31~44	150	10	10
44~62	390	26	36
62~88	435	29	65
88~120	315	21	86
120~175	150	10	96
175~246	60	4	100
共计	1500	100	

为了确定粉碎机的选择和粉碎过程，粒度分布是粉体工程设计资料中必须了解的数据之一。

筛分的尺寸由筛分方法中的筛子尺寸表示，并且适合于 0.037mm（400 目）至 200mm 的粒度范围。对于较小的网格尺寸，各国已开发出标准筛，以便于统一规格并将测试结果相互比较。表 10-8 为美国标准筛与泰勒标准筛对比表。

表 10-8 美国标准筛与泰勒标准筛对比表

美国标准筛		泰勒标准筛	
筛号或目数	筛孔尺寸/mm	筛号或目数	筛孔尺寸/mm
3	6.35	3	6.680
4	4.76	4	4.699
6	3.36	6	3.327
8	2.38	8	2.362
10	2.0	10	1.651
14	1.41	14	1.168
20	0.84	20	0.833
—	—	28	0.589
30	0.59	—	—
35	0.5	35	0.417
40	0.42	—	—
—	—	48	0.295
60	0.25	—	—
—	—	65	0.208
100	0.149	100	0.147
140	0.105	—	—
—	—	150	0.104
200	0.074	200	0.074
270	0.053	270	0.053
350	0.044	325	0.043

注：100 号筛子或 100 目筛子表示每 lin（25.4mm）长度内有 100 个网眼，或者说每 lin² 内有 10000 个网眼。若 8 号筛子则每 lin 长度内有 8 个网眼，每 lin² 就有 64 个网眼。

10.2 物料的性能

10.2.1 固体物料物性简述

物料的性能对于破碎机和粉磨机的选择来说非常重要。物料物性直接影响到物料的粉碎效果、粉碎机械的能耗、粉碎产品的粒度特性、粉碎机械主要粉碎零部件（齿板、锤头、衬板等）的磨耗及物料粉碎时必须采取的特殊措施等。

固体物料的基本性能有以下几个方面。

（1）几何要素：

1）物料颗粒的形状；

2）物料颗粒的尺寸；

3）固体物料的比表面积；

4）空隙度，即颗粒同颗粒之间空间的大小；

5）孔隙度，即颗粒内部空间的大小。

（2）固体物料的物理因素：

1）粉状物体加工的性能；

2）粉状物体流动的性能，探讨物料的流动、喷流（泻流）和附着性；

3）物料摩擦的性能，探讨物料磨损及剥落、物料内的摩擦角、壁面的摩擦角对材料加工性能的影响。

4）固体物料的其他因素，如硬度、颗粒的偏析、压缩性、密度、静止角、下落角、分散性、团聚和黏结性、临界湿度及水分的含量。

（3）固体物料的化学性能及电性能：

1）固体物料的化学性能有化学成分的组成、固体物料的分解性、吸湿特性、腐蚀特性、可燃性、毒性及爆炸特性等；

2）固体物料的电性能有导电性能、磁性及静电等。

（4）粉碎物料时应该注意的物理性质。进行物料破碎设计的时候，必须要得到以下物理性质的数据：

1）物料处理的堆积密度、粒度组成、硬度及最大粒径；

2）明确物料是不是含有毒性还有灰尘是否具有爆炸性；

3）粉碎机粉碎部分受待处理物料的磨损和腐蚀程度的影响；

4）了解物料黏结的性能。根据上面物料的物理性能及相关性能，可以选择适合的破碎机械。

10.2.2　物料的强度与易碎性

粉碎物料的难易程度可以用物料的强度来表示，同时也可称为物料的易碎性。易碎性同物料强度的大小、硬化的程度、密度大小、结构是否均匀、含水量多不多、黏度、裂缝情况都有一定的关系。物料的粒度和强度关系很大，如果物料粒度比较小，它的宏观和微观裂缝则比大粒度的物料要少些，这样来说强度也相对较高。

强度和硬度都表明材料对外力的抵抗力，因此具有大强度和硬度的材料更难以粉碎。然而，具有大硬度的材料不一定难以破裂，因为材料被破坏，因此破裂难度的决定因素是材料的强度。硬质材料肯定难以研磨。由于研磨过程不同于破碎过程，因此研磨过程是研磨机的工作体在材料表面上连续研磨以产生大量细粉的过程。因此，确定研磨的难点因素是材料的硬度。

表10-9列出了一些比较常见岩石的抗压强度、易碎性和韧性的数值。在实际工作中，

通常用物料的硬度来表示其易碎性。

表 10-9 岩石的物料性质

类别	矿石名称	密度/t·m⁻³	抗压强度/μPa	相对韧性	易碎性	
					洛氏法	德氏法
侵入火成岩	花岗岩	2.63	180	9	41.5	4.7
	正长岩	2.71	193	14	38.8	4.0
	闪长岩	2.83	71	17	—	3.1
	辉长岩	2.93	300	14	14.0	3.4
喷出火成岩	流纹岩	2.61	279	18	16.4	3.6
	粗面岩	2.66	180	18	20.7	4.2
	安山岩	2.63	122	18	32.5	3.7
	玄武岩	2.84	338	30	16.7	3.0
硅质沉积岩	砾石	2.64	143	10	—	—
	砂岩	2.48	165	12	58.7	5.4
	页岩	2.66	71	8	—	8.1
钙质沉积岩	石灰石	2.63	125	8	338	5.6
	白云石	2.71	153	8	27.1	5.9
	碳酸钙	2.71	38	8	36.3	17.4
接触变质岩	片麻岩	2.68	171	8	41.1	4.3
	页岩	2.74	—	9	36.5	5.0
	大理石	2.71	98	5	54.2	6.8
	蛇纹石	2.63	309	13	18.5	7.1
	板石	2.74	157	18	—	4.4
区域变质岩	石英岩	2.68~2.71	165~222	13~19	30.3	3.9

物料的相对韧性、抗压强度的测试方法及物料脆性的测试方法如下。

（1）抗压强度的测定。准备高度和直径分别为 25~50mm 的圆柱体作为样品，或者选择边长大于或者等于 25mm 的立方体（颗粒尺寸为 100~250mm 的天然块）作为样品，在物料的试验机上得出它的抗压强度。每个样品的测量强度是不相等的，并且可以重复几次，平均值的计算为材料的抗压强度。常见物料的抗压强度见表 10-9。

（2）物料的韧性测定。选择高度和直径为 25mm 的圆柱形样品，将具有球形端面的柱塞放置到样品的上方，并且使用质量为 2kg 的样品从一定高度落下以撞击撞针。通过一次一次增加它的冲击高度用来增加它的冲击能量，并且让其高度每一次都增加 1cm。这样把样品刚开始破碎的冲击高度 H(cm) 称为物料的韧性。

（3）物料易碎性的试验。

1）洛氏系数即洛杉矶（Los Angeles）转鼓系数的试验方法。将 5000g 左右具有适当粒度特性的干试样放置在一个缓慢旋转的圆筒中。圆筒的转速设为 20~33r/min，总共旋转 500r。然后再取出样品并在 10 目美国标准筛（筛孔尺寸为 1.68mm）上进行筛分。设试样质量为 $A(g)$，筛上产品经冲洗与干燥后的质量为 $B(g)$，于是

$$转鼓系数（易碎性）= \frac{A-B}{A}\% \tag{10-3}$$

2）德式系数即德瓦尔（Deval）转鼓（易碎性）系数测定方法。取 5000g 左右的试品，约 50 粒，试样是用人工凿下来的大块物料，令其质量为 $A(g)$。将试样置于倾斜圆筒内，其轴线倾斜 30°，圆筒每转一转，物料两次从一端抛向另一端，颗粒与颗粒之间发生摩擦而产生粉末。倾斜圆筒共旋转 10000r。然后以与 1）所描述的测试类似的方式取出样品。用 10 目美国标准筛筛分物料（筛孔 1.68mm），筛下产品的质量为 $B(g)$，于是有

$$转鼓系数（易碎性）= \frac{B}{A} \times 100\% \tag{10-4}$$

相对易碎系数可以表示物料的易碎性。用专用的工具进行试验可以得到易碎性，在具体的粉碎机中则可以得到易碎性系数（见表 10-10）。对物料的粉磨，磨机是各种力的综合，物料可以用多种作用力的共同作用来磨碎，物料的单纯静态抗压强度并不能代表物料对磨碎的阻力，所以可以进行可磨性测试来确定磨碎物料的可磨性系数。可磨性系数高则表示物料容易磨碎；系数低表示物料不容易磨碎。

表 10-10   易碎性系数 K_1

矿石的硬度	抗压强度/MPa	颚式破碎机		旋回破碎机	
		普氏硬度	K_1	普氏硬度	K_1
超坚硬	>201	—	—	>21	0.66~0.76
坚硬	151~201	16~20	0.9~0.95	15~20	0.8~0.9
中硬	51~151	8~16	1.0	5~15	1.0
低硬（软）	<51	<8	1.1~1.2	1~5	1.15~1.25
				<1	1.3~1.4

按莫氏硬度矿物的硬度可分为 10 级，各种物料的硬度见表 10-11，各种矿石的硬度分类见表 10-12，各种硬度的对应关系见表 10-13。

表 10-11   各种物料的硬度

莫氏硬度（级别）	矿物名称
1	滑石
2	石膏
3	方解石
4	萤石
5	磷灰石
6	长石
7	石英
8	黄晶
9	刚玉
10	金刚石

表 10-12 各种矿石的硬度分类

最坚硬物料	坚硬物料	中硬物料	低硬（软）物料
铁燧岩	花岗岩	石灰石	石棉矿
花岗岩	石英岩	白云石	石膏矿
花岗岩砾石	铁矿石	砂岩	板石
暗色岩	暗色岩	泥灰石	软质石膏石
刚玉	砾石	岩盐	烟煤
碳化硅	玄武岩	杂有石块的黏土	褐煤
石英岩	斑麻岩		黏土
硬质熟料	辉绿岩		
烧结镁砂	辉长岩		
	金属矿石		
	矿渣		
	电石		
	烧结产品		

表 10-13 各种硬度的对应关系

莫氏硬度	布氏硬度	维氏硬度	洛氏硬度	肖氏硬度
5	285	300	28.5	42
6	524	609	56.0	73
7	620	800	63.3	86
8	—	1150	—	—

10.3 粉碎机械的选型

10.3.1 粉碎机械的分类及适用范围

10.3.1.1 粉碎物料的方法

固然粉碎机械类型有许多，但施加力的方法可以是不同的，物料可以通过不同的施力方式，比如冲击、剪切、挤压及研磨进行粉碎。而在粉碎机械中，因为施力情况都很复杂，经常是几种施力同时作用在一起而存在。但是对于同一台粉碎机械，就只能有一种或者两种主要的施力对象。

因为物料颗粒的形状是不规则的，可以通过施加外力的方法用机械力来粉碎物料。

（1）压碎。可以先把物料放置于两块工作面的中间，然后对物料施加压力，当压应力达到或超过它的抗压强度时，它就会被破碎，这种方法称为压碎。

（2）劈碎。把物料压在锋利的工作面上，然后在其平坦和锋利的工作平面中间。对物料进行挤压，物料就有可能在压力作用线的方向上被劈裂。物料的拉伸强度极限是小于它的抗压强度极限。

10.3.1.2　粉碎机械的类型

A　破碎机械的类型

根据构造和工作原理的不同，常用的破碎机械有如下类型。

（1）颚式破碎机。它是依靠活动颚板做往复的周期运动把进入两颚板间的物料粉碎。

（2）锤式破碎机。物料受速度很高旋转很快的环锤冲击或者通过物料自身以很高的速度向机器的内衬板冲击而被粉碎。

（3）圆锥破碎机（也称旋回破碎机）。它是依靠内椎体偏心旋转，让处于两椎体之间的物料因为弯曲或挤压而被破碎。

B　磨机的分类

（1）球（棒）磨机。物料放置在填充有研磨体的筒体中，它在翻转的过程中将研磨体和物料提拉到一定的高度后然后将筒体向下进行抛掷，致使物料被粉碎。

（2）无介质磨机。物料进入磨机后，通过提升板物料被提升到一定的高度，然后自由落下来，并产生冲击作用，物料之间同时也会相互摩擦，于是会产生磨削作用。从排出端沿下侧返回来的粗料和新加入磨机的粒块一同均匀地散落在圆筒的底部中心，然后散落到两个侧边。块状及细粒度物料在圆筒的底部轴向移动，方向则正好是反方向的，因此能产生粉碎材料的研磨作用。无介质磨机又称为自磨机。

（3）碾磨机。通过在加料口均匀地加入物料，因为离心力，物料散在磨盘的边缘，由于弹簧压力（或离心力）和磨机自身重量作用，会使物料粉碎进而被磨细。

（4）振动磨。在振动的筒体内装有研磨介质和物料，振动的筒体在一个近似椭圆的轨迹上进行高速振动。研磨介质和物料产生研磨作用可以粉碎和研磨材料。

（5）气流磨。物料颗粒会随着气流高速旋转，在旋转过程中颗粒同颗粒之间发生碰撞、冲击及研磨，从而使物料被粉碎磨细。

10.3.1.3　粉碎阶段的划分

物料每经过一次破碎机或粉磨机，统称为一个破碎段，根据物料粉碎后的粒度大小，粉碎可以分为 5 个阶段，其中破碎可以分为 3 个阶段，分别为粗碎段、中碎段和细碎段。粉磨可以分为两个阶段，即粗磨段和细磨段。粉磨一般都是一个粉碎段，仅考虑是开路粉磨还是闭路粉磨，所以表 10-14 只按 4 个阶段列出。

表 10-14　粉碎阶段划分　　　　　　　　　　（mm）

粉碎阶段	入料粒度	出料粒度
粗碎	300~1500	100~350
中碎	100~350	20~100
细碎	20~100	5~20
粉磨	5~19	0.074~0.4

在生产过程中，用于一次破碎的破碎机称为粗碎机，用于二次破碎和三次破碎的分别

称为中碎机和细碎机。上述粉碎机的分类方法主要适用于颚式、旋回式、锥形和辊式等破碎机。反击式破碎机、锤式和环锤式破碎机可以将近 1000mm 的大块物料破碎至不到 10～30mm。一台机器兼具了粗、中、细碎的功能。粉磨阶段也只适用于球磨机、棒磨机、风扇机、振动研磨机等，而自磨机可以将 600mm 的大块物料粉碎至小于 0.044mm，自磨机可以同时具有粗、中、细碎和粉磨功能。

在实际工程设计中，原料工段应使用几个阶段的破碎或几个阶段的粉磨，主要由物料的原始粒度及最终产品粒度（包括其产量）选用粉碎机械，决定破碎及研磨的段数。

10.3.2　物料的水分、泥质含量及腐蚀性

10.3.2.1　物料的水分及泥质含量

物料的表面水含量对粉碎有影响。如果物料不仅含水量高且在采矿和旋转过程中带来更多的泥浆，此时的物料在存储、运输及破碎等的生产过程中，它会粘连和堵塞，造成事故，所以对物料中的含水量要有严格的规定。特别是在破碎操作中规定了最大含水量（取决于物料类别），且破碎机的机型和物料的泥质含量都有规定。通常，物料的含水量限制在10%以下。如果物料中含水量过高，并已影响物料的存储、输送及粉碎时，应当采用如下生产工艺。

（1）利用粉碎与干燥的联合生产装置，典型的例子是磷矿石粉碎采用的风扫磨及粉碎煤粉的风扇磨流程，都是使热风通过粉碎机。可使用热风的粉碎机有锤碎机、球磨机、风扇磨机和盘式磨机。

（2）热空气的作用一方面是干燥物料，另一方面是从机体外除去干燥的（粉碎的）物料（产品）。由于被粉碎物料的比表面积会增加，物料在机体内呈悬浮状态，颗粒的表面会暴露，干燥效果会比较好，产品水分可根据工艺要求降低至1%以下。

10.3.2.2　物料的腐蚀性

物料的腐蚀性是物料对粉碎工具（颚板、板锤、冲击板、钢球及衬板等）产生的磨损大小，它的大小会影响到粉碎工具的磨损量及使用寿命。

除了物料自身性质以外，粉碎工具的磨损大小还与施力的种类、操作的办法、粉碎工具的材质、热处理形式及粉碎机的设计参数等要素有关。

当前有几种方法可以进行腐蚀性测试，但都没有一个统一的标准，不同方法测出的腐蚀性不同，粉碎工具的磨损程度只能近似地给出，只能在选择粉碎机和它的操作参数时作为参考。腐蚀测试设备还可用于比较由不同物料制成粉碎工具的相对耐磨性并可以估计粉碎工具的使用寿命。执行此测试时，需要选择多种材质来制作粉碎工具（如叶片）。

由于岩石或矿石中 SO_2 的含量与物料的腐蚀性密切相关，在某些情况下选择粉碎机或其操作参数仅由材料的 SiO_2 含量（或 SiO_2 的当量含量）确定。

目前测试腐蚀性有邦德叶片腐蚀性测定装置、洪堡威达公司腐蚀性试验机及 Yancy-Geer-Priec 腐蚀性试验装置等。

A　邦德叶片腐蚀性测定装置

叶片测试仪包括转子一个，这个转子在气缸中以一样的方向并且 632r/min 速度的高

速进行旋转，速度为 70r/min。转子的直径为 φ115mm，其上安装有叶片，尺寸为 75mm×25mm×6mm。将此叶片插入到转子中，深度约 25mm，并且转子同气缸的旋转轴线彼此重合。

叶片材料为 SAE4325 钢，表面淬硬到布氏硬度为 HB=500。每次试验都用一套新叶片。在测试之前清洁、干燥和称重刀片。

物料的粒度为 12.6~19.1mm，质量为 1400g，分为 4 批进行。每批 350g，在试验机内腐蚀 15min。

待 4 批试料试验全部完毕后，将叶片拆下来，然后清洗烘干并称重。物料的腐蚀性用叶片减少的质量来表示，并可按减少的质量将物料进行分类（见表 10-15）。

表 10-15 腐蚀性分类

腐蚀性分类	物料名称	叶片减少质量/g
腐蚀性强	锰铁矿	3.2926
	砂岩	1.3126
	燧石	0.9828
腐蚀性较强	花岗岩	0.4517
	长石	0.2878
	钨矿石	0.2251
	铁矿石	0.1754
腐蚀性中等	焦炭末	0.1672
	水泥熟料	0.0696
	白云石	0.0416
腐蚀性弱	页岩	0.0344
	石灰石	0.0242
	辉绿石	0.0198
	砂岩	0.0039

B SiO$_2$ 含量和 SiO$_2$ 等效含量

物料中 SiO$_2$ 含量（见表 10-16）越高，则表示它们对粉碎工具的腐蚀性就越强。那么这类物料就不能用锤击或普通反击式破碎机进行破碎。因此 SiO$_2$ 的含量（或等效含量）可以作为判定能否选用锤式或反击式破碎机的依据。

取 2.32kg 的物料试样进行试验，用来测定碳酸钙、二氧化硅、金属氧化物及碳酸镁的含量。试验后金属氧化物的含量乘以 2，并同二氧化硅的含量加起来，就是二氧化硅的等效含量。

对于排料口宽度比较大（如粗碎）的破碎机，当二氧化硅等效含量小于 16% 时，可以选用反击式破碎机；含量大于 16% 时，可以选用旋回式或颚式破碎机。对于排料口宽度较小（如中碎）的破碎机，当二氧化硅等效含量小于 6% 时，可以选用反击式破碎机，含量大于6%时，可以选用圆锥式或辊式破碎机。

虽然二氧化硅的当量含量是表明物料磨蚀性最重要的因素，但物料的其他腐蚀性成分对破碎机的选择也有比较大的影响。当碳酸镁和其他高腐蚀性组分的含量高于6%时，应进行腐蚀性试验以确定是否可以使用锤式或反击式破碎机。

表 10-16 岩石的平均二氧化硅含量

岩石名称	SiO_2含量/%
辉绿岩	4
角闪石	91~96
闪长石	61
石英岩	91~96
玄武岩	44~51
辉长岩	50~55
花岗岩	71~75
安山岩	60~63
辉石正长岩	55~60

思 考 题

10-1 粉碎机械的概念。

10-2 简述粉碎机械的类型。

10-3 粉碎机械破碎比的概念。

11　颚式破碎机概述

11.1　颚式破碎机类型与应用

颚式破碎机是由美国人 E. W. Blake（布雷克）发明的。第一台颚式破碎机问世至今已有 140 多年的历史。在此过程中，颚式破碎机结构得到不断完善。

颚式破碎机最基本的机型有两种，即简摆颚式破碎机和复摆颚式破碎机。图 11-1 所示为简摆颚式破碎机，其工作原理是：电动机 8 驱动皮带 7 和皮带轮 5，通过偏心轴 6 使连杆 11 上下运动。当连杆上升时，肘板 10、12 之间的夹角变大，从而推动动颚板 3 向固定颚板 1 接近，与此同时物料 2 被压碎；当连杆下行时，肘板 10、12 之间的夹角变小，动颚板在拉杆弹簧 9 的作用下离开固定颚板，此时被压碎的物料从破碎腔排出。随着电动机连续转动而破碎机动颚周期性地压碎物料。这种破碎机由于动颚是绕悬挂点做简单的摆动，称为简摆颚式破碎机。该破碎机是曲柄双摇杆机构，动颚绕悬挂轴摆动的轨迹为圆弧。

将简摆破碎机动颚悬挂轴去掉，并将动颚悬挂在偏心轴上，同时去掉前肘板和连杆，便构成复摆颚式破碎机，如图 11-2 所示。由于该机动颚绕偏心轴转动的同时，还绕同一中心做摆动，构成一种复杂运动，故称其为复摆颚式破碎机。该机是曲柄连杆机构，动颚运动轨迹为连杆曲线，视为椭圆。

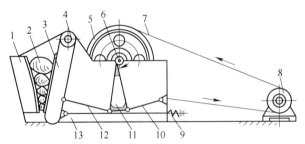

图 11-1　颚式破碎机工作原理

1—固定颚板；2—物料；3—动颚板；4—动颚悬挂轴；
5—皮带轮；6—偏心轴；7—皮带；8—电动机；9—拉杆弹簧；
10—后肘板；11—连杆；12—前肘板；13—机架

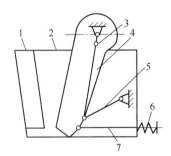

图 11-2　复摆颚式破碎机示意图

1—固定颚；2—动颚；3—偏心轴（曲柄）；
4—连杆；5—肋板（摇杆）；
6—弹簧；7—拉杆

这两种破碎机比较，前者优点是动颚垂直行程较小，衬板磨损轻；在工作中，连杆施以较小的力而肘板能产生很大的推力；其缺点是结构较复杂又比较重，比同规格的破碎机重 20% ~ 30%，其次它的动颚运动轨迹不理想，其上部水平行程较小而下部水平行程较大。破碎腔中的物料分布为：上腔里料块较大而下腔里料块较小，大块要求有较大的压碎行程而小块刚好相反，若满足大块物料要求，则排料口水平行程又偏大，不能保证产品粒度。此外，动颚在压碎物料的过程中，有阻碍排料作用。因此，在相同条件下，它比复摆破碎机生产率低 30%左右。随着滚动轴承质量和耐磨材料耐磨性的提高及采用现代设计方法、减轻衬板的磨损等，复摆颚式破碎机基本代替了简摆颚式破碎机。国内最大规格的有 1500×2100 复摆颚式破碎机，国外最大规格有 1800×2100 和 2000×3000 复摆颚式破碎机。

近年来，国内高校、设计院及制造厂研制了数种异型颚式破碎机，虽然取得一定成果并对破碎机行业发展有一定推动作用，但都未能得到大面积推广使用。目前，从国内外市场看绝大多数颚式破碎机还是复摆颚式破碎机。

由于颚式破碎机结构简单，制造容易，工作可靠，使用维修方便，所以其在冶金、矿山、建材、化工、煤炭等行业得到广泛应用。

在粗碎作业，颚式破碎机主要与旋回破碎机竞争。若能满足产量要求，一般选择颚式破碎机为宜；当产量较大时，再考虑选旋回破碎机。在中、细碎作业，对于产量较小的情况多数选颚式破碎机；反之，选圆锥破碎机。

11.2　颚式破碎机动颚运动轨迹

复摆颚式破碎机的机构，是一种曲柄摇杆机构。因此，它的动颚运动轨迹就是连杆轨迹。

11.2.1　描绘动颚运动轨迹方法

描绘动颚运动轨迹的方法有两种：作图法和解析法。

11.2.1.1　作图法

图 11-3 中 O_1A_0 为曲柄、A_0B_0 为连杆、O_2B_0 为肘板、O_1O_2 为机架。现求动颚上 C_0、D_0 两点的运动轨迹为：将曲柄 O_1A_0 的运动轨迹按圆周等分为若干等份，并按其旋转方向标出序号 A_0，A_1，A_2，…，筋板上 B_0 点的轨迹是以 O_2 为圆心，O_2B_0 为半径的圆弧 $\overparen{mm}$；在运动过程中 A_0B_0 长度不变，因此动颚 A_0B_0 上 B_0 点的轨迹也是以 A_0B_0 为半径，分别以 A_0，A_1，A_2，…点为圆心，作弧与圆弧 $\overparen{mm}$ 分别交于 B_0，B_1，…，即得 B_0 点的轨迹。

连接 A_0C_0 和 C_0B_0 线构成 $\triangle A_0C_0B_0$，在曲柄旋转过程中，三角形各边长度不变，只要找出动颚各个位置，C_0 点的位置 C_0，C_1，…，把各点按照运动的连续性描绘成圆滑的曲线，即得 C_0 点的轨迹，D_0 点的运动轨迹可用上述同样方法绘出。

特别应该指出的是，肋板最上和最小位置 B' 及 B'' 点的作法。B' 点是动颚 $A'B'$ 运动到与曲柄 O_1A' 完全重合时的位置，因此以 O_1 为圆心，以（$A_0B_0-A_0O_1$）为半径作弧，与 $\overparen{mm}$ 的交点即 B'，B'' 是 $A''B''$ 位于曲柄 O_1A'' 的延长线上的位置，因此以 O_1 为圆心，以（$O_1A_0+A_0B_0$）为半径作弧，与 $\overparen{mm}$ 的交点即 B''。根据 B'、B'' 的位置即可求出 C_0、D_0 点相应的位置 C'、C'' 及 D'、D'' 等。

图 11-3 中 y_C、y_D 为动颚给、排料口的垂直行程，而 x_C、x_D 为动颚给、排料口水平行程。标志动颚运动特性的行程比也称特性值，$i_C = y_C/x_C$，$i_D = y_D/x_D$。

11.2.1.2　解析法

解析法就是对平面连杆机构进行位置分析，并借助计算机求解。

11.2.2　对运动轨迹的分析

从破碎物料来说，要求动颚运动轨迹为：动颚的水平行程要大，并使其从排料口向给料口逐渐加大。从减少衬板磨损来说，动颚垂直行程要小，并使其有助于排料的作用。这样的运动轨迹，不仅能提高生产率，而且能大大地减少衬板的磨损。

复摆颚式破碎机动颚运动特性基本能满足上述要求。如复摆破碎机动颚水平行程较大，

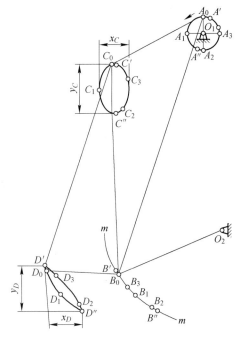

图 11-3　用作图法求动颚运动轨迹图

而且从排料口向给料口是逐渐加大的，因此有利于破碎物料；动颚运动轨迹的运动方向（见图 11-3）有促进排料作用，故它比简摆破碎机生产率高。但是它的垂直行程较大，即行程比较大，所以衬板磨损较快，降低了衬板使用寿命。

11.3　颚式破碎机的发展

我国从 20 世纪 50 年代开始生产颚式破碎机。现今研制生产的颚式破碎机品种多、性能好、结构也越来越大，在国际上受到好评。国内自仿制颚式破碎机以来，经过长时间的摸索和研究，对颚式破碎机设计方法上进行了优化，设计资料也更加完善，设计出的机器在结构上也更趋于合理，性能也更优良。

保证颚式破碎机最佳性能的根本因素是动颚有最佳的运动特性，这个特性又是借助机构优化设计所得到的。颚式破碎机机架占整机质量的比例很大（铸造机架占 50%，焊接机架占 30%）。国外颚式破碎机都是焊接机架，甚至动颚也采用焊接结构。颚式破碎机采用焊接机架是未来发展方向。国内颚式破碎机机架结构设计不合理实例有很多，其原因就是没按破碎机实际受力情况去布置加强筋。动颚结构设计也应以动颚受力为依据，在满足强度、刚度要求的条件下，尽量减轻质量。合理地确定破碎机参数，破碎腔、破碎机动力平衡等都可以借助计算进行优化设计。因此，颚式破碎机机构优化设计是保证破碎机有最佳性能的根本方法。

随着技术的不断发展和社会各方面的需求的增加，对颚式破碎机的研究主要是要降低能耗，借鉴新思路、新技术，在颚式破碎机的发明上，朝着高能化的方向发展。不改变破碎机原有良好性能的基础上，最大可能地对参数进行优化，增大电动机的功率，会大大提

高颚式破碎机的生产效率。

同时，信息技术、传感技术、控制技术、电子科技的飞跃发展，同步发展的新材料、新工艺、润滑、液压等机械技术，将机械、电子、自动控制技术与颚式破碎机相结合，促进了机电一体化、智能化。对原有的机型进行改进、创新，使新生产的破碎机既能满足社会生产的需要，又能达到时代的要求，即达到高效节能、绿色环保。这也是近年来国内外颚式破碎机创新发展的方向。

思 考 题

11-1 颚式破碎机的类型。

11-2 简摆颚式破碎机工作原理。

11-3 复摆颚式破碎机优点。

12　颚式破碎机机型与性能

颚式破碎机依据进料口尺寸可划分为大、中、小三种型号。进料口尺寸大于600×900机型为大型颚式破碎机，小于600×900为小型颚式破碎机。不论大、中、小型破碎机，基本上都由机架、动颚、肘板、肘板座的调整机构，动颚拉紧装置和传动装置等组成。

12.1　小型颚式破碎机

12.1.1　PEX150×500小型破碎机

PEX150×500小型破碎机如图12-1所示。该破碎机的工作机构是一个非常典型的曲柄摇杆机构。其动颚悬挂在偏心轴上，而偏心轴由电动机驱动，动颚随偏心轴进行周期性摆动，动颚板通过螺栓固定在动颚上，定颚板固定不动。动颚板和定颚板及左右护板形成了破碎机的破碎腔，物料的破碎在破碎腔内进行。颚式破碎机的破碎原理很简单，当动颚板靠近定颚板时，物料在挤压作用下破碎，粒度减小；当动颚板远离定颚板时，物料下落。飞轮主要用作蓄能，颚板横断面的结构形状通常是齿形表面。不仅如此，该机空负荷工作几乎听不到振动声音，说明破碎机平衡最佳。该机采用零悬挂。

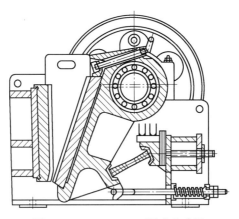

图12-1　PEX150×500颚式破碎机

12.1.2　大破碎比破碎机

PEF400×600大破碎比颚式破碎机如图12-2所示。该机比目前已有破碎机的破碎比都大很多，可达17。其主要技术经济指标优于同规格破碎机。这种大破碎比破碎机是首创，它为开发大破碎比颚式破碎机开辟了一条新路。

PEF400×600大破碎比颚式破碎机是采用负悬挂，由于动颚悬挂高度降低，可用较小的偏心距, 得到较大的动颚行程, 从而提高产量又能降低能耗, 减小动颚行程比, 以及减少衬板磨损。由于动颚结构紧凑、质量轻、质量中心距回转中心距离减小, 产生惯性力较小, 从而使破碎机易启动, 运转中机器振动和噪声显著降低, 提高了机器运转平稳性。

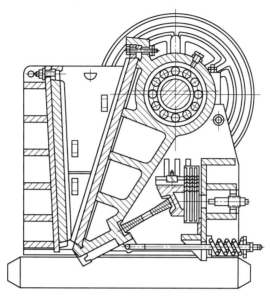

图 12-2　负悬挂复摆颚式破碎机剖面图

12.2　中型颚式破碎机

图 12-3 所示为 PE600×900 颚式破碎机, 该机动颚为正悬挂。这种破碎机是由老式 600×900 颚式破碎机基础上改进设计而成, 设计要求为提高产量、降低机重。首先采用机构优化设计使破碎机有最佳的动颚运动特性, 不仅能保证破碎机产量提高 35% 左右, 还

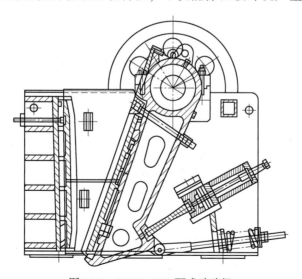

图 12-3　PE600×900 颚式破碎机

可以使衬板使用寿命延长，破碎机总质量大约降至 14t（原机为 15.5t）。在结构方面，将肘座后水平方向布置改为沿着肘板方向倾斜布置，这样减少了肘板在机架垂直方向的分力，使肘座导轨受力得到改善，其次的特点是，将肘板座后板设计成受压的杆件而不是一种呈梁的形式，从而提高它的强度，减轻质量。国产颚式破碎机质量普遍比国外先进破碎机质量大而且差值也不小，其中重要原因是材质和工艺，其他原因也值得研究和探讨，如动颚、机架结构不合理和飞轮过重等。主轴中心不在机架侧臂板中心上，形成悬臂等也是一个因素。

12.3　大型颚式破碎机

图 12-4 所示为 PE1200×1500 颚式破碎机，该机机架为组合式焊接结构，即侧壁为两块平板、前墙是焊接的组合件。前墙板与大块横筋板焊在一起后，在两端焊有附加壁板。壁板上开有 4 个方形键与两块侧壁板上 4 个方形键槽对准，4 个方键将侧壁与前墙组合件连接在一起，然后再用横向螺栓把紧。后墙组合件也是用同样办法与两侧壁连接在一起，组成一个长方形机架。这种机架称为组合式机架，实际上，就是将四"大扇"连成一体。这种机架便于安装和运输，但加工量较大，增加机重。其次是动颚，它是由铸造圆筒（动颚头部）及焊在本身的各个筋板和前面与动颚齿板相贴盖板及下部由一根圆钢制成的动颚上的肘座构成焊接动颚。在机架两侧壁装有整体轴承座，它与侧壁上的半圆孔相配合，轴承座下边用螺栓把在机架侧壁上。在后肘座上边装一个带有 3 个螺栓的斜铁，用它来消除肘座与轨槽之间的间隙，从而避免工作中产生附加的冲击负荷。在动颚中部偏上有一个椭圆孔中间装一根支撑两侧壁的螺栓，借以增强机架横向刚性。其他部分结构从图 12-4 中便可看出。

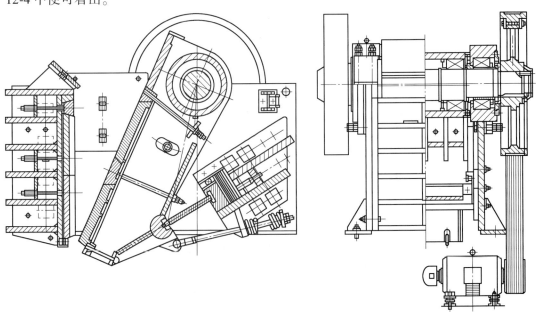

图 12-4　PE1200×1500 颚式破碎机

12.4　大传动角颚式破碎机

12.4.1　上置式颚式破碎机

图 12-5 为上置式（也称负支承）复摆颚式破碎机。国外、国内都有生产这种破碎机。这种破碎机由于传动角大于传统破碎机传动角（45°～55°）范围，故称其为大传动角颚式破碎机。该机与传统复摆破碎机比较，区别是它的传动角大于 90°，因此它的肘板是向上倾斜放置，故为上置式颚式破碎机。由于传动角很大，其动颚运动特性得到改善，从而提高了约 20% 的生产率，减少了衬板磨损，保证了产品粒度，动颚有利于咬住大块物料，可增大破碎比。

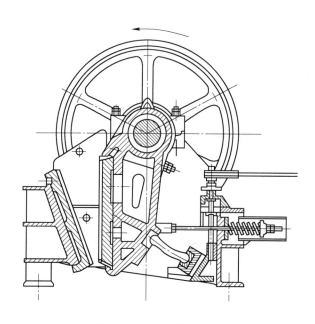

图 12-5　上置式颚式破碎机

12.4.2　倾斜式颚式破碎机

美国鹰破碎机公司（Eagle Crusher Co.）生产了倾斜颚式破碎机，这种颚式破碎机结构新颖，如图 12-6 所示。肘板支持在动颚顶部，而动颚通过两侧板与动颚轴承孔部分连为一体，其中装有偏心轴。这样，当偏心轴旋转时，驱动动颚以比较理想的轨迹运动，从而减少衬板的磨损，动颚运动作用利于装料。

固定颚上部悬挂在心轴上，下部由压杆支承并由弹簧拉紧。借调整压杆后部垫片来改变排料口大小。

这种破碎机转速较高，与同规格破碎机相比，有较高的产量和较大的破碎比。

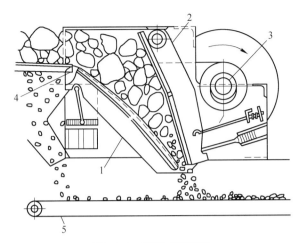

图 12-6 倾斜式破碎机

1—动颚；2—固定颚；3—心轴；4—始料筛板；5—皮带机

12.5 对颚式破碎机机型与性能分析

早年，联邦德国和苏联都曾研制过液压驱动的颚式破碎机。其特点是提高动颚摆动次数借以增加产量，同时能实现液压调整排料口、液压过载保护及能负荷启动。

联邦德国制造过冲击式颚式破碎机，而苏联也制造了振动颚式破碎机（也称惯性颚式破碎机）。它们都靠动颚振动冲击破碎物料，借以提高破碎机性能。前者在我国曾经试制过，由于某些因素没能继续研制。民主德国曾制造过一种简摆双腔颚式破碎机，美国生产过复摆双腔颚式破碎机。

我国从 20 世纪引进颚式破碎机，经过多年的发展，取得了一些研究成果，但是和国际先进设备相比，技术上还存在很大差距。基于此，国内某些设计院联合企业研制生产出几种异型颚式破碎机。

北京某设计院和湖南某大学都曾与工厂合作研制了双腔颚式破碎机，其特点是使间歇工作变成连续工作，借以提高破碎机工作效率。

辽宁某学院与矿山也合作开发了双动颚式破碎机。这种破碎机就是将原来两个破碎机去掉前墙对置后而成。为了两动颚同步运转，在偏心轴一端增设一对开式齿轮。由于它的结构太复杂，近年又研制一种单轴倒悬挂的双动颚破碎机。上海某学院曾研制过此种颚式破碎机。这两种破碎机的特点是，其动颚同步运转，使破碎机强制排料。这样，靠提高转数增加破碎机产量，同时由于物料与动颚没有相对运动，减少衬板磨损延长使用寿命。近来又研制了单动颚倒悬挂颚式破碎机。

早年，美国、英国、联邦德国相继生产了 Kue-Ken 简摆颚式破碎机。该机特点为动颚悬挂高度很高并且前倾。连杆下行为工作行程、主轴承为半圆滑动动颚轴承。山东招远黄金机械厂曾引进了这种破碎机，并在此基础上研制了 Jc 颚式破碎机。

国外制造过一种肘板向上放置的颚式破碎机。国内有几家设计院和制造厂生产了这种破碎机。它的特点是靠增大传动角改善动颚运动特性，提高破碎机性能。在国内该机又称负支承、上斜式、上推式和上置式破碎机。

山西某煤矿引进德国 WB8/26 颚式破碎机。该机置于皮带机上方，借助曲柄连杆机构驱动动颚压碎煤块，实践证明使用效果较好。

以上各项异型破碎机的研制都取得了一定的效果并对国内破碎机行业的发展起到了一定的推动和促进作用。但是，多数没能得到大面积推广使用。国内绝大多数制造厂生产的和现场使用的都还是传统复摆颚式破碎机。此外，简摆颚式破碎机也将逐渐被复摆颚式破碎机代替。

机构优化设计是保证破碎机有最佳性能的基本因素，结合先进的机械制造工艺就是保证最佳性能的充分条件，两者缺一不可。

表 12-1 给出各规格颚式破碎机的主要技术参数。表 12-2 是颚式破碎机国家标准中破碎机基本参数。

表 12-1　复摆颚式破碎机主要技术参数

参数型号	进料最大粒度/mm	排料口尺寸/mm	处理能力/t·kW⁻¹	电动机功率/kW	质量（不包括电机）/t	外形尺寸（长×宽×高）/mm×mm×mm
PE250×400	210	20~60	6~25	15	2.5	1616×1033×1140
PE400×600	350	40~100	22~75	30	5.5	1630×1600×1580
PE500×750	425	50~100	43~110	55	9.2	1948×1865×1948
PE600×900	500	65~160	67~168	75	14	1840×2360×2240
PE750×1060	630	80~140	110~200	110	27.5	2470×2450×2840
PE1200×1500	1020	150~300	432~864	200	82	3340×4320×3750
PE1500×2100①	1200	220~350	790~1000	250	133	4200×4850×4550
PEX150×500	120	10~40	7.5~30	10	1.340	1216×960×860
PEX150×750	120	10~40	9.5~45	15	2.4	1490×1100×920
PEX250×750	210	25~60	17~48	22	5	1660×1520×1330
PEX300×1300	250	20~90	20~130	75	11	2320×1760×1724
PEX400×600	350	20~80	32~64	37	7.8	1850×1500×1550

①设计数据。

表 12-2　颚式破碎机基本参数（国标）

参数			单位	型号			
				PE-150×250	PE-250×400	PE-400×600	PE-500×750
给料口尺寸	宽度	公称尺寸	mm	150	250	400	500
		极限偏差		±10	±10	±20	±25
	长度	公称尺寸		250	400	600	750
		极限偏差		±15	±20	±30	±35
最大给料尺寸				130	210	340	425
开边排料口宽度 b		公称尺寸		30	40	60	75
		调整范围		≥±15	≥±20	≥±25	≥±25
处理能力			m³/h	≥3.0	≥7.5	≥15.0	≥40.0

续表 12-2

参　数			单位	型　号			
				PE-150×250	PE-250×400	PE-400×600	PE-500×750
电动机功率			kW	≤7.5	≤18.5	≤45.0	≤75.0
质量（不包括电动机）			kg	≤1500	≤3000	≤7000	≤15000

参数			单位	型　号			
				PE-600×900	PE-750×1060	PE-900×1200	PE-1200×1500
给料口尺寸	宽度	公称尺寸	mm	600	750	900	1200
		极限偏差		±30	±35	±45	±60
	长度	公称尺寸		900	1060	1200	1500
		极限偏差		±45	±55	±60	±75
最大给料尺寸				500	630	750	950
开边排料口高度 h	公称尺寸			100	110	130	220
	调整范围			≥±25	≥±30	≥±35	≥±60
处理能力			m³/h	≥60.0	≥110.0	≥180.0	≥260.0
电动机功率			kW	≤90.0	≤110.0	≤132.0	≤200.0
质量（不包括电动机）			kg	≤21000	≤33000	≤55000	≤95000

注：1. 处理能力的测定和粒度组成以下列条件为依据：

（1）破碎物料松散密度为 1.6t/m³，抗压强度为 150MPa 的矿石（自然状态）；

（2）颚板为新颚板，排料口宽度为公称尺寸；

（3）工作情况为连续进料。

2. 表 12-1 所列规格系列可根据市场和用户调整和发展，其处理能力等基本参数按设计文件的规定。

思 考 题

12-1　简述颚式破碎机结构组成。

12-2　简述小型颚式破碎机的特点。

12-3　简述大型颚式破碎机的特点。

13 颚式破碎机的主参数

颚式破碎机的主参数是决定机器技术性能及与其密切相关的主要技术参数。破碎机的主参数包括转速、生产能力、破碎力、功耗等。其中生产能力、破碎力、功耗除与破碎物料的物理、力学性能及机器的结构和尺寸有关外，还与实地生产时的外部条件（如装料块度及装料方式等）有关，要得到准确的理论计算是比较困难的。本章推荐的公式都是通过一定数量的测试得到的实验理论分析式。这些计算公式都经过实验测试，有足够的计算精度。从设计的角度看，这些公式具有实用性，是破碎机最优设计时建立目标函数和设计约束的重要依据。

13.1 主 轴 转 速

如图 13-1 所示，b 为公称排料口，s_L 为动颚下端点水平行程，α_L 为排料层的平均啮角。ABB_1A_1 为腔内物料的压缩破碎棱柱体，ABB_2A_2 为排料棱柱体。破碎机的主轴转速 n 是根据在一个运动循环的排料时间内，压缩破碎棱体的上层面（AA_1）按自由落体下落至破碎腔外的高度 h 计算确定的。而该排料层高度 h 与下端点水平行程 s_L 及排料层啮角 α_L 有关。即排料层上层面（AA_1）降至下层面（BB_1）正好把排料层的物料全部排出所需的时间来计算主轴的转速。对于排料时间有不同意见。一种认为排料时间 t 应考虑破碎机构的急回特性，即排料时间与机构行程速比系数有关。这一观点未注意到动颚下端点排料起始点与终止点并不一定与机构的两极限位置相对应。另一种认为排料时间 t 应按 $t = 15/n$ 计算，即排料时间对应于主轴的 $1/4$r，这种假定与实际情况相差甚大。根据实测分析破碎过程，得

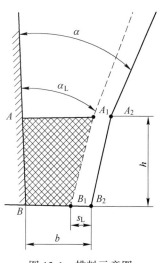

图 13-1 排料示意图

到排料过程对应的曲柄转角不小于 180° 的结论，认为排料时间按主轴半转计算比较符合实际情况。

排料时间：

$$t = 30/n \tag{13-1}$$

排料层完全排出下落的高度 h 为

$$h = s_L/\tan\alpha_L \tag{13-2}$$

由

$$h = \frac{1}{2}gt^2 \qquad\qquad (13\text{-}3)$$

令

$$g = 9800\text{mm/s}^2 \qquad\qquad (13\text{-}4)$$

将式 (13-1)、式 (13-2) 和式 (13-4) 代入式 (13-3)，得

$$n = 2100q\sqrt{\frac{\tan\alpha_L}{s_L}} \qquad\qquad (13\text{-}5)$$

式中 n——主轴转速，r/min；

s_L——动颚下端点水平行程，mm；

α_L——排料层平均啮角，(°)；

q——系数，考虑在功耗允许的情况下转速的增减系数。取 $q = 0.95 \sim 1.05$。高硬度矿石取小值。

由式 (13-5) 可见，主轴转速与排料层啮角 α_L 和动颚下端点水平行程 s_L 有关。该式是机构设计和机型评价的重要公式之一。

13.2 生 产 能 力

破碎机的生产能力是指机器每小时所处理的物料的立方米数。由于生产能力不但与排料口尺寸有关，而且与待破物料的强度、韧性、物料性能及进料的几何尺寸和块度分布有关。为衡量机器生产能力的高低，统一标准中的生产能力，将机器在公称排料口下，每小时所处理的抗压强度为 250MPa、堆密度为 1.6t/m³ 的花岗岩物料的立方米数，定义为公称生产能力 (m³/h)。

参看图 13-1，在公称排料口 b 时，每一运动循环的排料行程下排出的物料棱柱体 AA_1B_1B 的体积与每小时转速 $60n$ 的乘积，即可得到公称生产能力 Q 的计算公式

$$Q = \frac{30nLs_L(2b - s_L)\mu_1}{\tan\alpha_L} \qquad\qquad (13\text{-}6)$$

式中 Q——生产能力，m³/h；

n——主轴转速，r/min；

L——破碎腔长度，m；

b——公称排料口尺寸，m；

s_L——动颚下端点水平行程，m；

μ_1——压缩破碎棱柱体的填充度，中小型机在公称排料口下一般取 $\mu_1 = 0.65 \sim 0.75$。

由于要求机器具有高生产能力，因此式 (13-6) 将是机构设计中建立目标函数的重要依据。

13.3 影响生产能力的因素

通过对影响生产能力各因素的分析，可寻求提高生产能力的途径。由式 (13-6) 可知，进料口长度和公称排料口尺寸为常值。影响生产能力的参数有 s_L、α_L、n、μ_1。

（1）适当增大 s_L 是提高生产能力的关键。将式（13-6）改写为

$$Q = 30nLs_L^2\left(\frac{2b}{s_L} - 1\right)\mu_1/\tan\alpha_L \tag{13-7}$$

可以看出，当动颚下端点水平行程 s_L 增大时，生产能力 Q 有明显增大。当然 s_L 过大时，将会使排料层物料产生过压实现象，并增大产品粒度的离散性，甚至会出现在最小排料口下动颚与定颚的干涉现象，这是应该避免的。

（2）减小排料层啮角 α_L 能提高生产能力。由式（13-6）知，减小排料层啮角 α_L 可以提高生产能力。这是因为减小排料层啮角 α_L 能促进充分破碎。当采用直线型腔，破碎腔啮角 α 与排料层啮角 α_L 相等，要减小 α_L 以提高生产能力，在要求的破碎比下必定增大机高。如果将下部设计成曲线腔形，就可以在不增大机高的情况下，仅减小下端部啮角，以便有效地提高生产能力。可见采用下端部曲线腔形减小排料层啮角，是不用增大机重又能提高生产能力的有效措施。

（3） s_L、α_L、n 三参数相匹配。由式（13-6）知增大转速 n 可以提高生产能力，但人为地加大主轴转速，将会使已破碎的物料尚未完全排出时，又重新被破碎而在腔内出现堵塞现象，影响生产能力的进一步提高，因此应按式（13-5）使 n、s_L、α_L 三参数相匹配。式（13-5）是保证排料层物料充分破碎并完全排出的三参数间的关系式。尽管在这种匹配情况下，由提高转速可以增大生产能力，同时也因转速增大而使功耗增大；另一方面，由式（13-5）知，当增大转速时，与其匹配的行程 s_L 必会减小，又会导致生产能力下降。因此，采用高转速、小行程，还是低转速、大行程，也是一个优化问题。应该按额定功率要求，使机器达到最大生产能力来确定 n、s_L、α_L 三参数的最佳匹配。

13.4　破　碎　力

机器中机构的受力，决定于外载荷的性质、大小和作用位置，而颚式破碎机的外载荷就是破碎力。因此，首先研究破碎力性质、大小和作用位置，进而分析破碎力在机构中引起的作用力。破碎力是设计颚式破碎机主要的原始数据之一。破碎力计算正确与否，直接影响破碎机零部件的强度和刚度，关系到破碎机可靠性和使用寿命等。因此，准确地计算破碎力是非常重要的。

13.4.1　破碎力性质

对 1500×2100 简摆颚式破碎机进行测试，测得的连杆载荷情况如图 13-2 所示。从图 13-2 中看出，当机器每转一转时，破碎机连杆上的力由零变到最大，再由最大变到零，并且最大力发生在偏心轴转 180°时。

当偏心轴转角 ϕ 大于 180°时，各杆件中的摩擦力要改变方向，因而使得曲线 CKQ 中 C 点的纵坐标突然降低。这样，对应连杆受力的变化规律，在偏心轴转一转时间内，动颚上的破碎力也是从零变到最大，再从最大变到零。最大破碎力发生在偏心轴转角 180°时。

对 250×900 复摆破碎机破碎抗压强度极限为 200MPa 的石英进行测试，并以数字统计法和或然率理论，分析测试结果，按 300 个循环制成图 13-3 所示的各种曲线。图 13-3 中曲线 2、3 和 4 为破碎腔下部、中部和上部破碎力随偏心轴转角的变化规律，而曲线 1 为

总破碎力随偏心轴转角的变化规律，曲线 5 为偏心轴上的扭矩变化规律。

从图 13-3 可以看出，作用在破碎腔衬板上的破碎力，也是从零变到最大，再从最大变到零，并且最大值发生在偏心轴转角为 160° 时；破碎力沿破碎腔高度是变化的，即从进料口向排料口方向，破碎力是从小到大，如曲线 4、3、2 所示；偏心轴的扭矩最大值提前于最大破碎力一个角度。

结论：颚式破碎机在一个工作循环中，破碎力是由零变到最大，再由最大变到零，故可看作脉动循环载荷；并且最大破碎力对简摆破碎机发生在偏心轴转角为 180° 时；对复摆破碎机发生在偏心轴转角为 160° 时。

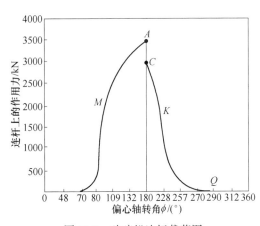

图 13-2   破碎机连杆载荷图

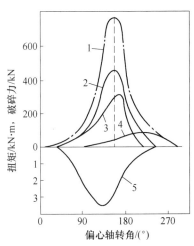

图 13-3   破碎机破碎腔载荷图

1—总破碎力；2~4—破碎腔下部、中部、上部破碎力；5—偏心轴扭矩

13. 4. 2   最大破碎力

确定破碎力方法可概括为两种：一种根据破碎功或电动机功率，结合破碎机的结构特点，诱导出破碎力理论计算公式；另一种是根据实验数据，诱导出破碎力计算公式。由于破碎力与许多因素有关，因此，用理论公式求得破碎力与实际相差较大，故多用后一种实验分析法求破碎力。

根据对复摆颚式破碎机的实验综合分析，求得最大破碎力为

$$F_{\max} = \frac{\sigma_{B}}{20}HLK \tag{13-8}$$

式中　　σ_{B} ——物料抗压强度，MPa；

　　　　H——破碎腔有效高度，mm；

　　　　L——破碎腔有效宽度，mm；

　　　　K——物料充填系数，$K = 0.24 \sim 0.30$。

13. 4. 3   最大破碎力作用位置

由复摆颚式破碎机试验结果得知，最大破碎力作用于固定颚板有效高度的中间。最大

破碎力在动颚板上的作用位置，按它在固定颚板上的作用位置，用作图法或分析法来确定（见图13-4），经过数学分析可得

$$AB' = \frac{H}{\cos\alpha} - \frac{(iH\tan\alpha + b)\tan\alpha - \sin\alpha}{\sin\alpha + \tan\alpha} \qquad (13-9)$$

式中　iH——破碎力在固定颚板上的作用位置（对复摆破碎机 i 等于0.5）；

　　　α——啮角；

　　　b——排料口宽度。

根据式（13-9），已知 iH，可求出 AB；若已知 AB，可求出 iH。

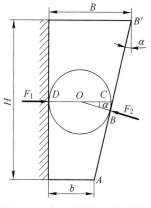

图13-4　合力作用位置的换算

13.5 功　率

颚式破碎机在进行破碎作业的过程中，其消耗的功率与破碎机的规格尺寸、转速、排料口宽度、啮角大小及被破碎物料的物理机械强度和粒度特性都有关系。破碎机的规格尺寸越大，转速越高，其消耗的功率就越多；破碎比越大，消耗的功率也越大。但是，对破碎机所消耗功率多少影响最大的应该还是被破碎物料的物理机械性质。由于破碎机所消耗的功率与多种因素有关，目前还没有提出一个能精确地计算出破碎机所消耗的功率的理论公式。

目前，对于颚式破碎机功率的计算主要是依靠经验公式，主要经验公式有：

$$N_D = 1.14 \times 10^{-4} LD_{max} \qquad (13-10)$$
$$N_D = 2.1613 \times 10^{-7} nL(D_F^2 - P_D^2) \qquad (13-11)$$

式中　N_D——颚式破碎机主电机功率，kW；

　　　L——破碎腔长度，mm；

　　D_{max}——最大给料粒度，mm；

　　　n——偏心轴转速，r/min；

　　　D_F——给料平均粒度，mm；

　　　P_D——排料平均粒度，mm。

理论计算方面，由于电机所提供的有用功应该是破碎力在齿面各点位移方向上所做的功（见图13-5），做如下假定：

（1）在破碎过程中，动颚齿面各点按其水平行程的平均值平行移动；

（2）在不计物料与齿板间摩擦的情况下，不论破碎力在破碎腔内分布如何，破碎过程中大小如何变化，假设有一常值压力垂直于动颚齿面，并且沿动颚长度方向均匀分布。其压力的合力，称为等效破碎力。

等效破碎力 F_e 在位移 s 方向上所做的功 W 为 $F_e s\cos\alpha$，

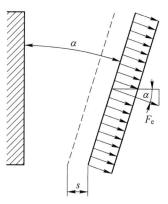

图13-5　动颚齿板等效破碎力

动颚一个运动循环的时间 $t = 60/n$，则单位时间所做的功为 W/t，考虑破碎机机械传动效率 η_1 和物料与齿板间摩擦损耗的破碎效率 η_2，则破碎机的总效率 $\eta = \eta_1\eta_2$，可得到电机功率为

$$N_{\mathrm{D}} = \frac{F_{\mathrm{e}} sn\cos\alpha}{6 \times 10^4 \eta} \tag{13-12}$$

式中　F_{e}——等效破碎力，kN；

　　　s——挤压行程；mm；

　　　α——啮角，(°)。

等效破碎力与最大破碎力的比值定义为等效系数。

$$k_{\mathrm{e}} = \frac{F_{\mathrm{e}}}{F_{\max}} \tag{13-13}$$

式中　$F_{\max}$——最大破碎力，满载时破碎力的最大峰值。

思 考 题

13-1　破碎机主参数有哪些？

13-2　简述破碎机标准生产能力的概念。

13-3　影响破碎机生产能力的因素有哪些？

14 环锤式碎煤机选型设计及应用实例

14.1 工 程 总 述

14.1.1 工程概况

本期工程建设规模为 2×300MW 循环流化床锅炉燃煤汽轮发电机组。

14.1.2 工程主要原始资料

14.1.2.1 气象特征与环境条件

年平均气温：15.2℃。
历年最热月平均气温：36.7℃。
历年最冷月平均气温：-7.9℃。
历年平均相对湿度：71%~85%。
历年平均降水量：1384mm。

14.1.2.2 燃煤特性

工程燃煤特性见表 14-1。

表 14-1 燃煤特性

序号	项目	符号	单位	设计煤种（最差）
1	收到基碳	C_{ar}	%	28.0
2	收到基氢	H_{ar}	%	2.35
3	收到基氧	O_{ar}	%	9.14
4	收到基氮	N_{ar}	%	0.91
5	收到基硫	S_{ar}	%	0.5
6	收到基水分	M_t	%	27.0
7	收到基灰分	A_{ar}	%	32.1
8	收到基挥发分	V_{ar}	%	23.5
9	收到基低位发热量	$Q_{net.ar}$	kJ/kg	10070
10	煤比重		kg/m³	900

14.1.2.3　工作条件

工作制度：机组每年利用的小时数为2700h。

输煤系统采用三班制运行，每班可以运行10h。

碎煤机安装在粗碎煤机室里面，有较多粉尘。地面可以用水冲洗，室内比较潮湿。

入料粒度不大于300mm，出料粒度不大于25mm，进料有微量未除尽的铁件。

14.2　标准和规范

14.2.1　设计、制造应遵守的规范和标准

环锤式碎煤机的图纸设计、制造安装、包装设备、运输产品、储存及验收都应符合下列相关标准的要求，但不限于此：

DL/T 707—1999　HS系列环锤式碎煤机

DL 5000　火力发电厂设计技术规程

DL/T 869—2004　火力发电厂焊接技术规程

DL/T 5187.1—2004　火力发电厂运煤设计技术规定

DL/T 5047—95　电力建设施工及验收技术规范（锅炉机组篇）

GB 755—2008　旋转电机　定额和性能

GB/T 985.1—2008　气焊、焊条电弧焊、气体保护焊和高能束焊的推荐坡口

GB/T 985.2—2008　埋弧焊的推荐坡口

GB/T 1184—1996　形状和位置公差、未注公差值

GB/T 1801—2009　产品几何技术规范（GPS）　极限与配合　公差带和配合的选择

GB/T 2346—2003　流体传动系统及元件　公称压力系列

GB/T 3323—2005　金属熔化焊焊接接头射线照相

GB/T 3766—2001　液压系统通用技术条件

GB/T 3767—1996　声学　声压法测定噪声源声功率级　反射面上方近似自由场的工程法

GB 4208—2008　外壳防护等级（IP代码）

GB/T 5677—2007　铸钢件射线照相检测

GB/T 6402—2008　钢锻件超声检测方法

14.2.2　具体的技术要求

具体的技术要求如下。

（1）运煤系统带式输送机出力为500t/h，每台碎煤机的出力按1.2倍考虑，应为600t/h，入料粒度要小于或等于300mm，出料粒度要小于或等于25mm。

（2）工作制要求为超重型。

（3）碎煤机鼓风采用机体的内循环，并且能在机外调节，其出料口鼓风量小于或等于1500m³/h，车间粉尘浓度小于或等于8mg/m³。确保环境污染符合标准要求。

（4）碎煤机应考虑破碎煤中含有少量处理不干净的铁块、木块及石块，同时要有防堵措施，并能除杂物。

（5）碎煤机的运行不受湿煤影响。

（6）箱体应内衬 16Mn 耐磨材料，并具备一定的导流作用，碎煤机与电机的连接采用带液力偶合器直接连接方式。

（7）碎煤机机盖能够自动液压开启（并是双侧液压开启），开设有密封严密的检查门，以便于检修。

14.3 碎煤机主要参数设计

14.3.1 碎煤机工作原理

环锤式碎煤机主要是利用能绕环轴进行自转，同时也能绕转子轴进行公转的环锤对物质进行破碎。本机采用交流电动机直接驱动，物料进入破碎腔后首先受到高速旋转的四排交错安装着的环锤的冲击而破碎，物料落在筛板上后，进一步受到环锤剪切、挤压、滚碾和研磨而破碎到所需要的粒度后，便从筛板的筛孔中排出，而少量不能被破碎的物料如铁块、木块等杂物，在离心力的作用下，经拨料板被抛到除铁室内而后定期清除。

14.3.2 碎煤机选型及技术参数

碎煤机机器型号如下。

碎煤机技术参数：根据生产率 600t/h 的要求，机器入料块度一般不超过 300mm，出料粒度不超过 25mm，与现有的系列产品相类比，转子直径选用 900mm，转子工作长度使用 1660mm，环锤使用标准环锤。有关详细数据见表 14-2。

表 14-2 技术参数

参 数		单 位	数 值	
生产率		t/h	600	
破碎物料			烟煤、褐煤、无烟煤等	
最大入料块度		mm	≤300	
出料粒度		mm	≤25	
转子	直径	mm	900	
	工作长度	mm	1660	
环锤	数量	排	4	
		个	齿环 26	圆环 26
	质量	kg	齿环 24.4	圆环 28.6

14.3.3 碎煤机基本结构参数

碎煤机基本结构参数，如图 14-1 所示。

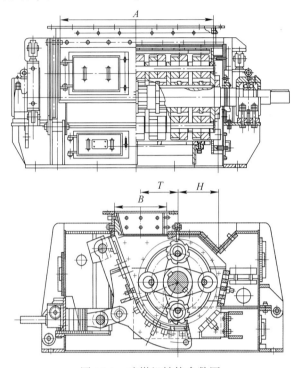

图 14-1 碎煤机结构参数图

14.3.3.1 转子直径 D 和长度 L

环锤式碎煤机的转子直径和长度是决定其生产率及功率大小的重要因素。一般转子直径和长度是决定其生产率及功率大小的重要因素。一般转子直径是根据给料块度尺寸来确定；通常转子直径 D 与入料块尺寸 d_1 之比为 $D/d_1 = 3 \sim 7$。由于入料块度为 300，取比值为 3，故转子直径 D 为 900mm。其长度 L 要根据机器的生产率的大小而定，根据经验计算，转子有效长度为 1660mm。

转子直径 D 与长度 L 的比值，一般 $D/L = 0.4 \sim 1.0$，当煤质的抗压强度比较强时，应选取较大值。

14.3.3.2 给料口的长度 A 和宽度 B

环锤式碎煤机的给料口设在机体的后上方，它的形状和大小对其生产率、动力消耗和环锤等零件磨损程度都有一定影响。

给料口的长度一般与转子的有效长度 L 相等，即 $A = L = 1660$mm。其宽度 B 与入料块度 d_1 有关，一般 $B = 2d_1 + (10 \sim 25)$mm $= 2 \times 300$mm $+ 15$mm $= 615$mm。

14.3.3.3 给料方位与破碎板的倾角 α

为了充分发挥环锤式碎煤机的碎煤效果，给料方位选于机体的上方，使之确保给料具有一定落料速度（系统上工艺设计），其给料口中心位置距转子轴心距 T 不宜过远。一般：$T = D/2 - (55 \sim 100) \text{mm} = (900/2) \text{mm} - 60 \text{mm} = 390 \text{mm}$。这样可以保证卸料点正落到锤击区内，以获得最佳破碎作用。

碎煤板与水平线的倾角（卸载角）α 不应过小，否则因卸载点过低会出现煤料堆积现象，这不仅导致环锤磨损剧烈，而且将会大大影响碎煤效果。故一般倾角 α 应不小于 $65°$，取 $\alpha = 68° \sim 75°$，这样可以获得较大的破碎比。

14.3.3.4 排料口（筛板上的栅孔尺寸 S_1 和 S_2 及筛板间隙 δ）

环锤式碎煤机的排料口是由筛板上的栅孔形成的，其大小由筛板的栅孔周向尺寸决定。根据破碎煤种不同而确定栅孔的孔宽 S_1 和 S_2，一般按入料块度 d_1 和出料粒度 d_2，即由破碎比 $i = d_1/d_2$ 的大小来确定。

由于 $i = d_1/d_2 = 300/25 = 12$，当破碎比 $i = 10 \sim 18$ 时，$S_1 = (2 \sim 3) d_2 = 75 \text{mm}$；$S_2 = (3 \sim 4) d_2 = 100 \text{mm}$。为了提高生产率，对碎脆性较大的煤和黏性（含水分较大）煤可以选择较大值。由于本工程的特殊性，所选煤种大部分为褐煤，褐煤的特性为水分多，杂质多，结构纹理比较多，强度小，故取大值。

所谓筛板间隙 δ，就是环锤旋转工作时，外缘与弧形筛板的径向之间的距离。它的大小直接影响出料粒度 d_2 的粗细程度和环锤式碎煤机排除异杂物的效果。当出料粒度 $d_2 \leqslant 30 \text{mm}$ 时，$\delta = (1.5 \sim 2) d_2 = 1.5 \sim 50 \text{mm}$。$\delta$ 尺寸不宜过大，否则出料粒度变粗，同时还会导致碎后煤粉大量卷入除铁室内，将严重影响除异物杂物的效果。

14.3.3.5 环锤旋转轨迹圆与机体上部顶衬板的间距 K

环锤式碎煤机环锤旋转轨迹圆与机体上部顶衬板的间距 K 尺寸的大小，取决于转子工作速度的高低，因为此值直接影响着机内鼓风作用，如果在一定转速下，K 值小时，鼓风量增大，一般低速时，取小值。$K = 45 \sim 55 \text{mm}$，取 $K = 45 \text{mm}$，此值与转子直径之比：$K/D = 45/900 = 0.05$。应注意尽量减少鼓风作用，使碎煤机内含尘空气形成循环气流，以便降低鼓风量和控制粉尘的扩散作用。

14.3.3.6 反射板顶部位置

环锤式碎煤机的排除异杂物所具有的动能主要靠环锤的离心作用力，拨料器的导向，借助于机盖上的反射板的反射作用来实现，因此反射板中心距转子轴心尺寸 H 应适宜。一般 $H = D/2 - (20 \sim 75) \text{mm} = (900/2) \text{mm} - 25 \text{mm} = 425 \text{mm}$。其夹角 $\phi = 90° \sim 100°$，取 $\phi = 90°$。

14.3.4 转子工作参数的确定

14.3.4.1 转速

转速取决于环锤所需的圆周速度和物料所需的破碎粒度，不得超过临界转速。线速度越高，破碎比越大，但环锤的磨损也越加剧，环锤式碎煤机的转子线速度一般为 $v = 40 \sim 45 \text{m/s}$。

转子的转速：

$$n = \eta \cdot n_{a'} = 0.96 \times 990 = 950.4 \text{r/min} \tag{14-1}$$

式中　η——限矩型液力偶合器的效率；

　　　$n_{a'}$——预选电动机的转速，r/min。

转子的线速度：

$$v = \pi D n/60 = 3.14 \times (1/60) \times 0.9 \times 950.4 = 44.763\text{m/s} \tag{14-2}$$

式中　D——转子的直径。

在许用线速度范围，故选用电机转速：$n_a = 990\text{r/min}$。

14.3.4.2　转动惯量

转动惯量是转子旋转惯性的量度，它与各零件的质量及其回转半径有关，需分别计算而后合成，转动惯量计算见表 14-3。

表 14-3　转动惯量计算

序号	名称	件数	计算式	惯量值
1	内迷宫密封环Ⅰ	1	$I_1 = \dfrac{1}{2}(MR^2 - mr^2) = \dfrac{1}{2} \times (7.4 \times 0.1^2 - 3.6 \times 0.075^2)$	0.028
2	圆螺母	2	$I_2 = 2 \times \dfrac{1}{2}(MR^2 - mr^2) = 2 \times \dfrac{1}{2} \times (6.4 \times 0.1^2 - 3.6 \times 0.075^2)$	0.044
3	圆螺母止动垫	2	$I_3 = 2 \times \dfrac{1}{2}(MR^2 - mr^2) = 2 \times \dfrac{1}{2} \times (0.65 \times 0.103^2 - 0.35 \times 0.076^2)$	0.005
4	轴承	2	$I_4 = 2 \times \dfrac{1}{2}(MR^2 - mr^2) = 2 \times \dfrac{1}{2} \times (67.0 \times 0.16^2 - 14.9 \times 0.075^2)$	1.65
5	内迷宫密封环Ⅱ	2	$I_5 = 2 \times \dfrac{1}{2}(MR^2 - mr^2) = 2 \times \dfrac{1}{2} \times (10.6 \times 0.12^2 - 5.8 \times 0.0885^2)$	0.12
6	锁紧螺母	2	$I_6 = 2 \times \dfrac{1}{2}(MR^2 - mr^2) = 2 \times \dfrac{1}{2} \times (55.8 \times 0.225^2 - 12.7 \times 0.1175^2)$	2.7
7	圆盘	2	$I_7 = 2 \times \dfrac{1}{2}(MR^2 - mr^2) = 2 \times \dfrac{1}{2} \times (184.4 \times 0.37^2 - 18.6 \times 0.1175^2)$	25
8	挡盖	8	$I_8 = 8 \times \dfrac{1}{2}M\,(R^2 + d^2) = 8 \times 1.4 \div 2 \times (0.0535^2 + 0.363^2)$	0.76
9	螺钉	24	$I_9 = 24M(R^2 + d^2) = 24 \times 0.027 \times (0.041^2 + 0.3^2)$	0.059
10	弹垫	24	$I_{10} = 24M(R^2 + d^2) = 24 \times 0.003 \times (0.041^2 + 0.3^2)$	0.007
11	环轴	4	$I_{11} = 4M/[2(R^2 + d^2)] = 4 \times 35.1/[2 \times (0.03^2 + 0.3^2)]$	6.381
12	隔套	2	$I_{12} = 2H/[2(MR^2 - mr^2)] = 2 \times \dfrac{1}{2} \times (23.5 \times 0.16^2 - 12.7 \times 0.1175^2)$	0.43
13	止动块	4	$I_{13} = 4MR^2 = 4 \times 0.09 \times 0.225^2$	0.081
14	摇臂	13	$I_{14} = 13 \times \left[\dfrac{1}{2} \times \dfrac{1}{2}(m_1 r_1^2 - m_2 r_2^2) + \dfrac{1}{2}(m_2 r_2^2 - m_3 r_3^2) + \dfrac{1}{2}(m_3 r_3^2 - m_4 r_4^2)\right] = 13 \times$ $\left[\dfrac{1}{2} \times \dfrac{1}{2}(151.93 \times 0.37^2 - 30.21 \times 0.165^2) + \dfrac{1}{2}(30.21 \times 0.165^2 - 75.76 \times 0.16^2) + \right.$ $\left.\dfrac{1}{2}(75.76 \times 0.16^2 - 40.68 \times 0.1175^2)\right] = 13 \times 5.252$	68.276

序号	名称	件数	计算式	惯量值
15	圆环锤	26	$I_{15} = 26\left[\frac{1}{2}(MR^2 - mr^2) + (M-m)d^2\right] = 26 \times 3.292$	85.6
16	齿环锤	26	$K = M_齿/M_圆 = 24.4/28.7 = 0.85$, $I_{16} = KI_{15} = 0.85 \times 85.6$	72.76
17	主轴	1	$I_{17} = \frac{1}{2}MR^2 = \frac{1}{2} \times 804.78 \times 0.1031^2$	4.244
18	键 B5C	2	$I_{18} = 2\left[\frac{1}{12}M(b^2 + h^2) + Md^2\right] = 2 \times 0.066$	0.132
19	键 C50	4	$I_{19} = 4\left[\frac{1}{12}M(b^2 + h^2) + Md^2\right] = 4 \times 0.065$	0.26
20	键 A36	1	$I_{20} = \frac{1}{12}M(b^2 + h^2) + Md^2$	0.005
21	转子	1	$I = I_1 + I_2 + \cdots + I_{19} + I_{20}$	268.542

表 14-3 中采用了由转动惯量的一般表达式 $I = \int mr^2 dm$ 导出的下列公式:

(1) 质点:

$$I = MR^2 \tag{14-3}$$

(2) 圆:

$$I = \frac{1}{2}MR^2 \tag{14-4}$$

(3) 环:

$$I = \frac{1}{2}M(R^2 - r^2) \tag{14-5}$$

(4) 矩形:

$$I = \frac{1}{12}M(b^2 + h^2) \tag{14-6}$$

(5) 平移:

$$I = I_c + Md^2 \tag{14-7}$$

式中　M——圆形截面外圆质量,kg;

　　　r——圆形截面内圆半径,m;

　　　R——圆形截面外圆半径,m;

　　　I——转动惯量,kg·m²;

　　　b——矩形截面宽度,m;

　　　h——矩形截面高度,m。

14.3.4.3 转子飞轮矩

即飞轮的惯性矩,也是回转体惯性的度量,在计算上比较方便。算出飞轮矩,再折算到电机轴上,以备校核功率之用。先把表 14-3 算出的 I 值 (kg·m²) 在单位上加以换算:

$$I = 268.542/9.8 = 27.402 \text{kgf} \cdot \text{m} \cdot \text{s}^2 \tag{14-8}$$

14.3.4.4 转子工作时环锤具有的动能

环锤式碎煤机是利用高速旋转着的环锤获得的动能对物料进行破碎作业的，环锤所具有的动能为

$$E_{组} = \frac{1}{2}mv^2 = \frac{1}{2}\frac{G}{g}v^2 = \frac{1}{2} \times \frac{53}{9.8} \times 44.763^2 = 5418.23\text{kgf} \cdot \text{m} = 53\text{kJ} \quad (14\text{-}9)$$

式中　m——转子回转部分的质量，$\text{kgf} \cdot \text{s}^2/\text{m}$；

　　　G——转子回转部分的重量，kgf；

　　　g——重力加速度，$g = 9.8\text{m}/\text{s}^2$；

　　　v——转子（环锤轨迹圆）线速度，m/s。

14.3.4.5 环锤的离心力和圆周力

环锤是通过环轴均匀地套在转子圆周上的，可径向自由地窜动。工作时随转子一起公转，受煤块的反作用力又能绕环轴自转，从而使外缘磨损均匀。

一个环锤工作时的离心力（即回转法向惯性力）为

$$F_{齿} = m_{齿}r\omega^2 = 2.49 \times 0.235 \times 99.475^2 = 5790.2\text{kgf} = 56.7\text{kN} \quad (14\text{-}10)$$

$$F_{圆} = m_{圆}r\omega^2 = 2.92 \times 0.325 \times 99.475^2 = 9390.6\text{kgf} = 92\text{kN} \quad (14\text{-}11)$$

式中　$F_{齿}$——一个齿环的离心力；

　　　$F_{圆}$——一个圆环的离心力；

　　　r——环锤重心至转子轴心的距离；

　　　ω——转子工作角速度，$\omega = \pi n/30 = 3.14 \times 950.4/30 = 99.475\text{rad}/\text{s}$。

齿环质量：

$$m_{齿} = G_{齿}/g = 24.4/9.8 = 2.49\text{kgf} \cdot \text{s}^2/\text{m} \quad (14\text{-}12)$$

$$m_{圆} = G_{圆}/g = 28.6/9.8 = 2.92\text{kgf} \cdot \text{s}^2/\text{m} \quad (14\text{-}13)$$

环锤工作时的圆周力：

$$P = 2M/D = 2 \times 2.419/0.9 = 5.36\text{kN} \quad (14\text{-}14)$$

式中　M——转子以角速度 ω 绕其轴心转动时的转矩；

　　　D——转子直径，m。

以式（14-15）计算：

$$M = 9.55N/n = 9.55 \times 240/950.4 = 2.411\text{kN} \cdot \text{m} \quad (14\text{-}15)$$

其轴功率：

$$N = \eta N_{m} = 0.96 \times 250 = 240\text{kW} \quad (14\text{-}16)$$

式中　η——限矩型液力偶合器的效率；

　　　N_{m}——电动机功率，kW。

环锤的离心力对煤块进行冲击和挤压作用，而圆周力施以剪切和研磨，并且清除异杂物。

14.3.4.6 转子工作的动力荷载

由于零件的制造和部件装配误差，易产生转子的重心偏离回转轴心现象，当碎煤机运

转时，则产生附加惯性力（动力荷载，亦称扰力），引起冲击和振动，影响机件的寿命和安装基础的可靠性。

计算扰力值的目的是为碎煤机的安装基础设计进行动力计算提供依据，计算方法是以转子部件来进行，本机的扰力值为

$$R = me\omega^2 = 373.98 \times 0.001 \times 99.475^2 = 3700 \text{kgf} = 36.27 \text{kN} \tag{14-17}$$

式中 m——转子部件的回转质量，$m = G/g = 3665/9.8 = 373.98 \text{kgf} \cdot \text{s}^2/\text{m}$；

　　　　e——偏心距，m，转子部件的平衡精度 e 不大于 0.5mm。为运行安全可靠，计算扰力时一般取 $e = 1 \text{mm}$。

由上述可知，碎煤机的转子部件无论在制造、现场修理还是在环锤的更换时，都必须重视动平衡要求，否则，因其质心与轴心线同轴度过大出现偏移（平行或相交情况），而对其轴即产生附加惯性力（动力载荷），它不仅影响碎煤机的工作运行，而且对转子轴等零件的寿命还有极大危害。

14.3.5 主轴的设计计算

14.3.5.1 计算作用在转子上的载荷

计算条件：碎煤机破碎作业时，由于煤块的动力学特性不稳定，环锤的受力展开较为复杂，有静载、动载和冲击载荷，因此在设计计算时，载荷的确定比较困难，为便于计算，作如下假设：

（1）基于第二破碎理论，假设被破碎物成理想长方体，均布于转子长度方向，把每相邻两块摇臂之间的一组环锤（一个齿环和一个圆环）所破碎的长方体称为单元体；

（2）根据机构的局部自由度荷化原理，排除环锤与环轴、环轴与摇臂（圆盘）之间的回转副，假设环锤与转子成刚性连接；

（3）假设环锤对煤块理想单元体仅施以挤压作用，略去冲击、剪切、研磨等因素；

（4）假设给料均匀，单元体在破碎时的速度为零，不考虑轴向载荷。

实践证明，依据上述假设计算的结果比较可靠。

计算理想单元体尺寸：设碎煤机的每小时破碎量为 Q，则每秒破碎量为

$$Q_s = 1000Q/3600 = 10Q/36 \tag{14-18}$$

每转破碎量：

$$Q_r = 60Q_s/n = 60/n \cdot 10Q/36 = 100Q/6n \tag{14-19}$$

每排环破碎：

$$Q_z = Q_r/Z = 100Q/6Z_n \tag{14-20}$$

每组环破碎：

$$Q_k = 100Q/(6kZ_n) \tag{14-21}$$

设煤的堆比重为 γ，则理想单元体的体积为

$$V = Qk/\gamma = 100Q/(6\gamma kZ_n) = 16.7Q/(\gamma kZ_n) \tag{14-22}$$

设单元体的长度为 l，则方截面边长为

$$a = \sqrt{\frac{V}{l}} = \sqrt{\frac{16.7Q}{\gamma kZ_n l}} \tag{14-23}$$

将本机的有关参数代入式（14-23），则单元体的载面边长为

$$a = \sqrt{\frac{16.7 \times 600}{1 \times 7 \times 4 \times 980 \times 1.85}} = 44mm$$

故单元体尺寸为：$a \times a \times l = 44mm \times 44mm \times 185mm$

作用于转子上的压碎力由挤压强度条件计算每个理想单元体上的压碎力。

$$\sigma_j = P/Fg \leq [\sigma]_j \tag{14-24}$$

所以 $P = [\sigma]_j \cdot F_j = 40kgf/cm^2 \times 81.4cm^2 = 3256kgf$

式中　　$[\sigma]_j$——许用挤压应力，取煤的压碎强度 $\sigma_B = 40kgf/cm^2$；

　　　　F_j——单元体的挤压面积，$F_j = al = 4.4cm \times 18.5cm = 81.4cm^2$。

由作用和反作用原理可知，一组环锤所承受的挤压力在数值上等于 P。而转子上每排环锤的挤压力：$P_{jk} = kP = 7 \times 3256 = 22792kgf$。这个力通过环轴由 2 个圆盘和 6 个摇臂承受，所以作用于每个盘的压碎力：$P_j = P_{jk}/(2+6) = 22792/8 = 2849kgf$。

此力在两坐标轴上的分力为：

（1）水平分力：

$$P_z = P_j\cos\alpha = 2849 \times \cos20° = 2677kgf \tag{14-25}$$

（2）垂直分力：

$$P_y = P_j\sin\alpha = 2849 \times \sin20° = 975kgf \tag{14-26}$$

式中　α——环锤作用于破碎板锤击点的倾角，即破碎板对铅直给料方向的位角，取 $\alpha = 20°$。

转子上的重力：根据转子结构，承受压碎力的作用点等距分布（间隔240mm），为此将转子的计算质量 3700kg 平均分配到 8 个盘的重心，则每个作用点的重力 $P_g = 3700/8 = 462.5kgf$。

轴的外伸部分，装着 YOX750 限矩型液力偶合器，测算从动部分的重量，$P_e = 126kgf$。为此，主轴上的载荷有 $P_j(P_z \cdot P_g)$、P_g 和 P_e。

14.3.5.2　选择轴的材料

选择轴的材料为 42CrMo，调质处理 HB = 234～269，机械性能：$\sigma_b = 70kgf/mm^2$，$\sigma_s = 50kgf/mm^2$，无应力集中的对称循环疲劳极限 $\sigma_{-1} = 34kgf/mm^2$。对称循环应力下的许用弯曲应力为 $7kgf/mm^2$。静应力下的许用弯曲应力 $[\sigma_{+1}] = 25kgf/mm^2$。

14.3.5.3　轴的结构设计

支承工作件的主轴头直径以弯曲扭合成强度计算确定，配合采用基轴制，因长度较长，开双键槽，可靠传递扭矩，且减小加不变形，摇臂 13 件，圆盘 2 件，与轴的配合为 $\phi235N_T/h_6$，需热装配，两端与双列向心球面滚子轴承配合的轴颈为 $\phi150r_6$，磨削加工。

14.3.6　转子的平衡精度

为了提高碎煤机的技术性能，减少振动，达到产品标准要求轴承座的振幅不大于0.03mm，在转子部件的装配工艺过程中，需进行两次平衡。一次是在未装环锤、环轴前

要做静、动平衡试验。二是在装配环锤时做重量平衡。

转子的平衡试验是根据静力等效原理向两校正面简化不平衡惯性力，在设计转子时，需确定静动平衡试验的许用不平衡量，作为试验的精度要求。

当主轴、键、摇臂、隔套、圆盘及锁紧螺母装配后，此时转子重量 $w = 2047.6\text{kgf}$，转子速度 $n = 950.4\text{r/min}$，角速度 $\omega = 99.475\text{rad/s}$，由于本机的转速较高，故确定平衡等级为 G6.3，即 4 级精度，则相当于平衡转子重心的速度：

$$A = e\omega/1000 = 6.3\text{mm/s} \tag{14-27}$$

得偏心距 $\qquad e = 1000A/\omega = 1000 \times 6.3/99.475 = 63.3\mu\text{m}$

重径积 $\qquad G_r = we = 2047.6 \times 0.063 = 129\text{kgf} \cdot \text{mm}$

而单位转子重量许用不平衡重径积：$G_r/w = 129/2047.6 = 63\text{gf} \cdot \text{mm/kgf}$。

上述 e、G_r/w 是建立平衡等级 $A = 6.3\text{mm/s}$ 后所确定的单面平衡转子的许用不平衡量。由于本机转子的重心相对于左右两端圆盘侧校正面距离相等，采用双面平衡，所以两校正面的许用不平衡量为

偏心距： $\qquad e_左 = e_右 = e/2 = 63/2 = 31.5\mu\text{m}$

单位转子重量许用不平衡重径积

$$(G_r/w)_左 = (G_r/w)_右 = 1/2(G_r/w) = 63/2 = 31.5\text{gf} \cdot \text{mm/kgf}$$

平衡试验应达到这两项精度指标要求。

重径积 G_r 与转子重量有关，是一个相对量，用来表示给定转子的不平衡量度，便于平衡操作。而偏心距 e 与转子重量无关，是一个绝对量，用来衡量转子平衡程度和动平衡机检测精度，便于直接比较。

14.3.7 碎煤机的生产率

现有的破碎理论都具有一定局限性，它们并没有能完全解释物料被破碎的实质，所以本书在计算碎煤机生产率时，只能采用以前的经验公式进行近似计算。碎煤机属于中、细碎机械，应用第二破碎理论（也就是体积破碎假设），建立生产率计算的公式。

假设碎煤机进行破碎作业时，都是由入料最大块度为 d_1 的立方体块煤，破碎成出料粒度为 d_2 的立方体碎煤。

当碎煤机转子旋转一转时，已碎煤的体积为

$$V = LSd_2 = L \cdot \pi D \cdot (\alpha/360°) \cdot Z \cdot d_2 \tag{14-28}$$

式中 L——转子工作的破碎长度，m；

S——筛板栅孔周向总弧长，$S = \pi D \cdot (\alpha/360°) \cdot Z$，其中 D 为转子直径，α 为一个栅孔周向所对圆心角，Z 为栅孔周向孔数。

转子旋转一转时扫清栅孔上的碎煤，排出的时间为：$t = (60/n) \cdot \alpha \cdot (Z/360°)$ （s）。则碎煤机在每秒钟内排出碎煤的体积为：

$$V_s = V/t = [L \cdot \pi D \cdot (\alpha/360°) \cdot Z \cdot d_2]/[(60/n) \cdot \alpha \cdot (Z/360°)] = \pi/60 LDnd_2$$

每小时的排料体积：$V_h = 3600 V_s = 3600 \times 3.14 \div 60 \cdot LDnd_2 = 188.5LDnd_2$

考虑转子工作时在筛板栅孔上排料不均匀，取系数 $\mu = 0.05 \sim 0.2$；又煤质的堆比重为 γ，则碎煤机的小时出力为 $Q = 188.5LDnd_2\gamma\mu$，取烟煤的平均堆比重 $\gamma = 0.9\text{t/m}^3$，排料不均匀系数 $\mu = 0.1$（即碎煤透筛率为 90%），则本机的生产率为：

$Q = 188.5LDnd_2\gamma\mu = 188.5 \times 1.66 \times 0.9 \times 950.4 \times 0.025 \times 0.9 \times 0.1 = 602t/h$，$L$、$D$、$d_2$ 单位均为 m。

由计算式 $Q = 188.5LDnd_2\gamma\mu$ 可以看出，碎煤机的生产率与转子的直径、工作长度及转速等成正比，由于破碎比 $I = d_1/d_2$，即 $d_2 = d_1/I$，故生产率与破碎比成反比。通过碎煤机的出力试验，该计算式比较实用，也有理论价值。

14.3.8　碎煤机环锤质量的确定

在环锤式碎煤机的设计中，环锤质量确定是个重要参数之一。能否正确选定环锤质量，对于碎煤机的碎煤效率和能量消耗有很大影响。如果环锤质量过小，就不能满足一次性将煤块击碎或压碎的要求；环锤质量过大，则无用功耗就过大，这就不经济了。因此，环锤的质量大小应合理确定。

为推导环锤质量计算公式，作如下假设：

（1）假设环锤式碎煤机碎煤过程中，都是由入料最大块度 d_1 立方体的块煤，碎到要求的出料粒度 d_2 立方体的颗粒煤（不考虑过破碎现象）；

（2）碎煤时的作用力均由环锤所施加的力，其他外力在公式推导中都忽略不计；

（3）假设给入碎煤机的块煤受锤击前的速度为零；

（4）假设环锤锤击煤块前、后速度相等（碎煤机的环锤在锤击块煤工作中，应保证转子工作直径始终不变）；

（5）对煤质仅考虑其机械性能，并且令其煤质和工况一定。

于是环锤的实际质量 M 根据理论经验公式，可得

$$M = 0.098 \frac{\sigma_b^2 Lb}{v^2 CZ_1 EkA}(Z_1 d_1^2 \mu_1 - \pi Dd_2 \mu_2)$$

$$= 0.098 \frac{40^2 \times 1660 \times 11}{44.763^2 \times 52 \times 4 \times 3500 \times 0.1 \times 23.9}(4 \times 300^2 \times 0.2 - 3.14 \times 900 \times 25 \times 0.1)$$

$$= 53kg$$

式中　M——环锤实际工作质量，kg；

σ_b——煤的抗压强度，kg/cm；

E——煤的弹性模数，kg/cm²；

v——转子的工作线速度，m/s；

L——转子有效工作长度，cm；

C——转子上每排上环锤数目，个；

Z_1——转子上环锤排数，排；

d_1——入料最大块度，cm；

d_2——出料粒度，cm；

b——环锤的锤击点中心到悬挂点的距离，cm；

k——环锤能量的利用系数，一般取 0.1；

μ_1——入料松散不均匀系数，一般取 0.1~0.5；

μ_2——出料松散不均匀系数，一般取 0.05~0.2。

14.3.9 碎煤机的电动机选用

碎煤机的电动机选用要求如下。

(1) 电动机的设计与环锤式碎煤机的运行条件和维护要求一致。电动机的特性曲线（特别是负载特性曲线）应完全满足环锤式碎煤机的要求。

(2) 当电动机运行在设计条件下时，电动机的出力应不小于拖动设备的115%。

(3) 电动机防护等级不低于IP54，具有F级及以上的绝缘，温升不应超过B级绝缘使用的温升值。电动机绕组应经真空浸渍处理（VPI）。

(4) 电压和频率同时变化，两者变化分别不超过5%和1%时，电动机应能带额定功率；当频率为额定，且电源电压与额定值的偏差不超过±5%时，电动机能输出额定功率；当电压为额定，且电源频率与额定值的偏差不超过±1%时，电动机也能输出额定功率。

(5) 在额定电压下，电动机启动电流倍数不大于6.0。

(6) 由于碎煤机在被碎煤料破碎的动力学特性和碎煤机工作时被碎煤料在机体内破碎室内的各种状态不确定，对其破碎块煤有影响的全部因素很难考虑，并且功率与给料块度、排料粒度、煤质状况、转子转速等诸多因素有关，煤块在碎煤机破碎腔内的运动很复杂，所以难以准确地计算碎煤机的所需功率。为了求出环锤式碎煤机所耗功率，除计算其生产率时的假设外，还假设煤的抗压强度极限近似于破坏应力，而且作用于块煤上的作用力、静载荷或动载荷均相同。煤块在破碎过程中与机内零件（及排料过程）的摩擦忽略不计（因为根据机内构造，克服此摩擦所需的能量与碎煤机所消耗的能量相比是相差很大的）。

设计碎煤机时，本书用经验公式和比功耗近似地进行功率的计算，在设计完转子结构后，再计算出转子的转动惯量及转子的飞轮矩，最后要校核电机的起动功率。

(1) 初定碎煤机的所需功率。

1) 比功耗法：比功耗是破碎1t煤所消耗的电能，即

$$K = N/Q \tag{14-29}$$

式中　N——功率，kW；

　　　Q——生产率，t/h。

根据经验，环锤式碎煤机的比功耗一般为$K = 0.4 \sim 0.5$，取$K = 0.4$，则电机功率$N_m = KQ = 0.4 \times 600 = 240\text{kW}$。

2) 碎煤机的经验公式计算

$$N_m = (0.1 \sim 0.15) D^2 L N_a K \tag{14-30}$$

式中　D——转子直径，m；

　　　L——转子工作长度，m；

　　　N_a——电机转速，r/min；

　　　K——过载系数为1.15~1.35，取经验系数为0.14，过载系数$K = 1.3$，则电机功率
　　　$N_m = 0.14 D^2 L N_a K = 0.14 \times 0.9^2 \times 1.66 \times 990 \times 1.3 = 242.3\text{kW}$。

上述两种计算结果比较接近，暂取$N_m = 240\text{kW}$，由于采用了液力偶合器，它本身耗能4%，故选取电机功率为：$N'_m = 1.04 N_m = 1.04 \times 240 = 249.6 = 250\text{kW}$。

(2) 核算电机起动功率。由于碎煤机转动惯量（飞轮矩）GD^2很大，当碎煤机的结构设计完成后，又选定了电动机和液力偶合器，即可在串动设计计算中校核电机的起动功率。

1) 转子静态力矩M_a：转子静态力矩等于转子自重在两轴承中产生的摩擦力矩，于是：

$$M_a = M_c = Rrf = 3665 \times 0.075 \times 0.0025 = 0.687 \text{kgf} \cdot \text{m} \qquad (14\text{-}31)$$

式中 R——两轴承的径向负荷，即为转子重量，kgf；

　　　r——轴承内半径，m；

　　　f——摩擦系数，对于双列向心球面滚子轴承 $f = 0.0018 \sim 0.0025$。

　　2）转子的动态力矩 M_b：机器转动部分折算到电机轴上的飞轮矩 GD^2 为

$$\begin{aligned}
GD^2 &= GD_a^2 (n/n_a)^2 + GD_b^2 \\
&= 1074.168 \times (950.4/990)^2 + 78.1792 \\
&= 1068.132 \text{kgf} \cdot \text{m}^2
\end{aligned} \qquad (14\text{-}32)$$

式中：GD_a^2——碎煤机转子的飞轮矩，kgf·m²，$GD_a^2 = 4gI = 4 \times 9.8 \times 27.402 = 1074.168 \text{kgf} \cdot \text{m}^2$；

　　　GD_b^2——限矩型液力偶合器的飞轮矩；

　　　n_a——电动机转速，r/min。

YOX750 型偶合器的转动惯量为

$$I = I_{主动} + I_{从动} + I_{油} = 11.1 + 4.2 + 4.4 = 19.7 \text{kg} \cdot \text{m}^2 = 2.01 \text{kgf} \cdot \text{m} \cdot \text{s}^2$$

则飞轮矩为

$$GD_b^2 = 4gI = 4 \times 9.8 \times 2.01 = 78.792 \text{kgf} \cdot \text{m}^2 \qquad (14\text{-}33)$$

转子的动态力矩 M_b 以式（14-34）计算

$$\begin{aligned}
M_b &= (GD^2 \cdot n)/(375t) \\
&= (1068.132 \times 950.4)/(375 \times 18) = 150.393 \text{kgf} \cdot \text{m} \qquad (14\text{-}34)
\end{aligned}$$

式中 t——电机起动时间，s，取 5~30s。

　　3）电机轴上的起动转矩 M：$M = M_a + M_b = 0.687 + 150.393 = 151.08 \text{kgf} \cdot \text{m}$。

　　4）所需电机的起动功率 N''_m：

$$\begin{aligned}
N''_m &= M \cdot n/975 \cdot \eta_a \\
&= (151.08 \times 950.4)/(975 \times 0.9368) = 157.2 \text{kW}
\end{aligned}$$

式中 η_a——电动机的效率。

　　因为设计选定的电机功率 $N'_m = 250 \text{kW}$，所以 $N''_m < N'_m$，因此，电动机有足够的起动功率。电动机参数见表 14-4。

表 14-4　电动机参数

型　号	YKK400-6
额定功率	250kW
额定电压	6000V
额定电流	37.9A
功率因数	0.86
效　率	93.9%
最大转矩的倍数	2.32
额定电压的条件下电机的最大启动电流倍数	5.3
防护等级	IP54
绝缘等级	F
噪　声	≤85dB
电动机接线盒位置	从轴头看，位于右侧

14.3.10 液力偶合器的选用

14.3.10.1 应用液力偶合器传动的优越性

应用液力偶合器传动的优越性如下。

（1）确保电机不发生失效和闷车。

（2）能使电动机在足载情况下起动，改善了加速性能，减少了起动时间，提高了起动能力。

（3）能隔离扭振，减少冲击和振动，对碎煤机和电机起到动力过载保护作用。

（4）对大惯量的碎煤机，液力偶合器匹配得当，可减少电机的装配容量，提高电网的功率因素。

（5）可节约能源，减少设备和降低运行费用。

14.3.10.2 限矩型液力偶合器结构及工作原理

YOX 限矩型液力偶合器的结构如图 14-2 所示，其主动部分包括：主动联轴节 1、弹性块 2、从动联轴节 3、后辅腔 6、泵轮 8、外壳 9 等。从动部分包括轴 13、涡轮 10 等。主动部分与电动机连接，从动部分与碎煤机连接。该偶合器为动压泄压式单腔外轮的限矩型液力偶合器。

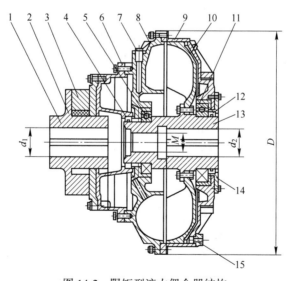

图 14-2 限矩型液力偶合器结构

1—主动联轴节；2—弹性块；3—从动联轴节；4，12—油封；5，11—轴承；6—后辅腔；7—注油塞；
8—泵轮；9—外壳；10—涡轮；13—主轴；14—密封盖；15—易熔塞

偶合器的泵轮和滑轮具有径直叶轮片，型腔内充有液体。两轮之间为柔性连接。当泵轮随电机旋转时，在离心力作用下，迫使工作油沿径向叶片间隙向型腔外缘流道流动，而获得动能，又高速高压冲击滑轮叶片，转换为机械能，带动碎煤机旋转，在偶合器型腔内形成液流的循环圆，靠近上部为小循环，靠近外部为大循环。泵轮为离心式叶轮，滑轮为向心式叶轮。

动压泄压式偶合器具有前辅腔和后辅腔，在额定工况时，循环圆中的液体较多，做小循环运动。当外载荷增加时，泵轮与滑轮转差率加大，液流做大循环流动。滑轮的液流在动压作用下，较快地流进前辅腔，并进入后辅腔。而循环圆中的液体减少，使扭矩限制在一定范围内，所以补助腔是用来自动调节循环圆中的充液量而达到限制扭矩的目的。

14.3.10.3　YOX750 限矩型液力偶合器的选型计算

匹配原则：

（1）应使液力偶合器的设计工况与电动机的额定工况点相重合，以保证传动系统的高效率。

（2）应使偶合器的 $i=0$ 输入特性曲线交于电机尖锋力矩右侧的稳定工况区段，以保证电机运行的稳定性。

（3）使碎煤机、偶合器、电动机的额定功率依次递增 5% 左右，保证动力充足。

（4）使偶合器的起动过载系数小于电机的力矩过载系数，确保限矩性能。

计算选型：由于缺少电动机和偶合器的第一手特性曲线资料，尚难进行细致的匹配计算和绘图，为此基本遵循匹配原则，通过计算选型匹配液力偶合器。

（1）输入功率和转速：偶合器泵轮的功率、扭矩、转速与电机的功率、扭矩和转速相同，即 $N_B = N_m = 250\text{kW}$；$T_B = T_H = 246.71\text{kgf} \cdot \text{m}$；$n_b = 987\text{r/min}$。

（2）额定转速比和效率：为保证额定工况点的高效率，一般取偶合器的额定转速比 $i_n \geqslant 0.95 \sim 0.985$（其转速比 $i = n_T/n_b$，n_T 为滑轮转速，n_b 为泵轮转速）。查资料图，充油率 $q_c = 70\%$ 的后辅腔液力偶合器原始特性曲线，得：当 $i_n = 0.96$ 时，泵轮的扭矩系数 $\lambda_n = 1.45 \times 10^{-6}$，它标志着该元件传递扭矩的能力；当不计磨擦损失时，限矩型偶合器的机械效率等于转速，即 $\eta = N_T/N_B = i = 0.96$。

（3）确保限矩性能：当限矩型液力偶合器与笼型电动机匹配时，为了确保偶合器的限矩性能，偶合器的最大过载系数应满足式（14-35）要求：

$$T_{g_{max}} = \frac{\lambda_{max}}{\lambda_n} \leqslant K \cdot \left(\frac{n_{max}}{n_a}\right)^2 \tag{14-35}$$

式中　$T_{g_{max}}$——偶合器的最大过载系数；

　　　λ_{max}——偶合器的最大扭矩系数；

　　　λ_n——额定工况下的扭矩系数；

　　　K——电动机的最大过载系数；

　　　n_a——电动机额定转矩时的转速；

　　　n_{max}——电动机在最大扭矩时的转速。

YKK400-6 笼型异步电动机的参数为：$K = 3.07$，$n_a = 987\text{r/min}$。

在临界扭矩点（T_{max}）时，转速下降 $10\% \sim 12\%$，则 $n_{max} = [1 - (10\% \sim 12\%)] \cdot n_a = [1 - (10\% \sim 12\%)] \times 987 = 888.3 \sim 868.56\text{r/min}$。

不等式右边：　　　　$K \cdot \left(\frac{n_{max}}{n_a}\right)^2 = 3.07 \times \left(\frac{888.3 \sim 868.5}{987}\right)^2 = 2.35 \sim 2.45$

由偶合器说明书充油率 $q_c = 70\%$ 的起动加速原始特性曲线查得：当转速比 $I = 0.91$ 时，最大扭矩系数 $\lambda_{max} = 2.3 \times 10^6$。

不等式左边：
$$T_{g_{max}} = \frac{\lambda_{max}}{\lambda_n} = \frac{2.3 \times 10^{-6}}{1.45 \times 10^{-6}} = 1.58 \tag{14-36}$$

所以 1.58<2.35 符合式（14-35）要求。即在临界扭矩点，该偶合器的最大过载系数小于电机的最大过载能力。保证偶合器具有限矩性能。

（4）偶合器工作腔的有效直径：
$$D_s = \sqrt[5]{\frac{975 N_B}{\gamma \lambda_n n_a^3}} = \sqrt[5]{\frac{975 \times 250}{830 \times 1.45 \times 10^{-6} \times 987^3}} = 732.3 \text{mm} \tag{14-37}$$

式中 γ——20 号透平油的重度，$\gamma = 830 \text{kg/m}^3$；其他参数同前。

按偶合器的有效直径优先数圆整[《液力偶合器 型式和基本参数)》（GB 5837—2008）]，$D_s = 750 \text{mm}$，选定 YOX750 限矩型液力偶合器。其主要技术参数为：

1）输入转速 $N_B = 1000 \text{r/min}$（同步转速）。

2）传递功率范围：$170 \sim 330 \text{kW}$。

3）过载系数：$T_g = 2 \sim 2.5$。

4）效率：$\eta = 0.96$。

5）外形尺寸：$D \times A = \phi 860 \text{mm} \times 570 \text{mm}$。

6）充油量：$Q_{min} = 34 \text{L}$，$Q_{max} = 68 \text{L}$。

（5）校核起动过载能力：由参考资料可查得，当涡轮转速 $n_T = 0$，转速比 $I = 0$ 的零工况下，起动扭矩系数 $\lambda_Q = 1.75 \times 10^{-6}$，则偶合器的起动过载系数：$T_{gQ} = \lambda_Q / \lambda_n = 1.75 \times 10^{-6} / 1.45 \times 10^{-6} = 1.2$。而 YKK400-6 电动机的起动过载系数 $K_{起} = 1.2$，所以 $T_{gQ} = K_{起}$，故该偶合器对电动机的起动过载能力是适宜的。

液力偶合器参数见表 14-5。

表 14-5 液力偶合器参数

型 式	限矩型
型号	YOX750
输入转速	990r/min
传递功率范围	170~330kW
过载系数	2~2.5

YOX750 偶合器的充油量如下。

（1）工作油的品质：偶合器的工作油应具有较低的黏度，较大的重度，高闪点，低凝点，耐老化，腐蚀性小。综合考虑工作油的品质为：

1）运动黏度：$\nu = 32 \text{mm}^2/\text{s}$（$-40°$）。

2）重度：$\gamma = 0.83 \sim 0.86 \text{g/cm}^3$。

3）闪点：大于 180℃。

4）凝点：小于 -10℃，推荐采用 32 号或 46 号透平油。

（2）充油量。

偶合器型腔内充液量的多少用充液率表示，即

$$q_c = Q/Q_0 \tag{14-38}$$

式中　Q_0——循环圆全充满时的液量；

　　　Q——循环圆实际充液量；

　　　q_c——充液率，%。

通过计算：最大充油量为

$$Q = q_c \cdot Q_0 = q_c \cdot Q_{max}/q_{cmax} = 0.62227 \times 68/0.8 = 52.893L$$

32 号透平油的重度 $\gamma = 0.83kg/dm^3 = 0.83kf/L$，故 $Q = 0.83 \times 52.893 = 43.901kg$，即该偶合器的充油量不能超过 44kg。

（3）易熔塞及油温报警装置。

当碎煤机过载时，偶合器涡轮停转，泵轮继续旋转，电机的机械能全部转换成热能，工作油的温度急剧上升，当接近 134℃，易熔塞的低熔点合金熔化（熔点约 130~138℃），离心力作用下径向喷油而切断传动。

14.3.11　滚动轴承的选择及计算

14.3.11.1　选择轴承

（1）估测轴承的计算寿命：根据运行经验，一般碎煤机为三班制工作。每天平均运行 10h 左右，每月工作 27 天，除大修及停机外，每年净运行 10 个月，则碎煤机每年实际运行时数为：$10 \times 27 \times 10 = 2700h$。考虑运行 2 年进行更换，故轴承的计算寿命：$L_h = 2 \times 2700 = 5400h$。

（2）计算额定功负荷选择轴承型号，且校验额定静负荷：由计算寿命 $L_h = 5400h$，查《机械设计手册》得寿命系数 $f_h = 2.04$；由转子转速 $n = 950.4r/min$，查《机械设计手册》，并且用反比例中插法计算速度系数：$f_n = 0.365 + [1 - (950.4 - 940)/(960 - 940)] \times (0.367 - 0.365) = 0.366$，由轴承中等冲击负荷，查《机械设计手册》，取负荷系数 $f_F = 1.5$，由轴承的工作温度小于 100℃，查《机械设计手册》，得温度系数 $f_T = 1$。因轴承仅承受纯径向载荷，故当量动负荷为

$$P_{rA} = F_{rA} = 10905kgf$$
$$P_{Rb} = F_{rB} = 10876kgf$$

因此，轴承的额定动负荷为

$$C_A = (f_h \cdot f_F)/(f_n \cdot f_T) \cdot P_{rA} = (2.04 \times 1.5)/(0.366 \times 1) \times 10905 = 911173kgf$$
$$C_B = [(2.04 \times 1.5)/(0.366 \times 1)] \times 10876 = 90930.5kgf$$

按 $C = C_A = 91173kgf$，通过查《机械设计手册》可知，22330CC/C3W33 轴承能满足使用要求，即选定该型号。

（3）轴承的实际预期寿命。轴承 22330CC/C3W33 的参数为：与实际接触角 β 有关的参数 $e = 0.36$，据此，该接触角为

$$\beta = \tan^{-1}(e/1.5) = \tan^{-1}(0.36/1.5) = 13°29'44.64''，当 F_a/F_r \leqslant e 时，径向系数 X = 1，$$
轴向系数 $Y = 1.9$，因为轴向载荷 $F_a = 0$，所以 $F_a/F_r = 0/10908 = 0 < e$。

故 $P_A = XF_r + YF_a = 1 \times 10905 + 1.9 \times 0 = 10905 \text{kgf}$。

同理：$P_B = 10876 \text{kgf}$。

而寿命系数：$f'_{hA} = f_n \cdot f_T / f_F \cdot C_A / P_A = 0.366 \times 1 \times 91173 / (1.5 \times 10905) = 2.04$

$f'_{hB} = f_n \cdot f_T \cdot C_B / f_F \cdot P_B = 0.366 \times 1 \times 90930.5 / (1.5 \times 10876) = 2.04$

故左、右两轴承的实际预期寿命为：$L'_h = f'^{\varepsilon}_h \times 500 = 2.04^{10/3} \times 500 = 5384 \text{h}$

式中，ε 为寿命指数，对于滚子轴承 $\varepsilon = 10/3$。

14.3.11.2 基本组 G 级精度 22330CC/C3W33 轴承的配合性质

由《滚动轴承技术条件》（GB 307—77）可查得 G 级精度 22330CC/C3W33 双列向心球面滚子轴承的内径和外径的制造公差及其检验的平均尺寸和允许误差，根据碎煤机的轴与内圈、轴座与外圈的配合，内圈与轴由轴承检验的平均内径和公差计算：

平均过盈：$Y_p^m = \dfrac{1}{2}(Y_{min}^m + Y_{max}^m) = \dfrac{1}{2} \times (0.065 + 0.115) = 0.09 \text{mm}$

配合公差：$T_f^m = |Y_{min}^m - Y_{max}^m| = |0.065 - 0.115| = 0.05 \text{mm}$

由轴承内圈的制造公差计算：

平均过盈：$Y_p = (Y_{min} + Y_{max}) = \dfrac{1}{2} \times (0.059 + 0.121) = 0.09 \text{mm}$

配合公差 $T_f^m = |Y_{min} - Y_{max}| = |0.059 - 0.121| = 0.062 \text{mm}$

外圈与轴承座由轴承检验的平均外径和公差计算：

平均过盈：$Y_p^m = \dfrac{1}{2}(Y_{min}^m + Y_{max}^m) = \dfrac{1}{2} \times (0 + 0.040) = 0.02 \text{mm}$

平均间隙：$X_p^m = \dfrac{1}{2}(X_{min}^m + X_{max}^m) = \dfrac{1}{2} \times (0 + 0.057) = 0.0285 \text{mm}$

配合公差：$T_f^m = |X_{max}^m - Y_{max}^m| = |0.057 - 0.040| = 0.017 \text{mm}$

由轴承外圈的制造公差计算：

平均过盈：$Y_p = \dfrac{1}{2}(Y_{min} + Y_{max}) = \dfrac{1}{2} \times (0 + 0.050) = 0.025 \text{mm}$

平均间隙：$X_p = \dfrac{1}{2}(X_{min} + X_{max}) = \dfrac{1}{2} \times (0 + 0.067) = 0.0335 \text{mm}$

配合公差：$T_f^m = |X_{max} - Y_{max}| = |0.067 - 0.050| = 0.017 \text{mm}$

由此可知，基本组 G 级精度 22330CC/C3W33 轴承的名义过盈量：内圈 $Y = 0.09 \text{mm}$；外圈 $Y = 0.02 \text{mm}$。

14.3.11.3 采用大游隙轴承提高轴承的极限转速

查《机械设计手册》得 22330CC/C3W33 轴承的极限转速 $n_{脂} = 850 \text{r/min}$（脂润滑）。

承受的当量动负荷：$P \leqslant 0.1C = 0.1 \times 93100 = 9310 \text{kgf}$。而碎煤机需轴承承受的当量动负荷为：$10905/93100 \times C = 0.117C > 0.1C$，且转速 $n = 950.4 > n_{脂}$。

为此，需采用增大游隙的措施以提高轴承的极限转速，满足碎煤机运行要求。取 22330CC/C3W33 轴承为例，该轴承的径向原始游隙为 $C_0 = 220 \sim 280 \mu\text{m}$。

安装后的配合游隙为：

内圈车轴 $C_\mathrm{p} = C_0 - 0.65y = (220 \sim 280) - 0.65 \times 0.09 = (219.94 \sim 279.94)\,\mu\mathrm{m}$

外圈与轴座：$C_\mathrm{p} = C_0 - 0.55y = (220 \sim 280) - 0.55 \times 0.02 = (219.98 \sim 279.98)\,\mu\mathrm{m}$

因相差无几，取 22330CC/C3W33 轴承配合游隙 $C_\mathrm{p} = C_0 = 0.22 \sim 0.28\,\mathrm{mm}$。

14.3.11.4　润滑脂的更换周期

对于 22330CC/C3W33 调心轴承采用 MoS_2 锂基润滑脂润滑，其更换周期为：

$$t_\mathrm{h} = \frac{27 \times 10^6}{kn\sqrt{d}} - 2d = \frac{27 \times 10^6}{1 \times 950.4 \times \sqrt{150}} - 2 \times 150 = 2020\mathrm{h} \qquad (14\text{-}39)$$

式中，k 为轴承直径系列常数，中系列 $k = 1$；$t_\text{月} = \dfrac{t_\mathrm{h}}{10} \times 27 = \dfrac{2020}{10} \times 27 = 5454\mathrm{h} = 227.25\,\text{天} =$

7.6 月。

即大致换油时间为每 8 个月换一次。

14.3.12　碎煤机结构

碎煤机结构如图 14-3 ~ 图 14-8 所示。碎煤机由下机体、后机盖、中间机体、前机盖、转子、同步调节器、筛板架、出轴端盖、启闭液压系统等 9 部分组成。

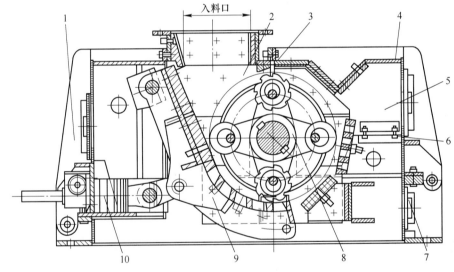

图 14-3　碎煤机结构图

1—后机盖；2—中间机体；3—风量调节板；4—前机盖；
5—除铁室；6—拨料器；7—下机体；8—转子；9—筛板架；10—同步调节器

14.3.12.1　机体

机体包括下机体、后机盖、中间机体、前机盖四大部分，结构具体如图 14-6 ~ 图 14-9 所示。全部采用钢板焊接结构。下机体用来支承前、后机盖、中间机体及转子部件，具有足够的强度和刚度。中间机体借助螺栓与下机体联结，其结合面处用密封胶条密封。前后机体与下机体采用铰链轴联接，便于启闭回转。防磨衬板材质为 16Mn，装在机体内。中

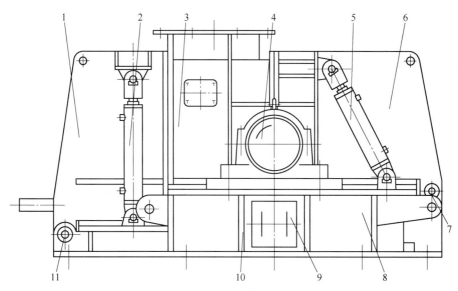

图 14-4　碎煤机结构图

1，6—后机盖；2，5—油缸；3—中间机体；4—出轴端盖；7，11—铰链轴；8—下机体；9—侧视门；10—找正用平面

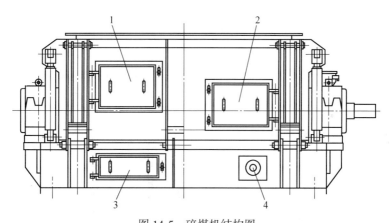

图 14-5　碎煤机结构图

1—前上门；2—后视门；3—前下门；4—同步调节器

间机体上方是入料口，顶部装有风量调节装置，可以调整转子鼓风量。有筛板架的挂轴支座装在后机盖的上方。

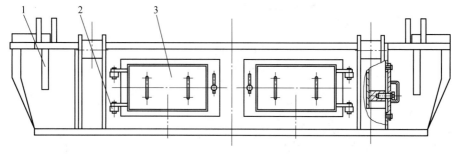

图 14-6　下机体

1—起吊板；2—支板；3—前视门

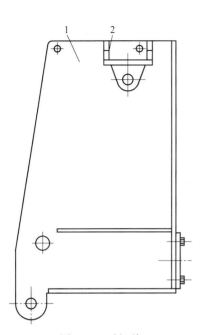

图 14-7 后机盖

1—侧板；2—油缸支座

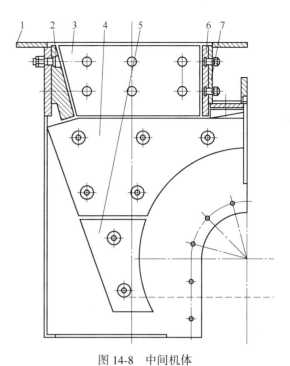

图 14-8 中间机体

1—进口法兰；2—后衬板；3—侧衬板；
4，5—衬板；6—前衬板；7—前侧板

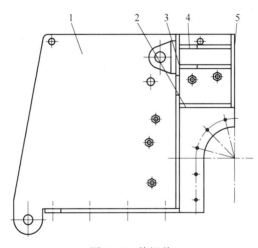

图 14-9 前机盖

1—侧板；2～4—筋板；5—法兰板

14.3.12.2 转子

在主轴上装有 1 组平键、2 个圆盘、十字交错的数个摇臂和 2 个隔套，由 2 个锁紧螺母将其紧固，且以止动块焊接防松。4 根环轴上装有顺序排列的齿环锤和圆环锤，用挡盖螺栓及弹簧垫圈限位。两轴承体的形式为剖分式，轴承座内部设有 2 条环形的槽，作用是将内迷宫及闷盖定位。主轴的两个端面安装双列向心球面滚子轴承，内圈以圆螺母及止动垫紧固，出轴端的轴承外圈用稳定环轴向紧固，非出轴端的轴承外圈可轴向游动，轴承径向采用迷宫式密封，如图 14-10 所示。

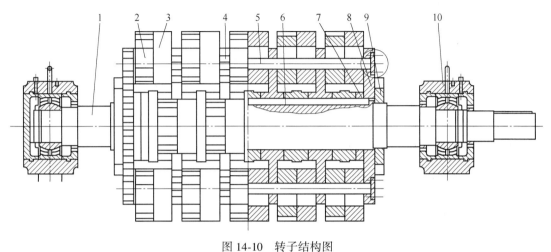

图 14-10 转子结构图

1—主轴；2—齿环锤；3—圆环锤；4—摇臂；5—环轴；6—键；
7—隔套；8—圆盘；9—锁紧螺母；10—轴承

14.3.12.3 筛板架

参考图 14-3，筛板架部件的架体为焊接结构，结构如图 14-11 所示。用轴悬挂在后机盖支座内，通过铰链轴与同步调节器连接，破碎板由高锰钢制成，分Ⅰ型和Ⅱ型。两种规格的破碎板各 4 块，用合金钢铸成的切向孔的筛板 1 件，筛板架可绕悬挂轴旋转。

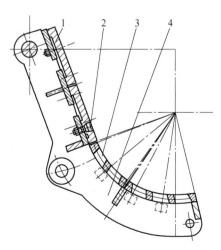

图 14-11 筛板架

1—破碎板；2—沉头螺栓；3—筛板；4—筛板支架

14.3.12.4　同步调节器

同步调节器结构如图 14-12 所示。参考图 14-3 和图 14-13，筛板间隙的调节通过左右对称的两套蜗轮蜗杆减速装置实现。用连接轴、套筒、弹性销将其连接在一起进行同步调节。蜗杆在进行转动的过程中，蜗轮推动丝杠、铰链头、轴前后进行移动，这时连杆能绕轴及铰链轴转动用来调节筛板架和转子之间的相对位置关系。调整垫片的作用是调节筛板间隙和承受撞击力。

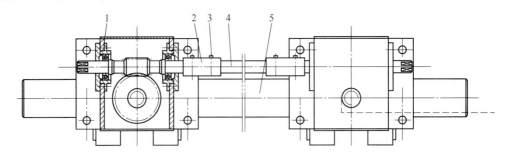

图 14-12　同步调节器
1—蜗轮杆传动箱；2—连接套；3—销；4—连接轴；5—轴

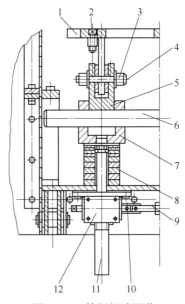

图 14-13　筛板间隙调节
1—筛板架；2—铰链轴；3—垫圈、螺母；4—开口销；5—连杆；6—轴；7—铰链头；
8—调整垫片；9—连接轴；10—弹性销、套筒；11—丝杆；12—蜗轮箱

14.3.12.5　启闭液压系统

启闭液压系统由一套液压站、各种管路、控制元件（换向阀）及执行元件（油缸）等组成。为了检修的便捷，前机盖和后机盖都各配有两个油缸，不过前机盖和后机盖不能

同时打开。液压系统不在工作状态时，快速接头应该设有防尘保护措施。

液压站里含有电机、联轴器、齿轮泵及进回油管，还有滤油器（分为粗、精）、各种阀（溢流阀、换向阀、节流阀）、滤清器、信号灯、压力表和油箱等元件。精滤油器设有压差发讯器，如果滤芯堵塞，压力管路的油压差达到 0.35MPa 时，信号灯就会亮起，这个时候就应更换滤芯。

液压系统如图 14-14 所示，液压系统参数和性能参数分别见表 14-6 和表 14-7。

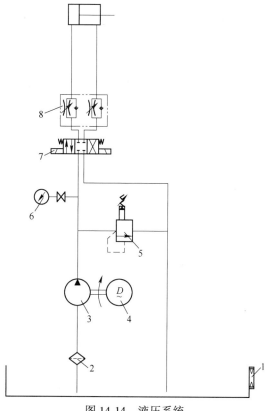

图 14-14 液压系统

该系统由液位液温计 1、滤清器 2、油泵 3、电动机 4、溢流阀 5、压力表 6、换向阀 7 及节流阀 8 组成。电动机通过油泵将油液带入换向阀、节流阀并通过油管进入油缸。溢流阀可以保护系统安全、油压稳定。

表 14-6 液压系统参数

项 目	单 位	参 数
电动机功率	kW	1.5
电动机转速	r/min	940
电压	V	380
系统额定工作压力	MPa	6.25
油泵最大工作压力	MPa	7.85
额定流量	L/min	8.19
机盖开启溢流阀压力	MPa	7.5

表 14-7　性能参数

项　目	单位	数据
额定流量	L/min	8.19
标定压力	MPa	7.5
功率	kW	1.5
转速	r/min	940
液压用油		46 号液压油
油箱加油量	L	60±10

14.3.12.6　液压站

本节碎煤机液压站为 HCS 系列环锤式碎煤机的配套产品。该液压站的作用在于驱动该碎煤机的液压缸，用来启闭前机盖和后机盖，这样有利于碎煤机的检修。

A　技术规格

液压站的液压系统参数及驱动油缸性能分别见表 14-8 和表 14-9。

表 14-8　液压系统参数

项目		单位	数据	项目		单位	数据
油泵	型号		CB-FA10C-FL	电动机	型号		Y100L-6
	流量	L/min	8.20		功率	kW	1.5
	压力	MPa	7.86		转速	r/min	940
系统	流量	L/min	6.83		电压	V	460
	压力	MPa	6.26	油箱有效容积		L	50±20
溢流阀	调节范围	MPa	6~15	液压油	牌号		32 号、46 号液压油
	工作标压	MPa	7.6		用量	kg	50±9.5

表 14-9　驱动油缸性能

项　目		单　位	数　据
碎煤机型号			HCSC6
系统图油缸组号			Ⅰ、Ⅱ
油缸内径		mm	100
活塞杆径		mm	55
作用面积	推出端	cm²	78.54
	拉回端	cm²	53.91
单缸驱动力	进程推力	tf	4.91
		kN	48.11
	回程拉力	tf	3.37
		kN	33.02

B　结构和工作原理

结构组成：主要有吸油口的滤油器、齿轮油泵、溢流阀、手动换向阀、节流阀（单向）、胶管总成、快速接头、压力表和开关、油管、油箱及空气滤清器等。

原理：交流电动机通过爪形联轴器带动齿轮泵旋转，压力油进入溢流阀由压力表显示标定压力，M 型换向阀实现执行元件（油缸）的进程和回程的油路换向。单向节流阀以节流调速改变工作速度。回油路的油液和溢流阀的余油经汇集后经过连接块的溢流口返回到油箱。

C　操作和保养

（1）根据液压系统图及表 14-9，按照要驱动的碎煤机液压缸，将快速接头体 I 及尼龙垫圈同油缸的接头相连接。同时要检查管路各接头是否可靠。检查油泵的电机转向正确与否。从轴头方向看方向为顺时针旋转。

（2）起动前油箱的油面应当位于油标的上部。起动以后油面则应处在油标中能看见的位置。如果从油标中看不到油面时，应立即补充油，如图 14-15 所示。

（3）缓慢转动电机（也可以电机反复起动），让泵的排出管卸下载荷，及时排出泵体内和管路中的空气。

（4）电机停转后，再重新起动的时候，需要间隔 1min 才可进行。

（5）溢流阀调整压力到 7.5MPa，如果需要更高的工作压力时，便作相应的调整，但不可以超过 14MPa。

（6）工作油的黏度为 17～38 厘斯（mm^2/s）（2.5～5°E），推荐采用 32 号或 46 号液压油。

（7）正常油温为 10～60℃，如果起动时油温低于 0℃，那就得对工作油进行预热，待油温升至 5℃时才可进行。

（8）从空气滤清器中向油箱内注渍，其滤网的过滤精度主要为 120μm。

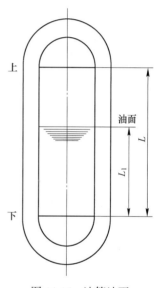

图 14-15　油箱油面

（9）应当定期取样，用来检查工作油的颜色、透明度、沉淀物和气味等，如果油变质了或者出现严重污染现象，则要及时更换。一般来说每年应更换一次。

D　故障及排除方法

故障及排除方法见表 14-10。

表 14-10　故障及排除方法

序号	故障性质	产生原因	排除方法
1	油泵排油，但达不到工作压力	1. 溢流阀动作不良； 2. 油压回路无负荷； 3. 系统漏油	1. 拆卸阀体检查修复； 2. 检查油路加负荷； 3. 检查管道制止泄漏

序号	故障性质	产生原因	排除方法
2	有压力但不排油或者容积效率下降	1. 泵内密封件损坏； 2. 吸入异物在滑动部分产生异常摩擦	1. 与制造厂联系进行修理； 2. 进行检查排除异物
3	噪声过大	1. 吸入管太细； 2. 吸油口滤油器堵塞； 3. 吸入管或其他部位吸入空气； 4. 油箱内有气泡； 5. 油箱内油面过低； 6. 泵的安装基础刚性不足； 7. 转速和压力超出规定值； 8. 联轴器噪声大	1. 更换较大内径的油管； 2. 清洗； 3. 向吸入管注油找出不良处； 4. 检查回油路防止发生气泡； 5. 加油到规定油面； 6. 提高安装基础刚度； 7. 检查转速、压力及油路； 8. 检查联轴器有无损伤或错位过大
4	油泵发热	1. 容积效率不良，泵内进入空气； 2. 轴承磨损； 3. 油黏度过高，润滑不良油污严重	1. 排除空气，提高容积效率； 2. 更换新轴承； 3. 更换新油

14.4 计算和选型结果小结

本节根据碎煤机的结构参数设计、碎煤机生产率、配套电动机功率、转子参数设计、主轴设计、转子平衡、轴承选用、配套偶合器选型等方面的设计计算，将计算和选型结果列于表 14-11 中。

表 14-11 设计参数

主参数	生产率	t/h	600
	最大入料块度	mm	≤300
	出料粒度	mm	≤25
	转子直径	mm	900
	转子工作长度	mm	1660
	转子线速度	m/s	44.76
	转动体质量	kg	3665
	转子飞轮矩	kgf·m^2	1074
	转子扰力值	kgf	3700

	型号		YKK400-6
电动机	功率	kW	250
	电压	V	6000
	转速	r/min	990
	防护等级		IP54
	冷却方法		空-空冷却器
	质量	kg	2610
液力偶合器	型号		YOX750
	输入速度	r/min	990
	传递功率范围	kW	170~330
	过载系数		2~2.5
	效率	%	96
	质量	kg	250
	垂直载荷	kgf	35686
	水平载荷	kgf	9280
轴承	型号		22330CC/C3W33

14.5 碎煤机试制

14.5.1 产品设计的主要特征

本环锤式碎煤机紧紧围绕"技术协议"的要求，以目前较为先进的国产 KRC 型碎煤机为基型，消化吸收其优点，结合曾研制的同一系列的出力为 600t/h 的 HCSC6 型碎煤机的经验而设计，主要有以下独到之处：

（1）在国内首次采用低转速大功率限矩型液力偶合器传动，既能有效地保护电机，又能改善启动特性，降低启动电流，还可隔离扭振，使传动平稳。

（2）根据煤种的不同和水分的大小，设计了型式各异的几种筛板，可视工况进行选用组合，在保证出料粒度的前提下减少堵煤。

（3）设置风量调节控制装置，使碎煤机进料口呈微负压，出料口的鼓风量不大于 1500m³/h。

（4）在筛板架下设置安全销，当严重过载时，自动剪断，保护设备不受破坏。

（5）在转子圆盘、摇臂外缘，对焊了耐磨材料，可延长转子寿命。

（6）配置了数字显示、微机处理、自动记录事故值的监控盘。设备在工作时，连续监测显示轴承座振幅、轴承温度、碎煤机噪声、堵煤信号，当超过预警值时，发出预警声，输出预警信号。当超过报警值时，发出报警声，输出停机信号。

14.5.2　技术要求

根据设计要求，结合生产厂的生产条件，借鉴国内外有关及相关标准，制定了严于部颁标准的企业标准，明确了零部件应遵循的通用及专业标准，对零部件的"技术条件"均按部颁标准中优等品要求制定，部装、总装、试车都有专有"技术条件"，为确保产品质量，提出了必要而可靠的准则。

14.5.3　产品的制造

14.5.3.1　加工

在产品设计完成后，进行了详细的工艺审查，在确保本机性能的前提下，大部分零部件与现有的设备、工艺装备水平和技术水平相适应，对于有特殊要求的（尺寸和形位公差）零部件设置了专用工装60余套，所有零件的加工，以及原材料、外购件，都达到了设计要求，为整机的质量奠定了基础。

14.5.3.2　装配

所有零件的加工均达到了图样要求，使装配工作较为顺利，在部装中，重要性高、难度大的是碎煤机转子。

转子是本产品的主要工作部件，是整机的核心。其转速高，工作环境恶劣，配合处的过盈量大。装配前，对主轴上的各零件逐一测量，视承载分布排出顺序，而后采用工装热装，保证了装配精度和原有的过盈，进而保证了承受冲击载荷的能力，在未装环锤前，进行了静动平衡试验，达到了G6.3级以上的精度。

设备的总装在平衡台上进行，对相关位置要求较严格的零部件，设置了专用工装，有效地控制了相对误差。各机体之间，采用配做的方式，保证了连接精度和强度、刚度要求。"可动"部分灵活可靠，无卡阻、干涉现象。

14.5.3.3　主要部件的技术关键

根据碎煤机结构和工作特点，对主要部件的技术采取了关键措施。

A　主轴

主轴是中心，是承载最大、精度要求最高的零件，其内在及表面质量和各要素的尺寸及形位公差要求较严。

主轴的毛坯采用铸锭和锻造，锻后的毛坯经热处理、消除内应力处理、粗车后，进行了无损探伤检测，允许的夹杂当量和数量都按汽轮机主轴的技术条件要求，主轴的表面精加工在大型外圆磨床上进行，确保了尺寸精度和同轴度、外圆跳动等形位公差要求。

本机的主轴采用了双键槽结构，给加工带来了很大难度，为此，专门设计了具有进给反馈动力的工装及相应的措施，保证了双键槽的"三维"对称度要求，进而使装配顺利，载荷分布合理。

B　摇臂、圆盘

摇臂、圆盘加工的技术关键是双键槽，用高精度插床，配置心轴定位的专用工装及相应的检具，经检测完全达到了设计、装配要求。

C 焊接结构

本机的焊接结构占整机质量的一半以上，其质量关系到整个设备的安全可靠性及外观。

在施焊前，对下料的散件进行了校形、表面处理，焊后进行了消除应力处理，焊接机的机加工部分，均在焊后消除应力后进行加工，消除了因焊接引起的变形超差对组装和密封的影响。下机体的一般加工面在刨床上加工，轴承座垫板在落地镗床上加工，有效保证了两轴承座垫板间的相对平面度，为整机运转的稳定性创造了条件。在轴承座垫板上还预留了"找正平面"，极大地方便了设备的安装调试。

D 空载试验

本机总装完毕后，在厂内按《HCS 系列环锤式碎煤机空载试验规程》（QJ/SXD-04-07-90）进行了空载试验，这也是产品出厂前的综合性检验，试车在试验台上进行，试验要求连续运行 4h，试车中，依据质量标准要求，对轴承座垂直、水平振幅、轴承温度等进行测试，其中振幅用 YCZ-1 型振动测量仪测试，温度用点温计测试，经测试各项技术指标都达到了"标准"要求，具备出厂投运条件。

E 设计、工艺的验证

制造成功证明该产品的设计是可行的，所提的有关"技术条件"也是适宜的。由于生产技术准备工作周密，因此材料的代用、差错、工艺及临时性变更是相当有限的，制造中所采取的工艺方案，为确保制造质量、形成小批量生产规模及降低生产成本、提高生产效率创造了条件，个别为保证关键要素而使成本增高的方案也是必不可少的。

HCSC6 型碎煤机在制造过程中，对原设计进行了一定的改进，改进的原因主要有：

（1）完成的设计与开始试制的间隔时间较长，随着新技术、新工艺的发展，对原设计中未考虑到之处加以改进，使之更趋完善。

（2）制造过程中发现不利的工艺因素。

（3）根据新的信息反馈而改进。

（4）材料代用。

本机对原设计的主要改进部分如下：

（1）原设计的轴承座为整体式稀油润滑，密封、维护、检修的难度大，且刚性差，现改为对开式结构，采用高温性能好的润滑脂润滑，并采取了提高刚度的措施。

（2）原设计的壳体刚度欠佳，改进后既加强了整机的刚性及稳定性，又方便了大型件的机加工，并在轴承座垫板上预留了"找正平面"，极大地减少了安装难度。

（3）除铁室内增设了"反弹"设施，方便了运行维护。

（4）鼓风量调节部分的改进，安全、有效地控制了鼓风量，使之达到最佳效果。

（5）在前后机盖新增了"限位支腿"，使机盖开启时不会发生过"死点"现象，这点在国内同类型设备中还未见到。

通过整机的制造，初步结论如下：

（1）设计先进，较好地吸收了 KRC 系列碎煤机的优点，具有独到之处。

（2）结构合理，便于制造、安装及维护检修。

（3）性能可靠，适应性强，是一种理想的碎煤设备。

（4）监控盘的设置，有利于安全运行和输煤系统自动控制。

（5）本机经总装、测试、试转达到了设计规定的各项技术性能指标。

（6）本机安全销拆卸不便，有待进一步改进。

（7）本机的设计图样与文件、工艺文件与专用工装齐全、完整，具备小批量生产条件。

14.6　碎煤机安装

14.6.1　安装前的准备

碎煤机安装前的准备包括以下两点。

（1）仪器、工具、同附件的准备：

1）装配用一般标准工具；

2）精度为 0.1mm/m 水准仪、墨线和 10m 软尺各一件；

3）紧固件如地脚螺栓等；

4）调整垫片；

5）吊车质量为 20t、起吊用钢绳。

（2）清理安装基础平面，必须保持平整。

14.6.2　碎煤机的安装

碎煤机的安装要求包括以下几点。

（1）应使水泥基础完全凝固干化，具有足够的强度后，才可进行安装工作。

（2）在基础上把碎煤机、电动机的中心位置打上墨线。

（3）下机体按基准线就位，同时在轴承座垫板上用水准仪找正水平度，转子轴的轴向和径向水平度允许误差为 ±0.5mm。

（4）水平调整后，将垫和调整垫铁焊牢。

（5）要进行二次灌浆，等到完全凝固以后，将地脚螺栓完全紧固。

（6）按上述步骤安装电动机底座。

14.6.3　限矩型液力偶合器的安装

限矩型液力偶合器的安装要求如下。

（1）液力偶合器在安装的过程中，不得使用铁锤等硬物击打设备外表。

（2）要把液力偶合器输出轴孔套在碎煤机的主轴轴端上。

（3）要移动电动机，让其轴端插入到液力偶合器主动连轴节的孔中，必须要保证两者的轴间间隙为 $X=2\sim4\mathrm{mm}$。

（4）用塞尺和平尺（用光隙法）分别检查碎煤机和电动机轴的角度误差和同轴度，其允许误差不大于 0.20mm。限矩型液力偶合器如图 14-16 所示。

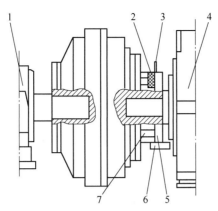

图 14-16 限矩型液力偶合器
1—碎煤机；2—弹性块；3—塞尺；4—Y 系列电机；
5—主动连轴节；6—平尺；7—从动连轴节

14.7 液压系统的操作与维护

14.7.1 液压系统的安装

液压系统的安装要求：
(1) 液压系统的安装可以参考液压系统的原理图进行；
(2) 各液压元件在安装前要认真清洗。管道的内部要进行酸洗，杂物要清除。

14.7.2 液压站起动前的检查

液压站起动前的检查要求：
(1) 起动前油箱的液面要位于油标的上部，起动以后，油面应处于油标中可以看见的位置，如果从油标中看不到油面则必须补充油；
(2) 管路各接头连接要检查，看是否可靠；
(3) 检查油泵电机的转向是否正确，从轴头方向看应为顺时针方向旋转。

14.7.3 油泵的起动与运行

油泵的起动与运行要求：
(1) 油泵第一次起动之前，应该向油泵内注满工作油；
(2) 让泵的排出管卸载，缓缓转动电机，排出泵体内及管路中的空气（或反复起动电机）；
(3) 电动机停转后，重新起动时，需间隔 1min 方可进行；
(4) 调整溢流阀的压力到 8.5MPa。液压站在出厂时，已调整好了，用户无需调整。若需更高的工作压力可作相应的调整，但不允许超过 14MPa。

14.7.4　液压系统的维护

液压系统的维护要求：

（1）工作油的黏度为 17~38 厘斯（mm^2/s）（2.5~5°E）选用 ISO VG 32 号、46 号液压油。

（2）正常油温 10~60℃，当起动时，油温低于 0℃，要对工件预热。待油温升至 5℃，方可运行。

（3）系统的过滤精度不低于 30μm，吸油口滤油器精度为 180μm，压力管路滤油器为 830μm，空气滤清器用 380μm 网过滤。

（4）液压站的压力管路滤油器，配置了压差发讯装置，当滤芯堵塞到进出口压差为 0.35MPa 时，液压站的指示灯发亮，此时应清洗或更换滤芯。

（5）定期对工作油进行取样检查，与新的工作油进行比较，检查油的颜色、透明度、沉淀物、气味等情况。若油液已变质或严重污染，应及时更换。一般最初 3 个月换油一次，以后每半年更换一次。

（6）快速接头在不工作的状况下，要进行防尘保护。

机器的故障及排除方法见表 14-12。

表 14-12　故障及排除方法

序号	故障性质	原　　因	排　除　方　法
1	碎煤机振动	环锤碎裂或严重磨损失去平衡	重新选装，更换新环锤
		轴承损坏或径向游隙过大	更换新轴承
		电机与液力偶合器安装不同心	重新找正
		给料不均匀，造成环锤不均匀磨损	调整给料装置，在转子长度上均匀布料
		轴承座螺栓或地脚螺栓松动	紧固松动的螺栓
2	轴承温度超过 90℃	轴承径向游隙过小或损坏	更换 3G 或 4G 大游隙轴承增大游隙
		润滑油不足	增加润滑油
		润滑油秒	更换新油
3	碎煤机腔内产生连续的敲击声	不易破碎的异物进入	停机清除异物
		破碎机、筛板等件的螺栓松动，环锤打在其上	紧固螺栓螺母
		环锤轴磨损太大	更换新环锤轴
4	排料大于 25mm 的粒度明显增加	筛板与环锤间隙过大，筛板孔有折断处，环锤磨损过大	重新调整间隙，更换筛板，更换环锤
5	产量明显降低	给料不均匀，筛板孔堵塞	调整给料机构，清理筛板栅孔，检查煤的含水量、含灰量

序号	故障性质	原 因	排 除 方 法
6	泵虽排油，但达不到工作压力	溢流阀动作不良	拆卸阀体，检查修复
		油压回路无负荷	检查油路，加负荷
		系统漏油	检查管道制止漏油
7	有压力但不排油或者容积效率下降	泵内密封体损坏	与制造厂家联系进行修理
		吸入异物在滑动部分产生异常摩擦	进行检查，排除异物
		吸入管太细或被堵塞	允许吸入真空度为 110mm 水银柱
		吸入过滤器堵塞	清洗
		吸入过滤器容量不足	过滤器的容量应为使用容量的 2 倍
		吸入管或其他部位吸入空气	向吸入管注油，找出不良处
		油箱内有气泡	检查回油路，防止发生气泡
8	噪声过大	油面低	加油至规定油面
		泵的安装基础刚性不足	提高安装基础刚度
		转速和压力超出规定值	检查转速、压力及油路
9	油泵发热	容积效率不良，泵内进入空气	排除空气，提高容积效率
		轴承损坏	更换新轴承
		油黏度高、润滑不良或油污严重	更换新油
10	液力偶合器油温过高	充油量减少	加油到所需要的数量
		超载	减小载荷
11	液力偶合器运转时漏油	热保护塞或注油塞上的 O 形密封圈损坏或没上紧	更换密封圈或拧紧油塞
		后辅室或外壳与泵轮连接处 O 形密封圈损坏	更换密封圈
		后辅室或外壳与泵轮结合面没上紧	拧紧该两处的连接螺栓
12	停车时漏油	输出轴处的油封损坏	更换油封
13	起动或停车时有冲击声	弹性块过度磨损	更换新的弹性块
14	电动机被烧毁	充油量过多	按需要的充油量加油

14.8 碎煤机运行中车间空气煤尘浓度及噪声测试

14.8.1 空气粉尘浓度测试

空气粉尘浓度测试的测试方法、测量仪器、测点布置等如下。

（1）测试方法。测试方法完全遵照国家标准《作业场所空气中粉尘测定方法》（GB 5748—85）进行。

（2）测量仪器：选用 FC-2 型粉尘采样器。

（3）测点布置：采取环绕碎煤机每侧一点，共 4 点，如图 14-17 所示。

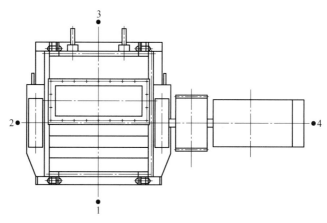

图 14-17　测点布置

（4）测试数据：见表 14-13。

表 14-13　测试数据

设备名称	环锤式碎煤机			
设备型号	HCSC6 型			
设备出力	600t/h			
测试位置	周围			
测点编号	1	2	3	4
采样时间/min	10	10	10	10
采样流量/L·min⁻¹	20	20	20	20
滤膜初重/g	0.1737	0.1775	0.1108	0.1094
滤膜终重/g	0.1755	0.1794	0.1119	0.1110
采样净重/g	0.0018	0.0019	0.0011	0.0016
浓度/mg·m⁻³	9.00	9.50	5.50	8.00

（5）结论。测试结果表明：HCSC6 型碎煤机周围的粉尘浓度平均值为 $8mg/m^3$，符合国家标准《工业企业设计卫生标准》（TJ 36—79）之"生产性粉尘不大于 $10mg/m^3$"的规定，本机在防止粉尘污染方面的性能优越。

14.8.2　碎煤机车间噪声测试

对 HCSC6 型环锤式碎煤机，在额定负荷和空载运行情况下分别做了测试。

（1）测量仪器：SJ_2 精密声级计。

（2）测量布置：测点在设备垂直距离 1m 处，取转子中心高，如图 14-18 所示。

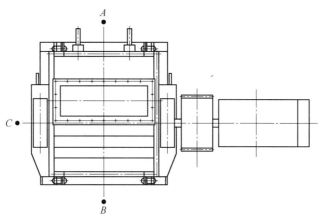

图14-18 测点布置

（3）测试数据：见表14-14。

表14-14 测试数据 ［dB（A）］

工况、数据、测点	空载	负载
A	83	93
B	82.5	92
C	84.5	90
平均值	83.3	91.6
设计值	90	95

（4）结论。对HCSC6型环锤式碎煤机噪声测试的结果是：空载噪声平均值为83.3dB（A）；负载噪声平均值为91.6dB（A），符合国家《工业企业噪声卫生标准》（TJ 36—79）的规定。

14.9 碎煤机轴承温度测试

14.9.1 选择测试位置

（1）据碎煤室的布置情况，选择b号碎煤机为测试对象。

（2）依照《HCS系列环锤式碎煤机空载试验规程》（QJ/SXD-04-07-90），结合b号碎煤机的具体工况，对HCSC6型碎煤机轴承温度的测试位置选择为碎煤机甲、乙两轴承座，如图14-19所示。

14.9.2 测试条件

测试条件：

（1）b号碎煤机空载运行，b路输煤系统其他设备停机；

（2）在无异常情况下，连续运行2h，轴承温度稳定后，不少于半小时；

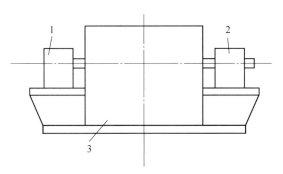

图 14-19　轴承温度和轴承座振幅测试位置
1—轴承座乙；2—轴承座甲；3—碎煤机

（3）空载运行时，记录且观察轴承温度的变化情况，上升时继续运行，当在标准以下的某一温度值稳定达运行时间要求时，即可停止；若温度继续上升达到标准值时，必须停机检查排除故障，重新试运；

（4）测试仪器：95 型半导体点温计。

14.9.3　测试数据

测试数据见表 14-15。

表 14-15　轴承温度数据

设备：碎煤机	试运日期：7.16	试运时间：4h
室内温度：18℃		
测定部位	轴承座甲	轴承座乙
轴承 温度	28℃（运行 2h）	24℃（运行 2h）
	32℃（运行 4h）	30℃（运行 4h）

测试结果分析：

（1）本机通过连续运行 2h 和 4h 测得轴承座甲和轴承座乙的温度分别为 28℃（运行 2h）、32℃（运行 4h），24℃（运行 2h）、30℃（运行 4h），小于标准值环境温度+温升不大于 80℃。

（2）测试数据表明，在碎煤机的正常工作条件下，轴承温度符合《HCS 系列环锤式碎煤机》（QJ/SXD-02-01-89）对轴承温度的要求。

（3）本机设计合理，轴承温度在合适范围内。

14.10　碎煤机轴承座振幅测试

14.10.1　选择测试位置

选择测试位置：

（1）据碎煤室的布置情况，选择 b 号碎煤机为测试对象；

（2）依照《HCS 系列环锤式碎煤机空载试验规程》（QJ/SXD-04-07-90），结合 b 号碎煤机的具体工况，对 HCSC6 型碎煤机轴承温度的测试位置选择为碎煤机甲、乙两轴承座，在两轴承座甲、乙处，测量垂直方向、水平方向的垂直振幅值 A_z（mm）及水平回转振幅值 $A_x\psi$（mm），如图 14-19 所示。

14.10.2 测试条件

测试条件：

（1）b 号碎煤机空载运行，b 路输煤系统其他设备停机；

（2）碎煤机空载运行时，操纵筛板调节机构，上调至环锤与筛板有轻微的摩擦声时，再下调到所需的筛板间隙；

（3）测试时环境温度为 17℃；

（4）测试仪器：YCZ-1 型振动测量仪。

14.10.3 测试数据

测试数据见表 14-16。

表 14-16　轴承座振幅数据

设备：碎煤机	试运日期：8.16	试运时间：6h
室内温度：17℃		
测定部位	轴承座甲	轴承座乙
轴承座振幅	⊥0.010mm	⊥0.010mm
	-0.009mm	-0.007mm

测试结果分析：

（1）轴承座振动振幅标准值为：合格品不大于 0.15mm，一等品不大于 0.08mm，优等品不大于 0.03mm。而本机轴承座甲、乙垂直振幅和回转振幅都小于 0.03mm，达到优等品要求。

（2）测试数据表明，在碎煤机的正常工作条件下，轴承座振幅符合《HCS 系列环锤式碎煤机》（QJ/SXD-02-01-89）对轴承振幅的要求。

（3）本机设计合理，轴承座振幅在合适范围内。

环锤式碎煤机作为一种破碎机械，其运行工况虽比较复杂，但运用动力学原理来分析问题，仍能发现其内在的规律，本节通过具体工程应用实例，导出了环锤式碎煤机的一般设计方法，以期达到抛砖引玉的目的。

思 考 题

14-1　简述环锤式碎煤机工作原理。

14-2　简述环锤式碎煤机结构组成。

参 考 文 献

［1］ 陈立德，罗卫平. 机械设计基础［M］. 北京：高等教育出版社，2019.

［2］ 衡力强，张孟玫. 机械设计基础［M］. 北京：北京航空航天大学出版社，2017.

［3］ 闵小琪，万春芬. 机械设计基础［M］. 北京：机械工业出版社，2010.

［4］ 李兴正. 机械设计基础［M］. 重庆：重庆大学出版社，2016.

［5］ 宋育红. 机械设计基础［M］. 北京：北京理工大学出版社，2012.

［6］ 陈雪. 机械基础项目教程［M］. 大连：大连理工大学出版社，2011.

［7］ 徐锦康. 机械原理［M］. 北京：机械工业出版社，1994.

［8］ 吴宗泽. 机械零件设计手册［M］. 北京：机械工业出版社，2004.

［9］ 廖汉元，孔建益，钮国辉. 颚式破碎机［M］. 北京：机械工业出版社，1998.

［10］ 郎宝贤，郎世平. 破碎机［M］. 北京：冶金工业出版社，2008.

［11］ 周恩浦. 矿山机械（选矿机械部分）［M］. 北京：冶金工业出版社，1979.

［12］ 唐敬麟. 破碎与筛分机械设计选用手册［M］. 北京：化学工业出版社，2001.

［13］ 任德树. 粉碎筛分原理与设计［M］. 北京：冶金工业出版社，1984.

［14］ 刘树英. 破碎粉磨机机械设计［M］. 沈阳：东北大学出版社，2001.

［15］ 东北工学院矿机教研室. 选矿机械［M］. 北京：冶金工业出版社，1961.

［16］ 成大先. 机械设计手册［M］. 6 版. 北京：化学工业出版社，2017.